高等学校计算机课程规划教材

Java程序设计教程
（第2版）

牛晓太 主 编

齐艳珂 王亚楠 王 洋 副主编

王 杰 李 向 参 编

清华大学出版社

北京

内 容 简 介

本书在保持第 1 版基本框架和特色的基础上,更新了部分章节,并对一些知识点进行了扩充,更便于读者学习。全书内容分为 12 章,包括 Java 概述、Java 语言基础、Java 控制结构、数组和字符串、Java 面向对象编程、接口、内部类和 Java API 基础、异常处理、Applet 程序、图形用户界面、输入输出流、多线程、访问数据库以及网络程序设计等内容。

本书既适合作为普通高等院校计算机、网络工程等专业本科生(或高职高专学生)的 Java 程序设计课程教材,也适合从事软件开发的技术人员培训、自学使用。

本书封面贴有清华大学出版社防伪标签,无标签者不得销售。
版权所有,侵权必究。侵权举报电话:010-62782989 13701121933

图书在版编目(CIP)数据

Java 程序设计教程/牛晓太主编. —2 版. —北京:清华大学出版社,2017
(高等学校计算机课程规划教材)
ISBN 978-7-302-47521-7

Ⅰ. ①J… Ⅱ. ①牛… Ⅲ. ①JAVA 语言－程序设计－高等学校－教材 Ⅳ. ①TP312.8

中国版本图书馆 CIP 数据核字(2017)第 221720 号

责任编辑:汪汉友
封面设计:傅瑞学
责任校对:时翠兰
责任印制:李红英

出版发行:清华大学出版社
网　　址:http://www.tup.com.cn,http://www.wqbook.com
地　　址:北京清华大学学研大厦 A 座
邮　　编:100084
社 总 机:010-62770175
邮　　购:010-62786544
投稿与读者服务:010-62776969,c-service@tup.tsinghua.edu.cn
质量反馈:010-62772015,zhiliang@tup.tsinghua.edu.cn
课件下载:http://www.tup.com.cn,010-62795954

印 装 者:北京国马印刷厂
经　　销:全国新华书店
开　　本:185mm×260mm　　印　张:19.25　　字　数:469 千字
版　　次:2013 年 6 月第 1 版　2017 年 12 月第 2 版　印　次:2017 年 12 月第 1 次印刷
印　　数:1～1500
定　　价:39.00 元

产品编号:074885-01

出版说明

信息时代早已显现其诱人魅力,当前几乎每个人随身都携有多个媒体、信息和通信设备,享受其带来的快乐和便捷。

我国高等教育早已进入大众化教育时代,而且计算机技术发展很快,知识更新速度也在快速增长,社会对计算机专业学生的专业能力要求也在不断翻新。这就使得我国目前的计算机教育面临严峻挑战。我们必须更新教育观念——弱化知识培养目的,强化对学生兴趣的培养,加强培养学生理论学习、快速学习的能力,强调培养学生的实践能力、动手能力、研究能力和创新能力。

教育观念的更新,必然导致教材的更新。一流的计算机人才需要一流的名师指导,而一流的名师需要精品教材的辅助,而精品教材也将有助于催生更多一流名师。名师们在长期的一线教学改革实践中,总结出了一整套面向学生的独特的教法、经验、教学内容等。本套丛书的目的就是推广他们的经验,并促使广大教育工作者进一步更新教育观念。

在教育部相关教学指导委员会专家的帮助和指导下,在各大学计算机院系领导的协助下,清华大学出版社规划并出版了本系列教材,以满足计算机课程群建设和课程教学的需要,并将各重点大学的优势专业学科的教育优势充分发挥出来。

本系列教材行文注重趣味性,立足课程改革和教材创新,广纳全国高校计算机专业的一线优秀名师参与,从中精选出佳作予以出版。

本系列教材具有以下特点。

1. 有的放矢

针对计算机专业学生并站在计算机课程群建设、技术市场需求、创新人才培养的高度,规划相关课程群内各门课程的教学关系,以达到教学内容互相衔接、补充、相互贯穿和相互促进的目的。各门课程功能定位明确,并去掉课程中相互重复的部分,使学生既能够掌握这些课程的实质部分,又能节约一些课时,为开设社会需求的新技术课程准备条件。

2. 内容趣味性强

按照教学需求组织教学材料,注重教学内容的趣味性,在培养学习观念、学习兴趣的同时,注重创新教育,加强"创新思维""创新能力"的培养、训练;强调实践,案例选题注重实际和兴趣度,大部分课程各模块的内容分为基本、加深和拓宽内容3个层次。

3. 名师精品多

广罗名师参与,对于名师精品,予以重点扶持,教辅、教参、教案、PPT、实验大纲和实验指导等配套齐全,资源丰富。同一门课程,不同名师分出多个版本,方便选用。

4. 一线教师亲力

专家咨询指导,一线教师亲力;内容组织以教学需求为线索;注重理论知识学习,注重学习能力培养,强调案例分析,注重工程技术能力锻炼。

经济要发展,国力要增强,教育必须先行。教育要靠教师和教材,因此建立一支高水平的教材编写队伍是社会发展的需要,特希望有志于教材建设的教师能够加入到本团队。通过本系列教材的辐射,培养一批热心为读者奉献的编写教师团队。

清华大学出版社

前　言

随着互联网的快速发展,网络程序开发大步迈进。Java 似乎就是为此而诞生的,它具有的跨平台性、面向对象、分布性和安全性等诸多特点,使其确立了一段时期内无与伦比的网络编程优势。从 20 世纪 90 年代初 Oak 的问世,以及几年后 Java 的正式发布,到现在已经跨越了二十多年。现在,电子商务、远程医疗、网上银行、虚拟课堂等许多应用系统基本上仍使用 Java 技术开发。

当前,普通高等学校的计算机、网络工程等专业都开设了 Java 程序设计课程,还有其他为数不少的专业也把 Java 语言列入教学计划。教材是体现教学内容的知识载体,是进行教学的基本工具。本书在编写时,从现阶段高校使用最多的 Java 系列教材中吸取经验,结合作者在长期教学过程中的体会和积累,旨在向高校学生奉献一本有特色的教材,向工程技术人员和其他有兴趣的读者提供一本有价值的参考书。本书具有以下特点:

1. 面向实用新技术

本书介绍 Java 程序设计的多项实用技术,采用 JDK 6、Eclipse、MySQL 作为 Java 开发运行环境,并将其反映在教材中。强调学以致用,将新技术与理论、实践相结合,注重培养学生的能力和创新意识。

2. 涵盖内容较广泛

本书由浅入深、循序渐进地介绍了 Java 程序设计的基本概念、方法和应用,涵盖了 Java 的语法要点和知识要素。对于 Java 系统开发使用的访问数据库技术、图形用户界面等,也进行了较为详细的说明。

3. 例题讲解条理化

本书例题十分丰富,典型实例紧密结合知识要点。全部例子包括题目要求、程序代码、程序运行结果和程序分析。以此编写方式,有助于读者掌握 Java 开发要领,快速熟悉重点和难点部分。书中程序代码都经过认真调试,可以直接运行,方便读者上机操作。

本书是根据专业建设的需要,对第 1 版进行修订而形成的。本书保持了第 1 版的基本框架和特色,更新了第 2 章和第 3 章,并对一些知识点进行了扩充,更便于读者学习。全书内容分为 12 章,包括 Java 概述、Java 语言基础、Java 控制结构、数组和字符串、Java 面向对象编程、接口、内部类和 Java API 基础、异常处理、Applet 程序、图形用户界面、输入输出流、多线程、访问数据库以及网络程序设计等。另外,在每章的最后均列出若干习题,供读者练习。为了便于说明,为每一行程序代码都设置了序号,这些序号标记不能作为 Java 程序的组成部分,实际程序开发时将其去掉即可。

本书由牛晓太任主编并负责全书的总体策划与通审、定稿工作,齐艳珂、王亚楠、王洋任副主编,王杰、李向参编。其中牛晓太编写第 1 章、第 6 章、第 7 章,齐艳珂编写第 4 章、第 5 章,王亚楠编写第 10 章、第 11 章,王洋编写第 2 章、第 3 章,王杰编写第 9 章、第 12 章,李向编写第 8 章。

在本书的编写和出版过程中,参阅了大量书籍、文献等资料,得到了清华大学出版社的支持和帮助。在此表示衷心的感谢。

尽管书稿是作者多年教学经验的总结,但由于时间仓促,作者知识水平有限,书中难免存在疏漏和不足,恳请读者批评指正,以便使本书得以改进和完善。

编 者

2017 年 10 月

目 录

第 1 章 Java 概述 …… 1
1.1 Java 简介 …… 1
1.1.1 Java 的产生 …… 1
1.1.2 Java 的特点 …… 1
1.1.3 Java 三大平台 …… 2
1.2 Java 的开发和运行环境 …… 3
1.2.1 Java 虚拟机 …… 3
1.2.2 JDK 的安装 …… 3
1.2.3 环境变量的设置 …… 5
1.2.4 Java API 文档 …… 6
1.3 Java 程序开发实例 …… 7
1.3.1 Java 应用程序实例 …… 8
1.3.2 Java 小程序实例 …… 10
1.4 Eclipse 开发平台 …… 11
1.4.1 Eclipse 安装 …… 11
1.4.2 Eclipse 平台的项目开发 …… 12
习题 1 …… 14

第 2 章 Java 语言基础 …… 15
2.1 标识符和关键字 …… 15
2.1.1 标识符 …… 15
2.1.2 关键字 …… 16
2.1.3 分隔符 …… 16
2.1.4 注释符 …… 17
2.2 数据类型、常量与变量 …… 18
2.2.1 数据类型 …… 18
2.2.2 常量 …… 19
2.2.3 变量 …… 19
2.3 运算符 …… 20
2.3.1 算术运算符 …… 21
2.3.2 关系运算符 …… 22
2.3.3 逻辑运算符 …… 22
2.3.4 位运算符 …… 24
2.3.5 赋值运算符 …… 24

    2.3.6 三元运算符 ·· 26
    2.3.7 其他运算符 ·· 26
  2.4 表达式 ··· 27
    2.4.1 运算符的优先级 ·· 27
    2.4.2 数据类型转换 ·· 28
    2.4.3 应用举例 ··· 29
  习题 2 ··· 32

第 3 章 Java 控制结构、数组和字符串 ·························· 34
  3.1 顺序结构 ·· 34
    3.1.1 语句和语句块 ·· 34
    3.1.2 顺序结构 ··· 35
  3.2 分支结构 ·· 35
    3.2.1 if 语句 ··· 36
    3.2.2 if 语句的嵌套 ·· 38
    3.2.3 多分支 if 语句 ·· 39
    3.2.4 switch 语句 ·· 40
  3.3 循环结构 ·· 42
    3.3.1 for 语句 ·· 42
    3.3.2 while 语句 ··· 45
    3.3.3 do 语句 ·· 46
    3.3.4 循环嵌套 ··· 47
  3.4 转移语句 ·· 50
    3.4.1 break 语句 ··· 50
    3.4.2 continue 语句 ··· 51
  3.5 数组 ·· 52
    3.5.1 数组的声明 ·· 52
    3.5.2 数组的初始化 ·· 53
    3.5.3 数组元素的引用 ·· 55
  3.6 字符串 ··· 55
    3.6.1 字符串的声明和初始化 ································ 56
    3.6.2 字符串的处理 ·· 56
  习题 3 ··· 57

第 4 章 Java 面向对象编程 ·· 60
  4.1 面向对象编程概述 ·· 60
    4.1.1 面向对象的程序设计方法 ····························· 60
    4.1.2 类和对象 ··· 60
    4.1.3 面向对象编程的特点 ··································· 60

  4.1.4 Java 程序设计语言 ……………………………………………… 61
 4.2 类 ……………………………………………………………………… 61
  4.2.1 类的定义 ………………………………………………………… 61
  4.2.2 成员变量 ………………………………………………………… 62
  4.2.3 成员方法 ………………………………………………………… 62
  4.2.4 构造方法 ………………………………………………………… 67
 4.3 对象 …………………………………………………………………… 69
  4.3.1 对象的声明 ……………………………………………………… 69
  4.3.2 对象的创建及初始化 …………………………………………… 69
  4.3.3 对象的使用 ……………………………………………………… 70
  4.3.4 对象的销毁 ……………………………………………………… 74
  4.3.5 this 关键字 ……………………………………………………… 75
 4.4 类的封装性 …………………………………………………………… 76
  4.4.1 包 ………………………………………………………………… 76
  4.4.2 访问权限 ………………………………………………………… 79
  4.4.3 访问器 …………………………………………………………… 81
  4.4.4 静态成员 ………………………………………………………… 82
 4.5 类的继承性 …………………………………………………………… 84
  4.5.1 继承的概念 ……………………………………………………… 84
  4.5.2 子类 ……………………………………………………………… 85
  4.5.3 super 关键字 …………………………………………………… 87
  4.5.4 最终类和抽象类 ………………………………………………… 89
 4.6 类的多态性 …………………………………………………………… 90
  4.6.1 多态的概念 ……………………………………………………… 90
  4.6.2 方法重载 ………………………………………………………… 90
  4.6.3 方法覆盖 ………………………………………………………… 92
  4.6.4 绑定 ……………………………………………………………… 93
 习题 4 ……………………………………………………………………… 94

第 5 章 接口、内部类和 Java API 基础 ……………………………………… 99
 5.1 接口 …………………………………………………………………… 99
  5.1.1 接口的概念 ……………………………………………………… 99
  5.1.2 接口的声明 ……………………………………………………… 99
  5.1.3 接口的实现 ……………………………………………………… 100
  5.1.4 常用系统接口 …………………………………………………… 103
 5.2 内部类和内部接口 …………………………………………………… 104
  5.2.1 内部类和内部接口的概念 ……………………………………… 104
  5.2.2 内部类的定义和使用 …………………………………………… 105
 5.3 java.lang 包中的基础类 ……………………………………………… 108

  5.3.1　Object 类 …………………………………………………… 108
  5.3.2　System 类 …………………………………………………… 109
  5.3.3　Math 类 ……………………………………………………… 110
  5.3.4　数据类型类 …………………………………………………… 110
 5.4　java.util 包中的工具类 ………………………………………………… 112
  5.4.1　日期类 ………………………………………………………… 112
  5.4.2　Random 类 …………………………………………………… 113
  5.4.3　Scanner 类 …………………………………………………… 114
  5.4.4　集合类 ………………………………………………………… 114
 习题 5 ……………………………………………………………………………… 117

第 6 章　异常处理 ……………………………………………………………… 120
 6.1　异常的概念 ……………………………………………………………… 120
 6.2　异常类 …………………………………………………………………… 122
  6.2.1　Error 类及其子类 …………………………………………… 123
  6.2.2　Exception 类及其子类 ……………………………………… 123
 6.3　异常处理 ………………………………………………………………… 124
  6.3.1　try…catch…finally 语句 …………………………………… 124
  6.3.2　抛出异常 ……………………………………………………… 128
 6.4　创建自己的异常类 ……………………………………………………… 130
 习题 6 ……………………………………………………………………………… 131

第 7 章　Applet 程序 …………………………………………………………… 135
 7.1　Applet 简介 ……………………………………………………………… 135
  7.1.1　Java Applet 说明 …………………………………………… 135
  7.1.2　Applet 的形式及其类的层次 ……………………………… 135
 7.2　Applet 的生命周期和显示方法 ……………………………………… 136
  7.2.1　Applet 的生命周期 ………………………………………… 136
  7.2.2　Applet 的显示方法 ………………………………………… 137
  7.2.3　Applet 的编写与执行 ……………………………………… 138
 7.3　HTML 中的 Applet 标记 ……………………………………………… 139
 7.4　Applet 应用举例 ………………………………………………………… 140
 习题 7 ……………………………………………………………………………… 143

第 8 章　图形用户界面 ………………………………………………………… 146
 8.1　AWT 与 Swing ………………………………………………………… 146
  8.1.1　AWT 概述 …………………………………………………… 146
  8.1.2　AWT 的基本组件 …………………………………………… 147
  8.1.3　Swing 概述 …………………………………………………… 149

          8.1.4 AWT 与 Swing 的区别 ·· 150
    8.2 事件处理 ·· 150
          8.2.1 Java 中的事件处理机制 ·· 151
          8.2.2 键盘事件 ·· 154
          8.2.3 鼠标事件 ·· 156
          8.2.4 其他常用事件 ·· 159
    8.3 布局管理器 ·· 171
          8.3.1 布局管理器概述 ·· 172
          8.3.2 常用布局 ·· 172
    8.4 Swing 组件 ··· 175
          8.4.1 Swing 包中类的关系 ·· 175
          8.4.2 Swing 中的容器 ·· 176
          8.4.3 Swing 中的常用组件 ·· 187
          8.4.4 Swing 中的新增组件 ·· 190
          8.4.5 Swing 事件概述 ·· 194
    习题 8 ··· 195

第 9 章 输入输出流 ·· 197
    9.1 I/O 流概述 ·· 197
          9.1.1 数据流概念 ·· 197
          9.1.2 Java 数据流介绍 ·· 197
    9.2 字节流 ·· 200
          9.2.1 InputStream 和 OutputStream ·· 200
          9.2.2 FileInputStream 和 FileOutputStream ····································· 201
          9.2.3 RandomAccessFile ·· 204
          9.2.4 BufferedInputStream 和 BufferedOutputStream ···························· 206
          9.2.5 ByteArrayInputStream 和 ByteArrayOutputStream ·························· 208
          9.2.6 SequenceInputStream ··· 211
          9.2.7 标准输入输出流 ·· 212
    9.3 字符流 ·· 213
          9.3.1 Reader 和 Writer ··· 214
          9.3.2 InputStreamReader 和 OutputStreamWriter ································ 214
          9.3.3 FileReader 和 FileWriter ·· 217
          9.3.4 StringReader 和 StringWriter ·· 217
          9.3.5 其他类型的字符流 ·· 219
    9.4 文件的处理 ·· 220
          9.4.1 文件信息获取和属性更改 ·· 220
          9.4.2 文件和目录操作 ·· 223
    9.5 串行化 ·· 224

　　　　9.5.1　串行化的概念 ································ 224
　　　　9.5.2　串行化的方法 ································ 225
　习题 9 ·· 226

第 10 章　多线程 ···································· 228
　10.1　线程的概念 ···································· 228
　　　10.1.1　多线程编程的优势 ···························· 228
　　　10.1.2　多线程编程的难点 ···························· 229
　10.2　线程的实现 ···································· 229
　　　10.2.1　创建 Java 线程 ······························ 229
　　　10.2.2　Java 线程的状态 ····························· 232
　　　10.2.3　Java 线程的优先级 ··························· 233
　　　10.2.4　守护线程 ································· 233
　　　10.2.5　终止另一个线程 ····························· 234
　10.3　线程同步 ····································· 236
　　　10.3.1　同步访问共享资源 ···························· 236
　　　10.3.2　协作完成任务 ······························ 239
　习题 10 ··· 242

第 11 章　访问数据库 ································· 244
　11.1　数据库简介 ···································· 244
　　　11.1.1　关系型数据库系统概述 ·························· 244
　　　11.1.2　MySQL 数据库简介 ···························· 246
　　　11.1.3　MySQL Workbench 简介 ······················· 251
　11.2　使用 JDBC 进行数据库编程 ·························· 251
　　　11.2.1　JDBC 架构简介 ······························ 252
　　　11.2.2　使用 JDBC 访问数据库 ························· 252
　　　11.2.3　JDBC 高级特性 ······························ 261
　习题 11 ··· 269

第 12 章　网络程序设计 ······························· 271
　12.1　网络的基本概念 ································· 271
　　　12.1.1　IP 地址与端口号 ····························· 271
　　　12.1.2　Java 中 IP 地址及端口号表示 ···················· 272
　　　12.1.3　客户服务器工作模式 ··························· 274
　　　12.1.4　TCP 与 UDP 通信 ···························· 274
　12.2　URL 的使用 ··································· 274
　　　12.2.1　URL 的表示 ································ 274
　　　12.2.2　URL 类 ·································· 275

  12.2.3 通过 URLConnection 实现双向通信 …………………………………… 277
 12.3 基于 TCP 的网络通信 ………………………………………………………… 278
  12.3.1 客户端与服务器端通信 ………………………………………………… 278
  12.3.2 多客户端通信 …………………………………………………………… 284
 12.4 基于 UDP 的网络通信 ………………………………………………………… 286
  12.4.1 UDP 数据报文包 ………………………………………………………… 286
  12.4.2 UDP 通信 ………………………………………………………………… 287
 习题 12 ………………………………………………………………………………… 291

参考文献 ……………………………………………………………………………… 293

第1章 Java 概述

Java 语言诞生于 20 世纪 90 年代，自问世以来，以其简单、安全、面向对象、分布式、平台无关性等特点被广泛使用。本章主要介绍 Java 的产生、发展及其主要特点，Java 的运行机制，开发与运行环境，Java 程序举例，以及集成开发环境 Eclipse 等内容。

1.1 Java 简介

1.1.1 Java 的产生

1991 年，美国 Sun 公司成立了名为 Green 的项目组，研发消费类电子产品的分布式软件系统。嵌入这类代码后，电冰箱、烤面包机、电视机顶盒、微波炉等许多家用电器的智能化程度得到很大提高，市场潜力大大加强。团队负责人 James Gosling 首先考虑采用 C++ 来开发该项目，但是这种语言比较复杂、安全性差，存在许多容易混淆和出错的功能，于是他们着手开发了一种新的语言，称作 Oak。它保留了 C++ 语言的大部分语法规定，但是删去了头文件、预处理文件、指针运算、操作符重载、多重继承等功能。Oak 是一种可以移植的语言，具有平台独立性。

1994 年，Web 技术在互联网上的应用大为增加，这使具备平台无关等诸多特性的 Oak 显现出无可比拟的生命力。人们发现，这恰是在 Internet 上基于 Web 进行研发所期待的一种程序设计语言。经过改进，并把 Oak 更名为 Java 后，由 Sun 公司于 1995 年 5 月 23 日正式对外发布。Java 这个名字源于印度尼西亚的爪哇岛，那里以盛产咖啡闻名，因此 Java 语言的标志就是一杯热咖啡。

1.1.2 Java 的特点

Java 语言问世后，因其"一次编程，到处运行"的口号而很快引起了广泛关注，经过不断使用，得到了大量的好评。Java 语言主要具有以下特点。

1. 跨平台性

Java 最为突出的特点就是可以跨平台运行，即平台独立性。Java 编写的程序可以在任意一台计算机上使用，而不受操作平台的限制，这是因为 Java 源程序通过编译器先生成"字节码"文件，因此不管计算机的操作系统类型如何改变，只要安装了 Java 虚拟机就能运行字节码文件，体现出平台无关的特点。

2. 简单性

对于熟悉 C++ 语言的人来说，Java 确实简单。其语法与 C++ 相似，仅仅去除了其中的一些功能，这让有一定程序设计基础的人更易于快速掌握。Java 自身的基本系统所占用空间小于 250KB（即编译器和解释器），并且实现了垃圾的自动收集，简化了内存管理工作，体现了 Java 语言的精简特性。

3. 面向对象

Java 只能进行面向对象程序设计。它把程序设计的每一个具体功能细分为类,再由类来构建对象。对象中封装了自己的属性和方法,很好地实现了信息隐藏,类提供了一类对象的原型,通过继承、重写,子类可以使用或重新定义父类所提供的方法,实现了代码复用。

4. 多线程

Java 具有多线程功能,可把一个程序的不同程序段设置为不同的线程,处理不同的事件。例如,可以让一个线程与用户交互,另一个线程进行数据处理,并在不中止人机交互的情况下完成计算处理,这样一来,就提高了系统运行效率。

5. 分布性

Java 是面向网络的语言。它为程序设计提供了基于互联网应用研究的类库,后者可以帮助处理 TCP/IP 协议,使用户可以通过 URL 在网络上访问其他资源。这样的访问就像是针对本地文件系统进行操作一样便捷。

6. 安全性

在网络环境下,语言的安全性尤为重要,为此,Java 提供了有效的安全措施。Java 的代码安全检查机制可阻止对内存进行越权访问,防范病毒入侵。另外,这种机制也会在 WWW 浏览器载入页面时限制对本地数据文件的操作,以保护信息安全。

7. 丰富的类库和 API 文档

Java 开发工具包中的类库资源十分丰富,利用它们就可以完成数学运算、输入输出、网络资源获取、图形用户界面设计等操作,这使得程序更加短小、精练。Java 为用户提供了非常详尽的 API(Application Programming Interface)文档说明,为程序员开发 Java 应用系统提供方便。

1.1.3 Java 三大平台

Java 技术已经形成了一个整体,包括 Java 编程语言、运行环境等内容。JDK(Java Development Kit,Java 开发工具包)提供了运行环境。第一个开发包 JDK 1.0 于 1996 年 1 月由 Sun 公司发布,并在其后不断地进行升级改进。1998 年 12 月 4 日,Sun 公司发布了 JDK 1.2,这是 Java 发展史的一个里程碑,此后的 Java 改称为 Java 2 平台。在随后的半年时间里,Sun 公司重新组织了 Java 平台的集成方法,发布了 J2SE、J2EE 和 J2ME,三者分别为标准版、企业版和微型版。2004 年 9 月 30 日,Sun 公司发布了 J2SE 1.5,这是 Java 发展史的又一个里程碑,J2SE 1.5 改称为 J2SE 5.0。此后不到一年,更新版平台的发布使 Java 各个版本的称谓发生改变,数字"2"从名称中去除,J2SE 改名为 Java SE,J2EE 改名为 Java EE,J2ME 改名为 Java ME。

以下是 Java SE,Java EE 和 Java ME 的简介。

1. Java SE

它是适用于桌面开发的 Java 标准平台,为创建和运行 Java 程序提供了最基本的环境,可以开发桌面应用程序和低端服务器应用程序,还可以开发 Applet 小程序(详见第 7 章)。它主要包括 Java 运行时环境、Java 编译器、Java 解释器和 Java 命令行工具等。

2. Java EE

Java EE 是 Java 的企业开发应用平台,可以构建企业级的服务功能,提供了分布式企业软件组件架构的规范,包括 Web 性能以及 Java EE 服务器之间的互操作性。伴随 Web 技术在互联网的快速发展,Java EE 在整合应用开发过程的作用与日俱增。

3. Java ME

Java ME 是 Java 的嵌入式平台,是一种非常小的 Java 运行环境,用于嵌入式电子设备。它提供了 Java Card、Java Telephone、Java TV 等技术,支持智能卡业务、移动通信、电视机顶盒等功能。

1.2 Java 的开发和运行环境

1.2.1 Java 虚拟机

Java 运行环境是在安装 Java 开发工具包时被安装的,它主要由两个部分组成:Java 虚拟机(Java Virtual Machine,JVM)和 Java API。JVM 可以看作是在一台真正的计算机上用软件方式实现的一台假想机。实际上,JVM 是一套支持 Java 语言运行的软件系统,定义了指令集、寄存器集、类文件结构栈、垃圾收集堆、内存区域等,提供了跨平台能力的基础框架。JVM 的解释器在得到字节码后,会先对它进行转换,使之能够在不同的平台上运行。

Java 跨平台的特点源于 Java 的源程序被编译后形成的字节码文件可以运行在任何含有 JVM 的平台上,无论是 Windows、UNIX、Linux 还是 Mac OS。在 Java 虚拟机作用下,执行 Java 程序时的流程如图 1-1 所示。

图 1-1 Java 程序执行过程示意图

JVM 既可以使用软件方式实现,也可以使用硬件方式实现。

1.2.2 JDK 的安装

JDK 作为 Sun 公司的 Java 开发工具包,内容比较丰富,功能也比较强大。它提供了

Java 程序的命令行编译和运行方式,但是没有提供程序的编辑环境以及可视化集成开发环境(Integrated Development Environment,IDE)。一般情况下,会选用记事本等编辑工具来创建 Java 源程序。JBuilder、MyEclipse 和 Eclipse 等 IDE 平台后来陆续出现并得到应用,都是建立在 JDK 运行环境之上的。关于 Eclipse 平台的使用会在 1.4 节进行介绍。

1. JDK 安装方法

Sun 公司的网站(http://java.sun.com)提供了许多版本的 JDK 供用户下载。下面以文件 jdk-6u5-windows-i586-p.exe 的安装为例,介绍 JDK 的安装方法。

双击该文件名,在弹出的安装交互界面中首先显示是否接受许可证协议对话框。单击"接受"按钮后,继续安装。当界面允许自定义安装路径时,单击"更改"按钮,将目标文件夹的设置由默认值更改为 D:\Java\jdk,这样显得简短并且不易出错,如图 1-2 所示。待出现如图 1-3 所示的界面时,标志 JDK 安装成功。

图 1-2　安装 JDK 时更改安装路径

图 1-3　JDK 安装成功显示画面

2. 安装 JDK 的目录信息

前述操作顺利完成后,安装 JDK 的目录信息如图 1-4 所示。

在 D:\Java\jdk 目录下,可以看到有 bin、jre、lib、demo、include 子目录和部分文件。以下是关于它们的简要说明。

(1) bin 子目录。Java 的开发工具位于此子目录中,它们可以进行 Java 程序开发、编译、运行和调试等。

(2) jre 子目录。该子目录与 Java SE 运行时环境关联,包含类库以及其他文件。

图 1-4 JDK 安装完毕的目录显示

(3) lib 子目录。附加库位于 lib 子目录中,是开发工具需要的附加类库和支持文件。

(4) demo 子目录。该子目录含有资源代码的程序示例。

(5) include 子目录。该子目录包含 C 语言头文件,支持 Java 本地接口和 JVM 调试程序接口的本地代码编程技术。

另外,压缩包 src.zip 中含有组成 Java 核心 API 的所有类的源程序。

3. JDK 常用开发工具

bin 子目录中的常用 Java 开发工具有以下几种。

(1) javac:Java 语言的编译器,用于将 Java 源程序转换成字节码。

(2) java:Java 解释器,执行已转换成为字节码的 Java 应用程序。

(3) appletviewer:Java 小程序 Applet 浏览器,用于运行 Java Applet。

(4) javap:反编译工具,将类文件还原回方法和变量。

(5) javadoc:文档生成器,根据 Java 源代码及其说明语句生成 HTML 文件。

(6) jar:Java Archive 文件归档工具,用于把类文件以及其他文件进行压缩打包。

(7) jdb:Java 调试器。启动 jdb 既可以使用与 Java 解释器类似的方法,又可以把 jdb 附加到一个已经运行的 Java 解释器上(该解释器必须带-debug 项启动)。

1.2.3 环境变量的设置

JDK 安装成功以后要设置环境变量,以便正常使用所安装的开发包。待设置的环境变量一个是 Path,另一个是 Classpath。前者用于指定 Java 开发包中的编译器、解释器等工具所在的目录,而后者将帮助 JVM 在对应的目录及子目录中查找指定类或接口的 .class 文件。

(1) 设置 Path。在 Windows XP 系统的桌面上,右击"我的电脑"图标,在弹出的快捷菜单中选择"属性"选项,在弹出的"系统属性"对话框中选择"高级"选项卡。单击"环境变量"按钮即可进入"环境变量"对话框,如图 1-5 所示。

在"系统变量"列表框找到 Path 变量(图 1-5 中深色标记部分)后单击"编辑"按钮,在弹出的"编辑系统变量"对话框中设置变量值:现有变量值保持不动,在尾部追加";D:\Java\jdk

\bin"。注意分号(;)不能少,它是两个路径之间的分隔,如图1-6所示。单击"确定"按钮,Path的设置宣告完成。

(2) 设置Classpath。在图1-5所示的"环境变量"对话框中新建系统变量Classpath。单击"新建"按钮,出现"新建系统变量"对话框。在"变量名"一栏填入Classpath,在"变量值"一栏填入".;D:\Java\jdk\lib",其中下圆点(.)表示当前目录,一般写在前面,作为系统查找类的首个路径。以上操作如图1-7所示。单击"确定"按钮,Classpath的设置也宣告完成。

图1-5 "环境变量"对话框

图1-6 设置Path环境变量对话框

图1-7 设置Classpath环境变量对话框

至此,环境变量设置完毕,已经为Java程序正常运行做好了准备。

1.2.4 Java API文档

JDK有一些说明,它们会以HTML文件的形式呈现出来。这些文件属于JDK应用程序编程接口API文档,用户通过浏览器就可以查看。

使用Java API文档,可以登录http://java.sun.com网站,下载压缩包jdk-6-doc.zip并解压后,打开..\docs\api\index.html文件,将看到API类文档信息,如图1-8所示。

在API文档页面的顶部有常用链接项。用户可以根据需求进行选择,例如单击Tree链接,将显示所有包的名字(有关包的概念将在4.4.1节介绍),以及所有类之间的层次关系;单击Index链接,全部变量和方法将按照字母顺序排列。

类文档中主要有类层次结构、类的功能介绍、成员属性表、方法表、变量说明表等。类文档显示画面中左上方显示JDK中的全部包信息。选择某个包以后,画面左下方将显示这个包中所有接口、类的信息。如果再选择了具体的接口或者类,画面的右侧将显示它的详细信息。

图 1-8 API 类文档信息显示页面

1.3 Java 程序开发实例

Java 程序分为两类,一类是 Java Application(Java 应用程序);另一类是 Java Applet(Java 小程序)。这两类程序的开发过程不尽相同。

JDK 提供的 Java 程序命令行开发方式,需要在 DOS 命令提示符状态下,通过输入 DOS 命令来实现。1.4 节将介绍使用起来更为便捷的 IDE 开发平台 Eclipse。

用 JDK 开发两类 Java 程序,总体上都包含以下 3 步。

1. 建立 Java 源程序

Java 源程序包含 Java 命令语句,可选用任何文本编辑器建立,通常是使用记事本。编辑完成后,要注意保存源文件。

2. 编译 Java 源程序

在命令行状态下执行 javac.exe,结果是将源程序编译成字节码。字节码文件的内容是 JVM 可以执行的指令,编译时如果出现错误则中止。用户此时可以根据错误提示修改源程序,之后再次进行编译操作,直到没有此类提示信息为止。

3. 运行 Java 程序

如果程序是 Java Application,那么在命令行状态下执行 java.exe,就可以将字节码文件解释为本地计算机能够执行的指令并予以执行。

如果程序是 Java Applet,则操作要复杂一些。这时应先建立一个 HTML 文件,在其中正确地嵌入字节码文件名,再用 JDK 的 appletviewer 工具运行该文件,程序执行结果就会在小程序查看器窗口显示出来。

1.3.1 Java 应用程序实例

【例 1-1】 设计一个简单的 Java Application,在屏幕上显示"Java Program!"。

打开记事本,输入 Java 程序代码。为了便于对源程序作出分析和解释,在每一行行首设置了序号。注意,这些标记代码行的序号不能作为 Java 程序的组成部分,书写时必须将其去掉。

程序代码如下:

```
1    public class Java1_1
2    {
3        public static void main(String args[])
4        {
5            System.out.println("Java  Program!");
6        }
7    }
```

用记事本编辑程序代码的界面如图 1-9 所示。源程序编辑好以后,用 Java1_1.java 来命名并保存,置于磁盘的指定目录下,这里存放于 D:\Java。

接下来对源程序 Java1_1.java 进行编译和执行。

单击 Windows 系统桌面上的"开始"|"运行"按钮,在文本框中输入"cmd",再单击"确定"按钮。进入"D:\Java"目录,输入编译命令"javac Java1_1.java"后,会发现当前目录下多了一个 Java1_1.class 文件,原因是编译器 javac.exe 把源代码编译成为字节码时生成了一个类文件。输入命令"java Java1_1"后,Java 解释器执行 Java1_1.class 类文件,输出显示字符串"Java Program!"。

上述过程如图 1-10 所示。

图 1-9 用记事本编辑程序代码的界面

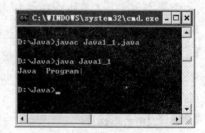
图 1-10 例 1-1 程序的编译和运行

程序分析如下:

第 1 行代码 public class Java1_1 标志着新建一个类 Java1_1。在定义类时必须使用关键字 class。Java 程序须以类的形式表现,任意一个程序中都可以定义若干个类。public 说明了类 Java1_1 可以被所有的类访问,为公共类。尽管一个 Java 源程序中包含的类允许不止一个,但是只能存在一个 public 类。如果源程序中存在 public 类,则文件的命名必须和这个类的名字保持相同。

第 2~7 行代码是类的内容部分,用一对花括号界定。

第 3 行代码的作用是声明建立一个名字为 main 的方法。在 Java Application 中可以包含多个方法,但有且只有一个main()方法,它是程序的入口。public说明该方法是公共的,可以被所有的类调用。static表明该方法可以通过类名Java1_1访问。void说明该方法没有返回值。String args[]说明该方法的参数为一个字符串数组。

第5行代码功能是输出括号内的字符串。System.out是指标准输出,通常指连接计算机的设备,例如打印机、显示器等。println()方法的功能是输出一行,即把括号里双引号中的字符串打印在标准输出设备(显示器)上,输出显示完毕换行。关于System.out的知识点将在9.2.7节中介绍。

第5行行末是分号,这是Java的语法规定。一般地,实施某个操作的一行代码书写完以后,末尾用分号(;)作为操作命令结束的标记。

【例1-2】 设计一个稍复杂的Java Application。要求用户输入两个数,并打印出它们的和、差、积、商。

程序代码如下:

```
1   import java.util.Scanner;
2   public class Java1_2
3   {
4       public static void main(String args[])
5       {
6           Scanner scan=new Scanner(System.in);
7           System.out.println("请输入两个数: ");
8           double x=scan.nextDouble();
9           double y=scan.nextDouble();
10          System.out.println("和:"+(x+y)+"差:"+(x-y)+"积:"+(x*y)+"商:"+(x/y));
11      }
12  }
```

在Java Application开发过程中建立的源程序保存为Java1_2.java源文件;经过编译,得到Java1_2.class字节码;在运行环节,输入两个数:71.5和50,程序运行结果如图1-11所示。

程序分析如下:

第1行代码的功能是导入类库中的类——Scanner。这是一个文本扫描器类,在本程序中用于读取从键盘输入的数据。第6行代码创建了扫描器类对象scan后,第8~9行代码便调用该对象的nextDouble()方法,读取从键盘输入的两个双精度数

图1-11 例1-2程序的编译和运行

据,分别赋值给变量x、y。最终由第10行代码计算并输出x与y的和、差、积、商。关于import的导入操作详细说明见4.4.1节,关于Scanner类的介绍见5.4.3节。第6行实例化产生scan,关于对象的创建和使用详见4.3.1~4.3.3节。该语句中的参数System.in是一个对象,表示Java的标准输入设备——键盘。关于System.in的知识点说明见9.2.7节。

1.3.2 Java 小程序实例

【例 1-3】 设计一个简单的 Java Applet,显示"Java Program!"。
程序代码如下:

```
1    import java.applet.Applet;
2    import java.awt.Graphics;
3    public class JavaApplet1_3 extends Applet
4    {
5        public void paint(Graphics g)
6        {
7            g.drawString("Java  Program!",25,30);
8        }
9    }
```

在 Java Applet 开发过程中,用记事本建立源程序,以 JavaApplet1_3.java 作为文件名保存于 D:\Java 目录下。经过编译后,在同一目录下生成 JavaApplet1_3.class 文件。

执行 Java 小程序的方法与前面例题不同。

需建立一个 HTML 文件。仍使用记事本书写如下的内容,注意嵌入 JavaApplet1_3.class:

```
<HTML>
<APPLET  CODE="JavaApplet1_3.class"  WIDTH=300 HEIGHT=150>
</APPLET>
</HTML>
```

将该文件保存在 D:\Java 目录下,以 J1_3.html 命名,后缀名 html 明确显示该文件是网页类型。

在小程序查看器中可显示 Java Applet 的执行结果,这需要在 DOS 命令提示符状态下输入命令 "appletviewer J1_3.html",如图 1-12 所示,程序运行结果如图 1-13 所示。

程序分析将在 7.2.3 节中详细介绍。

另外,可以直接用 IE 浏览器运行 J1_3.html 文件,这样操作更为快捷。在 Windows 系统环境下,找到该文件后双击即可显示执行结果。IE 窗口的显示结果如图 1-14 所示。

图 1-12 运行 Java Applet 的 DOS 窗口

图 1-13 小程序查看器窗口的运行结果

图 1-14 用 IE 浏览器查看运行结果

1.4 Eclipse 开发平台

Eclipse 是一个开放源代码且基于 Java 的可扩展集成开发平台。开放源代码是指让使用者能取得软件的原始码,有部分权限地修改和传播这个软件。Eclipse 附带了一个标准的插件集,包括 Java 开发工具。Eclipse 还包括插件开发环境。

Eclipse 由 IBM 公司于 2001 年推出,功能完整。用户可以到其官方网站 http://www.eclipse.org/downloads/下载 Eclipse 软件包。在 Windows 系统上安装 Eclipse,除了需要 Eclipse 软件包之外,还需要 Java JDK 的支持,并且要设置环境变量。

1.4.1 Eclipse 安装

使用 Eclipse 不需要运行安装程序,不需要更改 Windows 的注册表,只要将 Eclipse 压缩包解压释放到本地文件夹即可使用。

(1) 解压缩释放至本地。选定某一个版本的压缩包(例如 eclipse-jee-indigo-SR2-win32.zip),将其解压到本地目录下(如 D:\eclipse),然后双击此目录中的 eclipse.exe 文件即可打开 Eclipse。启动 Eclipse 的界面如图 1-15 所示。

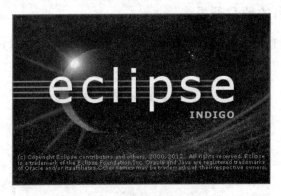

图 1-15 启动 Eclipse 的界面

(2) 在 Workspace Launcher 对话框中,选择或新建一个文件夹用于保存创建的项目,如图 1-16 所示。

图 1-16 在 Workspace Launcher 对话框指定保存目录

(3) 设置完成单击 OK 按钮,进入 Eclipse 工作界面,如图 1-17 所示。

图 1-17　Eclipse 工作界面

1.4.2　Eclipse 平台的项目开发

(1) 新建 Java 项目。在 Eclipse 主界面菜单栏中选择 File|New|Java Project 选项,打开 New Java Project 对话框,输入项目名称"Eclipse1_4",最后单击 Finish 按钮,如图 1-18 所示。

图 1-18　在 Eclipse 中新建 Java 项目

(2) 新建 Java 类。在菜单栏中选择 File|New|Class 选项,打开 New Java Class 对话框。设置其名称为 Eclipse1_4,并设置包名为 mypackage,再选中 public static void main

（String[] args）复选框，单击 Finish 按钮，如图 1-19 所示。

图 1-19　在 Eclipse 中新建 Java 类

（3）Eclipse 平台自动生成代码框架。用户需在 main()方法中写入程序代码（此处填写了例 1-1 的源代码）。保存文件，在菜单栏中选择 Run|Run As|Java Application 选项后，就会在 Eclipse 的控制台 Console 看到运行结果，如图 1-20 所示。

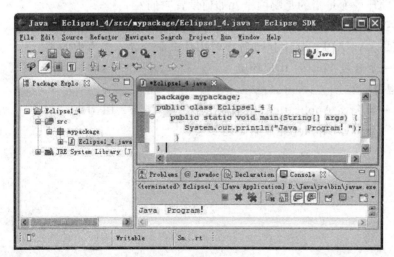

图 1-20　在 Eclipse 代码框架中输入源代码并运行

通过上述步骤，在 Eclipse 平台上便可以初步实施 Java 项目的开发。

习 题 1

一、选择题

1. Java 的特点不包括（   ）。
   A. 面向过程   B. 多线程   C. 分布性   D. 平台无关性
2. 以下对类 Japplication 的定义中正确的是（   ）。
   A. public class japplication   B. public class J application
   C. public class JApplication   D. public class Japplication
3. 以下对方法 main() 定义的语法格式中，正确的是（   ）。
   A. public main(String a[])
   B. public void main(String arg[])
   C. public static void main(String args[])
   D. public static main(String args[])

二、填空题

1. 开发 Java 程序的 3 个步骤为_____、_____和_____。
2. Java 源程序的文件扩展名是_____，经过编译生成 Java 字节码文件，其扩展名是_____。

三、简答题

1. 简述 Java 语言的特点。
2. 什么是平台无关性？怎样实现平台无关性？
3. Java 保留和放弃了 C++ 语言中的哪些机制？为什么这样做？
4. 介绍一下 Java 的运行机制。
5. Java 的环境变量指的是哪两个？如何设置它们？
6. Java 程序有哪两种类型？它们的运行方式有何不同？
7. 什么是 Java API？设计 Java 程序时用什么命令导入类库中的类？
8. 介绍一个开发 Java 的 IDE 环境。

四、编程题

1. 编写一个 Java Application，显示输出字符串"Java 2 Platform"。
2. 编写一个 Java Applet 完成第 1 题要求。

第 2 章 Java 语言基础

掌握一门程序设计语言一般要从学习其语言基础入手。本章介绍的是 Java 语言的标识符、关键字、数据类型、常量、变量、运算符、表达式等基本语法组成。

2.1 标识符和关键字

Java 语言使用的是 Unicode 字符编码标准。Unicode 字符集中的每个字符为 16 位编码，最多可以表示 65 535 个字符。Unicode 字符集的前 256 个字符与 ASCII 字符集一致，故 Java 语言的字符能够表示数字 0~9，英文字母 A~Z、a~z，以及＋、－、＊、/等 ASCII 字符。此外，还可以表示汉字、俄语、朝鲜语、拉丁语等语言文字。

2.1.1 标识符

每个人或者每种物品在现实生活中都有名字。与此类似，Java 中的任何一个实体都要有名称。

标识符是命名实体的符号标记，也就是命名实体的名字。Java 中的常量、变量、类、对象等都需要标识符来命名。

Java 语言中的标识符由字母、下画线（_）、美元符号（$）和数字等组成，并且第一个字符不能是数字。以下是合法的标识符：

HelloWorld We_are $house_hi_friend2468

以下是不合法的标识符：

7PE #price x+y*z .net public int

为标识符命名时，需注意 Java 关键字不能当作标识符，例如上面的 public、int。另外，#、＋、－、＊、,、&、!、＝等特殊符号不能出现在标识符中。

Java 语言中，标识符是区分大小写的，比如 myAPP 和 myapp 是两个不同的标识符。

用 Java 语言编程时，为了便于阅读和理解，标识符需要遵守以下命名习惯。

1. 常量名

常量名的所有字母均大写，用下画线分隔各个单词。例如，CIRCLE_RADIUS、COLLEGE_STUDENT_NUMBER。

2. 变量名

变量名通常全部字母小写。若是由多个单词构成，则首字母小写，其后单词首字母大写。例如 firstArray、thePrice。

3. 类名和接口名

类名和接口名的每个单词首字母大写。例如 TheClass、MyImplements。

4. 方法名

方法名首字母小写,其后单词首字母大写,且以动词开头。例如 getValues、setYear。

2.1.2 关键字

关键字是由 Java 语言定义的具有特殊含义的单词。每个关键字都有一种特定含义,不能将其作为普通标识符使用。以下是一些常用的 Java 关键字:

abstract	byte	volatile	const	while	try	null	this
char	void	new	static	super	false	break	for
final	implements	native	protected	else	do	package	int
transient	extends	public	catch	switch	interface	class	long
finally	import	private	throws	case	goto	if	float
synchronized	instanceof	true	double	default	return	boolean	short

2.1.3 分隔符

1. 空白符

空白符在语法上虽没有实际意义,但可以保持良好的编程样式。空白符包括空格、换行符、回车符等。

2. 分号(;)

分号(;)用于标识一条程序语句的结束,比如:

```
...
short x=10;
if(x>0)
    System.out.println("x="+ x);
...
```

3. 逗号(,)

逗号(,)用于间隔类型相同的多个参数、变量、对象等,一般用于变量的声明或定义、方法参数的声明或给定当中。例如:

```
float o,p,q,r,s,t;
```

再如:

```
...
public void paint(Graphics g)
{
    g.drawString("HelloWorld",30,70);
}
...
```

4. 冒号(:)

冒号(:)在三元运算符中起到分隔作用,例如 long x=(m<n)? -111:888。另外,在转移结构中它被放在语句标号后,标记了转移的去向,语法格式如下:

<标号>：

5．花括号({})

一对花括号({})常常用于类、方法的定义过程,也常用在复合语句的定义中。

2.1.4 注释符

注释属于代码的附属部分,是程序中用于说明和解释的文字片段,它对程序的运行过程起不到任何作用。程序中加入适当的注释可以增强程序可读性。

Java 提供了单行注释符、多行注释符和文档注释符 3 种注释符。

1．单行注释符(//)

单行注释符后面一直到本行末的内容为注释。此格式的注释内容较少,故用于说明变量的用途或者本行程序的功能。

2．多行注释符(/* */)

多行注释符的两个注释符之间的一行或多行内容为注释。"/*"表示注释开始,"*/"表示注释结束。此格式的注释内容一般较长,分布于多行之间,用于说明方法的功能等。另外,程序开发的目标、算法以及作者等信息一般也用这种注释来说明。

3．文档注释符(/ */)**

Java 语言中存在着一种很便捷的用法,能够将程序代码和说明文档放置于同一个文件中,同时使用一种特殊的注释语法来标记这些文档内容。Java 的工具 javadoc 可提取这些注释,并按照一定的格式显示这些文档。上述按特殊格式书写的注释就是文档注释。文档注释放在一个变量或者一个方法的说明之前,javadoc 读取特殊标记,并将注释内容保存到自动生成的 HTML 文档中。"/**"表示文档注释开始,"*/"表示文档注释结束。

下面的例子简单介绍了 3 种注释符的使用。

```
/**以下代码实现连乘的功能 */
...
double fact=1;                  //fact 为连乘积
for(int i=1; i<10;i++)          //用 for 语句实现
{
    fact=fact * i;
}
/* 用 while 语句实现
int i=1;
while(i<10)
{
    fact=fact * i;
    i++;
} */
System.out.println("fact="+ fact);
...
```

2.2 数据类型、常量与变量

2.2.1 数据类型

为了更加真实、准确地反映现实世界,计算机语言总是使用不同的形式来记录各种数据,这就需要在高级语言中存在若干种数据类型。Java 语言的数据类型分为两大类:基本数据类型和引用数据类型。引用数据类型包括数组、类和接口,基本数据类型见表 2-1。下面对该表进行分类说明。

表 2-1 Java 基本数据类型

类 型	关键字	字节数	取 值 范 围
字节型	byte	1	$-128 \sim 127$
短整型	short	2	$-32\,768 \sim 32\,767$
整型	int	4	$-2^{31} \sim 2^{31}-1$
长整型	long	8	$-2^{63} \sim 2^{63}-1$
单精度浮点数	float	4	$-3.4 \times 10^{38} \sim 3.4 \times 10^{38}$
双精度浮点数	double	8	$-1.7 \times 10^{308} \sim 1.7 \times 10^{308}$
字符型	char	2	\u0000~\uFFFF(即 0~65 535)
布尔型	boolean	1	true false

1. 整数型

Java 语言中的整数有 4 种类型,它们是字节型、短整型、整型和长整型,对应一定范围内的正整数、负整数和零。由于它们的字节数不同,因而取值范围也不同。

Java 语言表示的整数有 3 种进制:十进制、八进制和十六进制。

(1) 十进制数:首位不能为 0,用一个或几个范围是 0~9 的数字表示的数,例如 6、-111 等。

(2) 八进制数:首位为 0,后面用一个或几个范围是 0~7 的数字表示的数,例如 0237。

(3) 十六进制数:前缀为 0X 或 0x,后面用一个或几个范围是 0~9 的数字、A~F 或 a~f 的字母表示的数,例如 0X3df,0x17BA 等。其中 A~F 或 a~f 都分别表示十进制的 10~15。

Java 语言中整数的默认类型为 int。若要将整数 38 表示为 long 型,需要为该数添加后缀 L 或 l,写为 38L 或 38l。

2. 浮点型

浮点型用于表示数学中的实数,这类数可以是整数,也可以有小数部分。浮点数有 2 种表示方式。

(1) 标准计数法:由整数部分、小数点和小数部分构成,如-0.3,629.504 等。

(2) 科学计数法:由十进制整数、小数点、小数和指数部分构成,指数部分由 E 或 e 后面带上一个整数表示。例如,用 1.29E-3 来表示数学中的 1.29×10^{-3},其中 E 前面的

1.29 称为尾数,它可以是浮点数;E 后面的-3 称为阶码,它必须是整数。

Java 语言的浮点数有两种:单精度浮点数和双精度浮点数,后者是默认类型。若要在程序中指定一个单精度浮点数参加运算,则需要为该数添加后缀 F 或 f,如 4.81F。

3. 字符型

Java 语言中一个 Unicode 标准下的编码称作一个字符,一个字符占 2 个字节(2B)。字符型数据的表示可以用单引号将单个字符括起来,如'A','t','一'等。此外,还可以用 Unicode 编码表示一个字符,如"\u0041"表示'A',其前缀为"\u"。另有一类不可显示的控制字符(如回车符)需要用转义字符表示,转义字符的前缀为"\"。Java 转义字符和它对应的 Unicode 编码如表 2-2 所示。

表 2-2 Java 常用转义字符

转义字符	功能描述	Unicode 编码	转义字符	功能描述	Unicode 编码
\n	换行	\u000a	\t	水平制表	\u0009
\f	换页	\u000c	\"	双引号	\u0022
\r	回车	\u000d	\'	单引号	\u0027
\b	退格	\u0008	\\	反斜杠	\u005c

4. 布尔型

布尔型也称为逻辑型,该类型数据只有真(true)和假(false)两个取值。

2.2.2 常量

在程序执行过程中,值始终保持不变的量称为常量。常量有两种表示形式:直接常量和符号常量。

1. 直接常量

直接常量在程序中表现为被直接使用,如 3.14159 表示一个浮点数,9L 表示一个长整型数,'w'表示一个字符,"No.1"表示一个字符串等。

2. 符号常量

符号常量是用标识符来表示的常量,其定义的语法格式如下:

[访问权限修饰符] final 数据类型 常量名=常量值

其中,访问权限修饰符有 4 种:private、public、protected 和缺省形式。符号"[ ]"表示该符号中的内容可以省略。final 是定义常量的关键字。数据类型的选定参见表 2-1。符号常量一经赋值,后面就不允许修改了。例如,下面定义了 3 个符号常量:

```
final float PI=3.14f;
final int THE_MAX_LENGTH=256;
final boolean SEX=true;
```

2.2.3 变量

变量是指在程序执行过程中,值可以改变的量。变量在使用时必须先定义后使用。

1. 变量的定义

变量定义的语法格式如下：

[访问权限修饰符] 数据类型 变量名1[=<表达式1>][,变量名2[=<表达式2>]…]

其中，有关访问权限修饰符、数据类型与前述的常量说明部分相一致。变量名应当是Java语言合法的标识符。Java程序中一次可以定义一个或多个变量，例如：

```
int i=0, j=0;
short x,y,z;
char sort1='A';
boolean payment=false;
```

2. 变量的作用域

代码编写工作量很大的程序研发，往往是由一个小组共同来完成。此时，可能会出现变量使用混乱的情形。为此，同组的不同人员在定义变量时，要确保它们只在自己的使用范围内有效。变量的使用范围即为变量的作用域。以下是变量作用域的例子：

```
...
int total=0;
{
    int i=1, j=2, k=3;
    total=total+i+j+k;
}
System.out.println("total="+total);
//System.out.println("i="+i+"j="+j+"k="+k);
...
```

程序片段中定义的变量有整型的total以及i、j、k。在对total赋值为0这行代码的后面，都可以使用或改写它的值。也就是说，一直到最后的输出语句，都是属于total变量的作用域。而变量i、j、k的作用域仅限于花括号内，即右花括号后面就不可以引用这些变量了。若将单行注释符(//)去掉，则编译器报错，出错信息为："i cannot be resolved""j cannot be resolved""k cannot be resolved"。变量作用域进一步的说明见3.1.1节。

2.3 运 算 符

计算机程序中，对数据的各项操作最为频繁的就是运算。常量、变量等各种运算的对象称为操作数。运算符是用来对操作数进行各种运算的操作符号，例如加号(＋)、减号(－)、乘号(＊)、除号(/)等。针对运算符带一个、两个或三个操作数，分别称之为一元运算符、二元运算符或三元运算符。诸多操作数通过运算符连成一个整体后，就成为一个表达式。

Java程序中常用的运算符有算术运算符、关系运算符、逻辑运算符、位运算符、赋值运算符、三元运算符及其他运算符。

2.3.1 算术运算符

为了完成基本的数值运算,Java 定义了一套算术运算符,分为一元运算符和二元运算符两类。一元运算符的优先级高于二元运算符。将算术运算符和操作数相连接,形成的是算术表达式,此类表达式的结果是个数值。

一元运算符包括+、-、++、--,分别表示取正、取负、加1、减1。

二元运算符包括+、-、*、/、%,分别表示相加、相减、相乘、相除、求余。

使用++、--运算符在程序设计时更加明了、便捷,它们放置于操作数前面和后面所代表的含义是不同的,例如 a++ 和 ++a,二者的区别见例 2-1。

算术运算符及其应用见表 2-3,设 3 个 int 型变量 a、b、c 和 1 个 double 型变量 d,它们的初值分别为 5、2、1 和 5。

表 2-3 算术运算符及其应用

运算符	举例	运算结果	备注	运算符	举例	运算结果	备注
+	a+b	7	二元运算符	+	+a	5	一元运算符
-	a-b	3	二元运算符	-	-a	-5	一元运算符
*	a*b	10	二元运算符	++	++b	3	一元运算符
/	a/b;d/b	2;2.5	二元运算符	--	--c	0	一元运算符
%	a%b	1	二元运算符				

【例 2-1】 应用一元运算符++和--分析变量 g、h、p 和 q 的值。

程序代码如下:

```
1    public class Example2_1
2    {
3        public static void main(String[] args)
4        {
5            int g=20, h=20, p=20, q=20;
6            System.out.println("g: " +g);
7            System.out.println("h: " +h);
8            System.out.println("p: " +p);
9            System.out.println("q: " +q);
10           System.out.println("g++: " +g++);
11           System.out.println("++h: " + ++h);
12           System.out.println("p--: " +p--);
13           System.out.println("--q: " + --q);
14           System.out.println("g: " +g);
15           System.out.println("h: " +h);
16           System.out.println("p: " +p);
17           System.out.println("q: " +q);
18       }
```

19   }

程序运行结果如下:

g: 20
h: 20
p: 20
q: 20
g++: 20
++h: 21
p--: 20
--q: 19
g: 21
h: 21
p: 19
q: 19

程序分析如下:

第 10 行代码中,要使得 g 的值先输出再加 1。第 12 行代码中的变量 p 也要先输出再减 1。与此不同,第 11 行中的 h 要先加 1 再输出,第 13 行中的 q 要先减 1 再输出。

2.3.2 关系运算符

关系运算符用于比较两个操作数之间的大小关系,属于二元运算符,包括>、<、>=、<=、==、!=。

关系运算的结果为布尔类型的 true 或 false。数值大小的比较很容易看出来,字符型操作数的比较则要看它们的 Unicode 值,字符串的比较需要从左向右依次对每个字符作比较。

将关系运算符和操作数相连接,形成的是关系表达式。关系运算符及其应用见表 2-4,设两个 int 型变量 a、b 和一个字符型变量 c 的初值分别为 123、45 和 'Y'。

表 2-4 关系运算符及其应用

运算符	含义	举例	运算结果
>	大于	a>b	true
>=	大于或等于	c>='X'	true
<	小于	b<45	false
<=	小于或等于	c<='y'	true
==	等于	a==b+78	true
!=	不等于	c!='Y'	false

2.3.3 逻辑运算符

逻辑运算符用于连接关系表达式并对其进行逻辑运算,最后的结果是布尔类型,不是 true 就是 false。相应地,这种表达式就是逻辑表达式。逻辑运算符有 6 个:与(&)、或(|)、

非(!)、简洁与(&&)、简洁或(||)和异或(^)。逻辑运算的真值表见表2-5。

表 2-5　逻辑运算的真值表

a	b	!a	a&b,a&&b	a|b,a||b	a^b
false	false	true	false	false	false
false	true	true	false	true	true
true	false	false	false	true	true
true	true	false	true	true	false

简洁与(&&)和与(&)之间是有区别的。"&"所连接的前、后两个表达式的值都需要计算出来，才可以得到 & 操作符的运算结果。"&&"所连接的两个表达式不需要都计算出结果。对于表达式 a&&b，当 a 为 false 时，不计算 b 的值而直接返回 false；只有当 a 为 true 时，才去计算 b 的值。简洁或(||)和或(|)的区别同上述情况相似。对于表达式 a||b，当 a 为 true 时，不计算 b 的值而直接返回 true；只有当 a 为 false 时，才去计算 b 的值。

【例 2-2】　阅读下面的程序，分析运行结果，深入理解"&&"和"&"用法的区别。

程序代码如下：

```
1    public class Example2_2
2    {
3        public static void main(String[] args)
4        {
5            int m=7,n=5,x=0,y=0;
6            boolean flag1,flag2;
7            flag1 =m<n && x++==0;
8            flag2 =m<n & y++==0;
9            System.out.println("flag1="+flag1);
10           System.out.println("flag2="+flag2);
11           System.out.println("x 的值为:"+x);
12           System.out.println("y 的值为:"+y);
13       }
14   }
```

程序运行结果如下：

flag1=false
flag2=false
x 的值为：0
y 的值为：1

程序分析如下：

第 7 行和第 8 行代码都属于赋值语句，2.2.5 节将详细介绍它的格式和用法。这两行语句的功能是将赋值号(=)右边的逻辑表达式的值计算出来并且传递给左边的布尔型变量。因第 7 行代码是由简洁与(&&)连接的两个关系表达式，在判断出来 m<n 为 false 后，不再计算关系表达式 x++==0 的值，故 flag1 的值为 false。由于未执行 x 加 1 的操

作,x的值保持为0。第8行代码是由与(&)连接的两个关系表达式,在判断出来m<n为false后,还要计算关系表达式y++==0的值。故flag2的值为false,执行了y++使得y的值变为1。

2.3.4 位运算符

位运算是以二进制位为单位进行的运算,其操作数和运算结果都是整数型。位运算符有7个:位与(&)、位或(|)、位非(~)、位异或(^)、右移(>>)、左移(<<)、无符号右移(>>>)。它们中除了位非(~)之外都是二元运算符。位运算的真值表见表2-6。

表2-6 位运算的真值表

a	b	~a	a&b	a|b	a^b
0	0	1	0	0	0
0	1	1	0	1	1
1	0	0	0	1	1
1	1	0	1	1	0

例如:

```
...
System.out.println("a的值为:"+~5);         //即~00000101,结果为11111010
System.out.println("b的值为:"+(9|3));       //即00001001 | 00000011,结果为00001011
System.out.println("c的值为:"+(7&6));       //即00000111 &00000110,结果为00000110
System.out.println("d的值为:"+(5^1));       //即00000101 ^ 00000001,结果为00000100
System.out.println("e的值为:"+(2<<3));      //即00000010 左移3位,结果为00010000
System.out.println("f的值为:"+(15>>1));     //即00001111 右移1位,结果为00000111
...
```

程序运行结果:

a的值为:-6
b的值为:11
c的值为:6
d的值为:4
e的值为:16
f的值为:7

2.3.5 赋值运算符

赋值运算符是Java语言十分常用的符号,包括"="运算符和复合赋值运算符。

1. "="运算符

该运算符对变量进行赋值运算。在使用时应遵循以下语法格式:

变量名=表达式;

执行时首先计算赋值运算符右边的表达式,再将运算结果传递给左边的变量。

【例 2-3】 赋值运算的应用举例。阅读程序,注意运算符"="的用法。

程序代码如下:

```
1   public class Example2_3
2   {
3       public static void main(String args[])
4       {
5           int a=9,b=5,c=2;
6           System.out.println(a);
7           System.out.println(a=a*b);
8           System.out.println(a=a/c);
9           System.out.println(a=a%c);
10          System.out.println(a=a&c);
11          System.out.println(a=a|c);
12      }
13  }
```

程序运行结果如下:

9
45
22
0
0
2

程序分析如下:

执行代码第 5 行,变量 a 被赋值,初值为 9;执行了第 7 行之后,a 的值变为 45;执行了第 8 行之后 a 变为 22;执行了第 9 行之后 a 的值变为 0;执行了第 10 行的位与运算之后 a 的值为 0;执行了第 11 行的位或运算之后 a 的值变为 2。

2. 复合赋值运算符

将赋值运算符与其他运算符组合,便形成了复合赋值运算符,见表 2-7。

表 2-7 复合赋值运算符的说明

运算符	用 法	等价于	备 注
+=	z+=a	z=z+a	z,a 为数值型
-=	z-=a	z=z-a	z,a 为数值型
*=	z*=a	z=z*a	z,a 为数值型
/=	z/=a	z=z/a	z,a 为数值型
%=	z%=a	z=z%a	z,a 为数值型
&=	x&=y	x=x&y	x,y 为布尔型或整型
|=	x|=y	x=x|y	x,y 为布尔型或整型
^=	x^=y	x=x^y	x,y 为布尔型或整型

若将例 2-3 的第 7～11 行代码改写为如下的形式：

```
7    System.out.println(a*=b);
8    System.out.println(a/=c);
9    System.out.println(a%=c);
10   System.out.println(a&=c);
11   System.out.println(a|=c);
```

则程序的运行结果不变。

2.3.6　三元运算符

使用三元运算符，应当遵循如下的语法格式：

```
h1 ? h2 : h3
```

上面的 h1、h2 和 h3 都是表达式。三元运算符对应的运算规则如下：若表达式 h1 为 true，则三元运算的结果取表达式 h2 的值；否则取表达式 h3 的值。例如：

```
byte x=0, y=6, z;
z=(x==y) ? 1 : -1;
```

三元运算的结果使得 z 取 −1。

2.3.7　其他运算符

1. 字符串连接运算符

字符串连接运算符（＋）的作用是连接两个字符串。当运算符"＋"的一边为字符串而另一边为数值时，系统将自动把数值转换为字符串。例如：

```
double payment=54.7;
System.out.println("payment="+payment);
```

输出结果为字符串：payment＝54.7。

2. 括号运算符

括号在运算中具有最高优先级。括号如果嵌套，则先计算内层括号里的表达式，后计算外层。例如：

```
int x=3,y=8,z=6,w=4;
x=x*((y-z)/2+w);
```

运算结果：x 的值为 15。

3. 下标运算符

下标运算符（[ ]）用于数组定义和数组元素的引用。例如：

```
short arr[]={0,2,5,8,9};
arr[2]=arr[2]+500;
```

arr 为包含 5 个 short 型数据的数组名称。运算结果：arr[2]的值为 505。

4. 点运算符

点运算符(.)常出现在引用类中成员时,也常用于指示包的层次结构,详见 4.3.3 节和 4.4.1 节。例如:

```
import java.util.Scanner;
Scanner scan=new Scanner(System.in);
```

2.4 表 达 式

表达式由操作数和运算符组成,实现针对操作数的指定运算。算术表达式的结果是数值,关系表达式和逻辑表达式的结果是布尔类型的 true 或 false。本小节将给出几个例子,介绍表达式的使用。一个表达式中可能包含算术运算符、关系运算符、逻辑运算符、位运算符和其他运算符等,此时如何确定运算的先后顺序呢?这涉及运算符的优先级问题。有的表达式结果或许令人不解,如表 2-3 中 a/b 的值为 2。如何使得 a/b 的值为期望的 2.5?这涉及表达式数据类型转换问题。

2.4.1 运算符的优先级

Java 运算符具有优先级别的规定,详见表 2-8。优先级从上到下依次降低。最右边一列的结合性表示运算的顺序,例如:

```
int m=5,n=9,t;
t= m+-n;                          //该表达式即 t=m+(-n)
```

表 2-8 运算符的优先级

优先级	运算符	结合性
1	. [] ()	从左至右
2	++ -- ! ~ +(一元) -(一元)	从右至左
3	* / %	从左至右
4	+(二元) -(二元)	从左至右
5	>> >>> <<	从左至右
6	< > <= >=	从左至右
7	== !=	从左至右
8	&	从左至右
9	^	从左至右
10	|	从左至右
11	&&	从左至右
12	||	从左至右
13	?:(三元)	从右至左
14	= += -= *= /= %= ^= &= |= <<= >>= >>>=	从右至左

2.4.2 数据类型转换

在 Java 语言中,根据运算的需要,可以将一种数据类型转换为另一种数据类型,其规则如下:当从位数较少的类型向位数较多的类型转换时,系统一般可自动完成;反之,当从位数较多的类型向位数较少的类型转换时,需要编程人员进行强制类型转换,此时,需要在待转换类型的表达式前加上一项:(目标类型)。基本数据类型所占用的位数从短到长依次为:

```
byte short char int long float double
```

这个顺序也就是系统自动完成转换的方向。自动转换的例子如下:

```
int e=603;            //int 型的变量 e
short f=15;           //short 型的变量 f
float g;              //float 型的变量 g
e=e+f;                //short 型 f 自动提升到 int 型
g=e+f;                //int 型 e 和 f 自动提升到 float 型
```

若程序运行到此,紧接着输出 e、f、g 的值,则 e=618,f=15,g=633.0。

数据类型强制转换的语法格式如下:

(目标类型) 表达式

强制转换的例子如下:

```
int a=5, b=2, y;      //int 型的变量 a 和 b,它们的初值分别为 5 和 2
float g, e=2.71828f;  //float 型的变量 g 和 e,e 的初值为 2.71828
g=(float)a/b;         //将 int 型变量 a 和 b 值强制转换成 float 型,即 5.0 和 2.0,再作除法
y=(int)e*10;          //将 float 型变量 e 的值强制转换成 int 类型数据,即 2,再乘以 10
```

若程序运行到此,紧接着输出 g、y、e 的值,则 g=2.5,y=20,e=2.71828。由此可见,数据类型转换对于位数较多的数据类型转换成位数较少的数据类型时,因为截断了部分数位上的内容,会导致数据精度下降。

【例 2-4】 表达式、运算符的优先级和数据类型转换综合应用举例。

程序代码如下:

```
1    public class Example2_4
2    {
3        public static void main(String args[])
4        {
5            int x=37, y=4;
6            double n=1;
7            boolean a,b;
8            char c='A';
9            a=x+y/2>20 && c<'a' ;
10           b=(x+y)/2>20 && c<'a';
11           System.out.println("x * y="+(x * y));
```

```
12          System.out.println("x * n="+(x * n));
13          System.out.println("x/y="+(x/y));
14          System.out.println("(double)x/y="+((double)x/y));
15          System.out.println("a="+a);
16          System.out.println("b="+b);
17      }
18  }
```

程序运行结果如下：

x * y=148
x * n=37.0
x/y=9
(double)x/y=9.25
a=true
b=false

程序分析如下：

第 11 行代码的输出结果为整数 148。第 12 行则输出 37.0，在这行 x 的数据类型从 int 型自动转换成 double 型。第 13 行两个整型变量 x 和 y 做除法的商一定为整数，结果为 9，但是在第 14 行对表达式 x/y 进行了强制类型转换后，结果为 9.25。第 15、16 行输出布尔型变量 a 和 b 的值，这需要对第 9、10 行代码中的表达式进行计算，要注意混合运算中的运算符优先级问题。

2.4.3 应用举例

【例 2-5】 阅读程序，注意算术表达式的计算。

程序代码如下：

```
1   public class Example2_5
2   {
3       public static void main(String args[])
4       {
5           char a='A';
6           byte b=5;
7           short c=8;
8           int d=5;
9           long e=23L;
10          float g=1.5f;
11          int sum1, sum2;
12          float sum3=0f;
13          sum1=a-d;
14          sum2=--b+c*2;
15          sum3+=(e-(g-1)*40)*d;
16          System.out.println("sum1="+sum1);
17          System.out.println("sum2="+sum2);
18          System.out.println("sum3="+sum3);
```

```
19      }
20  }
```

程序运行结果如下:

sum1=60
sum2=20
sum3=15.0

程序分析如下:

第 13 行代码进行了数据类型的自动转换,变量 a 的值从 char 型转换成 int 型,也就是 65,将表达式 65-5 的值赋值给变量 sum1。第 14 行同样存在数据类型的自动转换,并且注意变量 b 要先减 1 再参加其他运算。第 15 行代码出现了复合赋值运算符、运算符的优先级问题以及数据类型转换。

【例 2-6】 阅读程序,熟悉逻辑运算符和位运算符的使用。

程序代码如下:

```
1   public class Example2_6
2   {
3       public static void main(String args[])
4       {
5           int x=2, y=7, z=8, u=5, v=6, t1, t2, t3, t4;
6           boolean s1, s2, s3, s4;
7           s1=z>=8 || --x<0;
8           s2=z>=8 | --y<0;
9           s3=x>z-6 &&++z>8;
10          s4=x>z-6 &++z>8;
11          t1=u-1 &v+2;
12          t2=u-1 | v+2;
13          t3=u<<1;
14          t4=v>>2;
15          System.out.println("x="+x);
16          System.out.println("y="+y);
17          System.out.println("z="+z);
18          System.out.println("s1="+s1);
19          System.out.println("s2="+s2);
20          System.out.println("s3="+s3);
21          System.out.println("s4="+s4);
22          System.out.println("t1="+t1);
23          System.out.println("t2="+t2);
24          System.out.println("t3="+t3);
25          System.out.println("t4="+t4);
26      }
27  }
```

程序运行结果如下:

x=2
y=6
z=9
s1=true
s2=true
s3=false
s4=false
t1=0
t2=12
t3=10
t4=1

程序分析如下：

从第 7～10 行代码中，可以深刻领会"||""|"以及"&&"与"&"之间的区别。使用"|"（或"&"）时，两边表达式的值都要计算；而使用"||"（或"&&"）时，若左边表达式的值为真（或假），则不再计算右边的表达式。在该程序中要注意一元运算符"－－"和"＋＋"，它们放在操作数之前就要使操作数先减 1(加 1)然后参与别的运算。程序中第 11～14 行代码，对于含有位运算符的表达式，要先将十进制数转换为二进制，然后计算表达式的值。

【例 2-7】 输入 a,b 和 c 的值（要求 $b^2-4ac>0$），求方程 $ax^2+bx+c=0$ 的根。

程序代码如下：

```
1    import java.util.Scanner;
2    public class Example2_7
3    {
4        public static void main(String args[])
5        {
6            Scanner scan=new Scanner(System.in);
7            System.out.println("请输入方程的系数 a,b,c(要求 b*b-4*a*c>0)");
8            double a=scan.nextDouble();
9            double b=scan.nextDouble();
10           double c=scan.nextDouble();
11           double p,q,delta=b*b-4*a*c;
12           p=-b/(2*a);
13           q=Math.sqrt(delta)/(2*a);
14           double x1=p+q;
15           double x2=p-q;
16           System.out.println("x1="+x1);
17           System.out.println("x2="+x2);
18       }
19   }
```

程序分析如下：

第 8～10 行代码作用是人机交互输入系数 a、b、c，第 11 行的变量 delta 对应判别式，第 13 行 Math.sqrt()为调用 Math 类的 sqrt()方法，用于求 delta 的算术平方根。第 11～15 行代码都有表达式的应用。

习 题 2

一、选择题

1. 下列选项中属于Java语言合法标识符的是( )。
   A. 97HK   B. double   C. _price3   D. No1-oppo
2. 下面的Java变量名中正确的是( )。
   A. payment   B. the&man   C. out   D. $name.2
3. Java语言中char型数据的位数为( )。
   A. 8位   B. 16位   C. 32位   D. 64位
4. Java语言中int型数据的位数为( )。
   A. 8位   B. 16位   C. 32位   D. 64位
5. Java语言中float型数据的位数为( )。
   A. 8位   B. 16位   C. 32位   D. 64位
6. 以下是Java语言的浮点数,其中写法错误的是( )。
   A. 3.14   B. 5e2.7   C. -42e-3   D. 189e4
7. 下列符号不是二元运算符的是( )。
   A. ~   B. &&   C. ^   D. ||
8. 以下( )不是Java的表达式。
   A. 算术型表达式   B. 日期型表达式   C. 关系型表达式   D. 逻辑型表达式
9. 6&8的运算结果为( )。
   A. 0   B. 2   C. 4   D. 6
10. 若int x=3,int y=x--和int z=--x依次执行后,y和z的值分别为( )。
    A. 2 2   B. 3 2   C. 2 3   D. 3 1
11. 已知a=7,b=3,c='e',下列表达式( )的值为true。
    A. a>7 & b==3   B. a-2>1+ ++b   C. !false || false   D. c<'9'

二、填空题

1. Java语言的数据类型有byte、_____、_____、_____、_____、_____、_____和_____。
2. Java语言的转义字符有\n、\f、\t、_____、_____、_____、_____等。
3. 若int x=50,int y=++x!=52? +x:-x,则y的值为_____。
4. 整型变量i不能同时被3和7整除的表达式为_____。

三、简答题

1. Java语言中常量是如何定义的?
2. Java语言中变量的命名规则有哪些?
3. Java语言中有哪几种添加注释的方法?
4. Java语言中的基本数据类型各自的取值范围是多大?
5. Java语言中数据类型的转换方式有哪两种?
6. Java语言中的运算符主要有哪些类型,其运算的优先级怎样?

四、编程题

1. 定义符号常量 E 和 ORDER1,它们的值分别为 2.71828 和 'D'。
2. 设定 $x=2, y=5, z=4$,计算表达式 $(x+y+z)^3$ 的值。
3. 编程,由用户输入长方体的长、宽和高,计算该长方体的表面积。
4. 编程,由用户输入点 A 和点 B 的坐标,计算 A、B 两点间的距离。
5. 编程,由用户输入 3 个数(要求任意两数之和大于第三个数)。它们对应于一个三角形的三边长度,利用海伦公式求出该三角形的面积。
6. 已知球的体积公式为 $V=\dfrac{4}{3}\pi R^3$,编程实现当用户输入球的半径 R 时,计算并输出球的体积。

第 3 章 Java 控制结构、数组和字符串

Java 程序的基本控制结构包含顺序、分支和循环 3 种。顺序结构的执行是按照先后次序顺次执行,分支结构的执行是根据判定结果选择对应的语句来执行,循环结构的执行是根据循环条件来决定是否重复执行循环体。本章除了介绍上述内容之外,还将介绍数组和字符串应用的语法格式。

3.1 顺序结构

3.1.1 语句和语句块

Java 程序是由一条条语句组成的,语句就成为其最小的执行单位。

2.3.5 节讲到了赋值运算,它实际上就对应着语句,例如 int a=9;就是一条赋值语句。例 2-3 中出现了两种输出语句:

```
System.out.println(a=a*b);
System.out.println(a);
```

在这两行语句中,前一行有赋值号,需要计算表达式 a*b 并赋值给变量 a;后一行没有赋值运算符,就把变量 a 的值返回给输出语句。Java 语言也可以将方法的调用写在输出语句中,例如:

```
System.out.println(Math.sqrt(16));
```

Java 语言的语句块是指用一对花括号({})括起来的语句组,这在语法上将作为一条语句使用。例如,下面就是一个语句块:

```
{   int y=1;
    y=y+20;
}
```

2.2.3 节提到了变量的作用域。有了语句块的定义以后,变量的作用域就可以解释为变量定义所在的语句块。

语句块可以嵌套。在嵌套时,变量可以定义在语句块的任何位置。外层语句块中定义的变量既可以在外层使用,也可以在内层使用。也就是说,外层块定义的变量,其作用域涵盖了内层块,反之则不然。下例出现了此类作用域问题:

```
{   int a=3, b=5;
    {   int c=7;
        c=c-a;
    }
    b=b+c;
}
```

上面的语句块中,外层定义了变量a和b,其作用域是在整个内、外层块的范围中,即内层块也可以使用a和b,因此语句

   c=c-a;

正确。但是,内层块定义的变量c作用域仅限于内层,外层块不可以使用,因此语句

   b=b+c;

错误。

3.1.2 顺序结构

和其他结构化程序设计语言类似,Java语言也有顺序结构、分支结构和循环结构3种基本控制结构。顺序结构的程序在执行时是按照前后顺序依次执行的,其流程如图3-1所示。

顺序结构在程序设计中用得非常频繁。这种结构的语句比较简单,但在具体程序中是必不可少的。例1-1~例1-3以及例2-1~例2-7,都是属于顺序结构的程序。

图3-1 顺序结构的流程图

【例3-1】 顺序结构应用举例。编程,实现交换两个变量的值。
程序代码如下:

```
1    public class Example3_1
2    {
3        public static void main(String args[])
4        {
5            int m=1, n=6, t;
6            t=m;
7            m=n;
8            n=t;
9            System.out.println("m="+m);
10           System.out.println("n="+n);
11       }
12   }
```

程序运行结果如下:

m=6
n=1

程序分析如下:
交换两个变量的值要借助第三个变量才能实现。

3.2 分支结构

在例2-7中,用户提供的一元二次方程系数a、b和c满足判别式大于0,程序运行后可以得到两个不相等的实数根。但是,若考虑判别式等于0和小于0的情况,就对应着两根相等和

· 35 ·

根不存在的结果。此时,需要分不同情形选择不同的语句块来得出结论。仅使用顺序结构无法实现这样的思路,应用分支结构就成为了编程的关键。许多现实生活中的实例都与分支结构的思想相对应。例如,打客服电话时话务员会提醒用户选择服务种类;再如使用自助存取现金时,ATM 机会根据提示选择币种,等等。在 Java 语言中,分支结构主要包括 if 语句和 switch 语句。

3.2.1　if 语句

if 语句有双分支结构和单分支结构,其语法格式如下:

```
if(条件表达式)
    语句块 1
[ else
    语句块 2
]
```

在执行时,先判断条件表达式的值,若为 true 则执行语句块 1,之后执行该 if 分支结构的后续语句;否则执行 else 后面的语句块 2。流程如图 3-2(a)所示。如果缺省 else 子句,条件表达式值为 true 执行语句块 1,为 false 时什么也不做,其流程如图 3-2(b)所示。

(a) 双分支　　　　　　　　　　(b) 单分支

图 3-2　if 语句流程图

【例 3-2】　比较两个数,求出其中的较大者并输出。若使用双分支的 if 语句,则程序代码如下:

```
1    import java.util.Scanner;
2    public class Example3_2
3    {
4        public static void main(String args[])
5        {
6            Scanner scan=new Scanner(System.in);
7            System.out.println("请输入两个数:");
8            double x=scan.nextDouble();
9            double y=scan.nextDouble();
10           if(x<y)
11           {
12               System.out.println("两个数中的较大者："+y);
13           }
14           else
```

```
15            {
16                System.out.println("两个数中的较大者:"+x);
17            }
18        }
19    }
```

程序运行后,在提示"请输入两个数:"后面输入 3.14 和 2.7,则输出结果如下:

两个数中的较大者:3.14

程序采用了双分支的 if…else… 语句,这是二选一型结构。如果采用单分支 if 语句,则需要将上述程序代码进行修改,要将第 10~17 行替换为下列语句:

```
double max=x;
if(x<y)
{
    max= y;
}
System.out.println("两个数中的较大者:"+max);
```

程序的运行结果不变。这里 if 语句仅有一个分支处理,故预设变量 max 并先将 x 的值赋给它。经过比较,确定调整或不调整 max 的值,再输出 max 即可。

【例 3-3】 已知下面的分段函数:

$$y = \begin{cases} 5x, & x \leqslant 0 \\ 1+2x, & x > 0 \end{cases}$$

设计程序,输入 x 得到 y 的值。

程序代码如下:

```
1     import java.util.Scanner;
2     public class Example3_3
3     {
4         public static void main(String args[])
5         {
6             Scanner scan=new Scanner(System.in);
7             System.out.println("请输入 x:");
8             double x=scan.nextDouble(),y;
9             if(x<=0)
10            {
11                y=5*x;
12            }
13            else
14            {
15                y=1+2*x;
16            }
17            System.out.println("y="+y);
18        }
19    }
```

程序运行后,用户若输入 0 则输出 $y=0.0$;若输入 8 则输出 $y=17.0$。

本例中的分段函数也是二选一型的,应当用双分支 if 语句完成。但是,如果分段函数存在着超过两种情形来选择时,使用前面的语句结构就难以完成了,此时可以用 if 语句的嵌套形式实现。

3.2.2　if 语句的嵌套

if 语句的嵌套是指单分支或双分支 if 语句中,语句块又包含着一重或多重 if 语句。其语法格式如下:

```
if<条件表达式>
   { if <条件表达式>
          语句块
      [ else
          语句块
      ] }
[ else
   { if <条件表达式>
      语句块
      [ else
          语句块
      ] }
]
```

嵌套时,语句中的每一个 else 必须和一个 if 相对应,以避免产生混乱。

【例 3-4】　再计算下面分段函数的值:

$$y=\begin{cases} 2x+1, & x<2 \\ x-3, & 2\leqslant x<8 \\ 3x-1, & x\geqslant 8 \end{cases}$$

程序代码如下:

```
1    import java.util.Scanner;
2    public class Example3_4
3    {
4        public static void main(String args[])
5        {
6            Scanner scan=new Scanner(System.in);
7            System.out.println("请输入 x:");
8            double x=scan.nextDouble(),y;
9            if(x<2)
10           {
11               y=2*x+1;
12           }
13           else
14           {   if(x<8)
15                   y=x-3;
```

```
16              else
17                  y=3*x-1;
18          }
19          System.out.println("y="+y);
20      }
21  }
```

用户在程序运行后,分别输入0,7和9,对应输出结果为1.0,4.0和26.0。该程序使用了if语句嵌套形式:在else子句部分,又嵌入了if语句,这样建立了三选一型结构。请读者思考一下:若换作在if和else之间嵌入另外一个if语句,应当如何完成?

3.2.3 多分支if语句

例3-4中的if语句嵌套形式也可以改写为多分支if语句,这种格式看起来比较清晰。其语法格式如下:

```
if(条件表达式 1)
    语句块 1
else if(条件表达式 2)
    语句块 2
…
else if(条件表达式 n)
    语句块 n
[else
    语句块 n+1
]
```

多分支If语句的执行过程为,先计算条件表达式1,若条件表达式1的值为true则执行其后的语句块1,然后执行多分支if结构后面的语句;若条件表达式1的值为false,则判断条件表达式2的值是否为true,为true则执行其后的语句块2,否则依次继续向下判断。如果所列出的前n个条件表达式的值都为false,再看有没有else子句,有则执行它后面的语句块n+1,若没有则执行该多分支if结构后面的语句。整个流程如图3-3所示。

图3-3 多分支的if语句流程图

将例 3-4 改写为多分支 if 语句,核心部分如下:

```
if(x<2)
    y=2*x+1;
else if(x<8)
    y=x-3;
else
    y=3*x-1;
```

相比于 if 语句嵌套,这样的程序看起来层次更加分明。例 2-7 中,将判别式等于 0 和小于 0 的情况都考虑进来,则完整的程序代码如下:

```
1    import java.util.Scanner;
2    public class Example2_7
3    {
4        public static void main(String args[])
5        {
6            Scanner scan=new Scanner(System.in);
7            System.out.println("请输入方程的系数 a,b,c");
8            double a=scan.nextDouble();
9            double b=scan.nextDouble();
10           double c=scan.nextDouble();
11           double p,q,delta=b*b-4*a*c;
12           p=-b/(2*a);
13           if(delta<0)
14               System.out.println("该一元二次方程无实数根");
15           else if(delta==0)
16           {   double x=p;
17               System.out.println("该一元二次方程两根相等,x="+x);
18           }
19           else
20           {   q=Math.sqrt(delta)/(2*a);
21               double x1=p+q;
22               double x2=p-q;
23               System.out.println("x1="+x1);
24               System.out.println("x2="+x2);
25           }
26       }
27   }
```

程序运行后,用户若输入 1,2 和 −15 则输出结果为"x1=3.0"和"x2=−5.0";用户若输入 1,4 和 4 则输出结果为"该一元二次方程两根相等,x=−2.0";用户若输入 5,1 和 2 则输出结果为"该一元二次方程无实数根"。

3.2.4 switch 语句

switch 语句是 Java 语言中另一种表示多分支结构的语句,该结构使得此类程序更为简练,其语法格式如下:

```
switch(表达式)
{
    case 常量 1:
        语句块 1;
        [ break; ]
    case 常量 2:
        语句块 2;
        [ break; ]
    ...
    case 常量 n:
        语句块 n;
        [ break; ]
    [ default:
        语句块 n+1; ]
}
```

switch 语句的执行过程为,先对表达式求值,然后将它逐一与 case 子句中的常量值相匹配:如果匹配成功,则执行该 case 子句中的语句块,直到遇见 break 才算结束,去执行 switch 结构的后续语句。假如某个 case 子句中没有 break,若表达式的值与该 case 后的常量值相等,在执行完毕该 case 子句中的语句块后,要紧接着去执行后继的 case 子句中的语句序列,直到遇见 break 才算结束。如果所有 case 子句的常量均未能匹配成功,则往下看有没有 default 子句,若有就执行语句块 n+1,若无就算结束,去执行 switch 结构的后续语句。整个流程如图 3-4 所示。

图 3-4 switch 语句的流程图

【例 3-5】 将数值 0~6 表示的星期几转换为由英文表示的形式。
程序代码如下:

```
1    import java.util.Scanner;
2    public class Example3_5
3    {
4        public static void main(String args[])
5        {
6            Scanner scan=new Scanner(System.in);
7            System.out.println("请输入一个数字(0~6): ");
```

```
8          int when=scan.nextInt();
9          switch(when)
10         {
11             case 0: System.out.println("Sunday");      break;
12             case 1: System.out.println("Monday");      break;
13             case 2: System.out.println("Tuesday");     break;
14             case 3: System.out.println("Wednesday");   break;
15             case 4: System.out.println("Thursday");    break;
16             case 5: System.out.println("Friday");      break;
17             case 6: System.out.println("Saturday");    break;
18             default: System.out.println("Error Input");
19         }
20     }
21 }
```

程序中的 switch 语句有 8 个分支,对应着用户输入不同数据的处理结果。

3.3 循环结构

循环是指在程序中有规律地反复执行某一语句块的现象。被重复执行的语句块称为循环体,循环体的执行与否以及次数多少要视循环类型与条件而定。当然,无论何种类型的循环结构,其共同的特点是,必须确保循环体的重复执行能被终止。

Java 的循环语句有 for 语句、while 语句和 do 语句。

3.3.1 for 语句

for 语句在循环结构中最常用,属于计数型循环,其语法格式如下:

for ([表达式1];[表达式2];[表达式3])
    循环体语句块

此格式中的[表达式1]是对循环控制变量初始化操作;[表达式2]是关系表达式或逻辑表达式,是循环控制条件;[表达式3]用于改变循环控制变量的值。这3个表达式都可以省略,当[表达式2]省略时就默认该式的值为 true。

for 语句运行后,首先执行 1 式,进行循环控制变量的初始化。接下来判定 2 式的真假。如果为真,就去执行循环体语句块,并且要由 3 式来修改循环控制变量,这就完成了一次循环。然后再次判定 2 式的真假,如果为真就重复上述过程。这样的操作一直进行下去,直到 2 式的值为假时,不再执行下去,整个循环宣告结束,转向 for 结构的后续语句。当然,若首次判定 2 式的值就为假,则循环一次也不会执行。上述过程如图 3-5

图 3-5 for 语句流程图

所示。

【例 3-6】 求 $1+2+3+\cdots+10$ 的值。

程序代码如下：

```
1   public class Example3_6
2   {
3       public static void main(String args[])
4       {
5           int sum=0;
6           for(int i=1;i<=10;i++)
7               sum=sum+i;
8           System.out.println("1+2+3+…+10="+sum);
9       }
10  }
```

程序运行结果如下：

1+2+3+…+10=55

本例题编程实现起来较为简单，理解了累加的思想就能顺利完成，第 7 行代码是关键。

【例 3-7】 求 Fibonacci 数列前 9 项的值。已知 Fibonacci 数列为 $1,1,2,3,5,\cdots$。该数列有如下特点：第 1 项、第 2 项均为 1，从第 3 项开始，每一项都是前两项之和，即

$$F_n = \begin{cases} 1, & n=1 \\ 1, & n=2 \\ F_{n-1}+F_{n-2}, & n \geqslant 3 \end{cases}$$

程序代码如下：

```
1   public class Example3_7
2   {
3       public static void main(String args[])
4       {
5           int x1=1, x2=1, x3;
6           System.out.println("数列第 1 项："+x1);
7           System.out.println("数列第 2 项："+x2);
8           for(int i=3;i<=9;i++)
9           {
10              x3=x1+x2;
11              System.out.println("数列第"+i+"项："+x3);
12              x1=x2;
13              x2=x3;
14          }
15      }
16  }
```

程序运行结果如下：

数列第 1 项：1

数列第 2 项：1
数列第 3 项：2
数列第 4 项：3
数列第 5 项：5
数列第 6 项：8
数列第 7 项：13
数列第 8 项：21
数列第 9 项：34

程序分析如下：

定义变量 x1 代表第 1 项，x2 代表第 2 项。x3 代表第 3 项的值，它由 x1＋x2 求得（代码第 10 行）。当首轮计算完成后，x2 成为第 1 项（代码第 12 行），x3 成为第 2 项（代码第 13 行），然后进行下一轮的运算。继续后面各轮循环，直到最后计算出第九项的值，这样就得到了全部结果。

【例 3-8】 如果一个三位数等于其各位数字的立方和，则称这个数为水仙花数，例如 $153=1^3+5^3+3^3$，$371=3^3+7^3+1^3$。试编程找出所有的水仙花数。

程序代码如下：

```
1    public class Example3_8
2    {
3        public static void main(String args[])
4        {
5            int x, y, z, k;
6            System.out.println("全部水仙花数：");
7            for(int i=100; i<=999; i++)
8            {
9                x=i/100;
10               y=i/10-x*10;
11               z=i-x*100-y*10;
12               k=x*x*x+y*y*y+z*z*z;
13               if(i==k)
14               {
15                   System.out.print(i+"   ");
16               }
17           }
18       }
19   }
```

程序运行结果如下：

全部水仙花数：
153   370   371   407

程序分析如下：

100,101,102,…,999，每个数均要被检测。设每轮要测试的数为 i。针对判断条件，求出待测试数据 i 的百位（代码第 9 行）、十位（代码第 10 行）和个位（代码第 11 行）的数字，看看是否符合水仙花数的条件(代码第 12、13 行)。再一轮要测试加 1 之后的 i,如此循环 900 轮,完成对全部三位数的检测。

3.3.2　while 语句

循环结构中 for 语句一般用于循环次数可预知的情形。然而,编程时往往存在循环次数无法确定、要通过条件终止循环的状况,此时可以采用 while 语句来实现。while 语句属于条件型循环,它根据某一条件进行判断,决定是否执行循环。其语法格式如下:

while(布尔型表达式)
　　循环体语句块

while 语句执行时,如果布尔型表达式的值为 true,则执行循环体语句块;否则退出循环。其执行流程如图 3-6 所示。

实际编程中,循环体语句块在执行时应能使条件发生改变,以确保布尔型表达式的值最终可以出现 false,否则会出现死循环。

【例 3-9】　我国现有人口 13 亿,求按照年增长率 1.2% 计算,需要多少年后我国人口超过 20 亿。

程序代码如下:

```
1    public class Example3_9
2    {
3        public static void main(String args[])
4        {
5            double p =13, r =0.012;
6            int i =0;
7            while(p<=20)
8            {
9                p =p * (1 +r);
10               i =i +1;
11           }
12           System.out.println(i+"年后,我国人口达到"+p+"亿");
13       }
14   }
```

图 3-6　while 语句流程图

程序运行结果如下:

37 年后,我国人口达到 20.212606208344745 亿

程序分析如下:

定义变量 p 表示人口数并赋初值为 13(亿),变量 r 表示增长率并赋初值为 0.012,变量 i 表示经过多少年。while 语句的循环体主要来计算人口每过一年以后的数量(代码第 9 行),并且要修改循环控制变量 i 的值(代码第 10 行)。

【例 3-10】　求满足 1+2+3+…+n≥1000 时,n 的最小值。

程序代码如下:

```
1    public class Example3_10
2    {
3        public static void main(String args[])
4        {
5            int n = 0, sum = 0;
6            while(sum < 1000)
7            {
8                n = n + 1;
9                sum = sum + n;
10           }
11           System.out.println("sum="+sum+" "+"n="+n);
12       }
13   }
```

程序运行结果如下：

sum=1035 n=45

程序分析如下：

题目要用累加的思路来解决,设计条件型循环,第 6 行代码对应着循环控制条件。

3.3.3 do 语句

do 语句与 while 语句较为相似,具有如下的语法格式：

do

    循环体语句块；

while(布尔型表达式)

do 语句的特点是首先要执行一次循环体语句块,再去判断表达式是否为真。若为真则继续执行循环体,否则退出 do 循环结构。因此,do 语句的循环体至少被执行一次。

【例 3-11】 已知 π 的近似值可用如下公式表示：

$$\frac{\pi}{4} \approx 1 - \frac{1}{3} + \frac{1}{5} - \frac{1}{7} + \cdots + (-1)^{n-1}\frac{1}{2n-1}$$

利用该公式求 π,要求最后一项的绝对值小于 0.000 000 01。

程序代码如下：

```
1    public class Example3_11
2    {
3        public static void main(String args[])
4        {
5            double r=0, sum=0;
6            int i=1, j=-1;
7            do
8            {   j=j*(-1);
9                r=(double)1/(2*i-1);
10               r=r*j;
```

```
11              sum=sum+r;
12              i=i+1;
13          }
14          while((Math.abs(r))>=0.00000001);
15          sum=sum*4;
16          System.out.println("π的近似值为："+sum);
17      }
18  }
```

程序运行结果如下：

π的近似值为：3.1415926735902504

程序分析如下：

编程所采用的思路仍然是累加，代码第11行是关键。代码第8～10行都是为正确求得累加和所做的处理。

3.3.4 循环嵌套

3.3.1～3.3.3节介绍的都是单层循环。实际应用中常涉及在循环体语句块内又包含其他循环的结构。一个循环结构中又包含一个或多个循环结构被称为循环嵌套，或称多重循环。

设计多重循环时，往往根据需要确定嵌套的层数。有几层嵌套，就称为几重循环，如二重循环、三重循环等。循环嵌套的执行过程是，外层循环每执行一次，内层循环要从头到尾执行一遍。

设计循环嵌套时要注意，内层循环变量与外层循环变量不能同名。

为了增强可读性，循环嵌套的程序应当采用缩进方式书写代码，也就是要使程序具有锯齿形样式。

【例3-12】 将例3-8用循环嵌套的思路重新设计。

```
1   public class Example3_12
2   {
3       public static void main(String args[])
4       {
5           int i=1, j, h, k;
6           System.out.println("全部水仙花数： ");
7           while(i<=9)
8           {
9               j=0;
10              while(j<=9)
11              {
12                  h=0;
13                  while(h<=9)
14                  {
15                      k=i*i*i+j*j*j+h*h*h;
16                      if(k==100*i+10*j+h)
```

```
17                    {
18                        System.out.print(k+"  ");
19                    }
20                    h++;
21                }
22                j++;
23            }
24            i++;
25        }
26    }
27 }
```

程序运行结果不变。

程序分析如下：

定义变量 i、j、k 分别代表百位、十位、个位数字，使用三重循环产生 100～999 区间的整数，最内层循环(第 15～20 行代码)用于判定当前的三位数是否符合水仙花数的规则。

【例 3-13】 用循环嵌套语句生成如图 3-7 所示的图形。

```
         #
        ###
       #####
      #######
     #########
    ###########
   #############
  ###############
 #################
###################
```

图 3-7　循环嵌套程序运行结果

程序代码如下：

```
1  public class Example3_13
2  {
3      public static void main(String args[])
4      {
5          int i=1, j=1;
6          do
7          {
8              j=1;
9              do
10             {
11                 System.out.print("#");
12                 j++;
13             }
14             while(j<=2*i-1);
```

```
15              System.out.print("\n");
16              i++;
17          }
18          while(i<=10);
19      }
20  }
```

程序分析如下：

设计循环嵌套结构，外层循环变量 i 的值从 1 变化到 10，一共 10 轮；内层循环变量 j 的值从 1 变化到"2*i-1"，控制输出"2*i-1"个"#"。

【例 3-14】 打印如下的九九乘法表。

```
1*1=1   1*2=2   1*3=3   1*4=4   1*5=5   1*6=6   1*7=7   1*8=8   1*9=9
2*1=2   2*2=4   2*3=6   2*4=8   2*5=10  2*6=12  2*7=14  2*8=16  2*9=18
3*1=3   3*2=6   3*3=9   3*4=12  3*5=15  3*6=18  3*7=21  3*8=24  3*9=27
4*1=4   4*2=8   4*3=12  4*4=16  4*5=20  4*6=24  4*7=28  4*8=32  4*9=36
5*1=5   5*2=10  5*3=15  5*4=20  5*5=25  5*6=30  5*7=35  5*8=40  5*9=45
6*1=6   6*2=12  6*3=18  6*4=24  6*5=30  6*6=36  6*7=42  6*8=48  6*9=54
7*1=7   7*2=14  7*3=21  7*4=28  7*5=35  7*6=42  7*7=49  7*8=56  7*9=63
8*1=8   8*2=16  8*3=24  8*4=32  8*5=40  8*6=48  8*7=56  8*8=64  8*9=72
9*1=9   9*2=18  9*3=27  9*4=36  9*5=45  9*6=54  9*7=63  9*8=72  9*9=81
```

程序代码如下：

```
1   public class Example3_14
2   {
3       public static void main(String args[])
4       {
5           System.out.println("九九乘法表");
6           for(int i=1;i<=9;i++)
7           {
8               for(int j=1;j<=9;j++)
9               {
10                  System.out.print(i +" * " +j +"=" +i*j);
11                  if(i*j<=9)
12                  {
13                      System.out.print("  ");
14                  }
15                  else
16                  {
17                      System.out.print(" ");
18                  }
19              }
20              System.out.print("\n");
21          }
22      }
```

```
23    }
```

程序运行将输出题目要求的结果。程序设计了二重循环,第 6 行代码对应外层循环,用于行循环变量的控制(i:1~9);第 8 行代码对应内层循环,用于列循环变量的控制(j:1~9)。外层每循环 1 轮,内层要循环 9 次。第 10 行代码是关键,用于产生乘法公式。第 11~18 行代码属于输出格式调整语句,用于使同一列上下对齐,其中第 13 行输出 2 个空格,第 17 行输出 1 个空格。也可以将第 11~18 行代码删去,同时将第 10 行代码改为

```
System.out.print(i+" * "+j+"="+i*j+"\t");
```

也可以达到同样的效果,而且整个程序显得更为简练。

3.4 转 移 语 句

转移语句有两个:break 语句和 continue 语句。

3.4.1 break 语句

在 3.2.4 节中已经出现了关键字 break,其作用是跳出 switch 部分,转向多分支结构后面的语句。在循环结构中也可以添加 break 语句,这时候它的作用是跳出循环体。应当注意,break 只能跳出其所在的最内层循环体。如果需要跳出多重循环,则要使用带标号的 break 语句。其语法格式如下:

```
break  [标号];
```

【例 3-15】 将例 3-10 用含有 break 语句的循环结构实现。

程序代码如下:

```
1    public class Example3_15
2    {
3        public static void main(String args[])
4        {
5            int n=0, sum=0;
6            while(true)
7            {
8                n++;
9                sum+=n;
10               if(sum>1000)
11                   break;
12           }
13           System.out.println("n="+n+" "+"sum="+sum);
14       }
15   }
```

程序运行结果如下:

```
n=45   sum=1035
```

可以看到,使用含 break 语句的循环结构解决一些问题比较方便。

在多重循环中,若要连跳几层,甚至直接跳出最外层,则要使用带标号的 break 语句,例如:

```
label1:
    while(…)
    {
        while(…)
        {
            for(…)
            {
                if(…)
                    break label1;
            }
        }
    }
```

3.4.2 continue 语句

continue 语句和 break 语句相比,它不是跳出循环体,而是中断执行当前循环体的剩余部分,并准备进入下一轮循环。其语法格式如下:

continue   [标号];

【例 3-16】 用含有 continue 语句的循环结构求 1~100 所有奇数的和。

程序代码如下:

```
1    public class Example3_16
2    {
3        public static void main(String args[])
4        {
5            int total=0, i;
6            for(i=1; i<=100; i++)
7            {
8                if(i%2==0)
9                    continue;
10               total+=i;
11           }
12           System.out.println("total="+total);
13       }
14   }
```

程序运行结果如下:

total=2500

程序分析如下:

当 i 为偶数时,continue 语句将使得程序跳转。此时循环体语句块的剩余部分(第 10

行代码)不再执行,转向执行将循环控制变量 i 的值加 1,再判断是否进行下一轮循环。

3.5 数　　组

Java 中有序数据的集合可以用数组来表示,一般一个数组中的元素属于同一种数据类型。数组在内存中对应着一段连续存储区域,数组名是这块区域的起始地址。利用数组名和下标可以方便地访问每一个数组元素。数组下标从 0 开始,数组的长度即为数组元素的个数。数组根据其下标个数的不同分为一维数组、二维数组和多维数组,这里重点介绍前两种。

3.5.1 数组的声明

从上一个程序中可以看到,如果首次使用变量 i,要通过语句 int i;和 i=1;来完成声明和初始化操作,也可以通过语句 int i=1 来完成。类似地,首次使用一个数组也需要先声明和初始化。

1. 声明一维数组

声明一维数组的语法格式有两种:

```
类型  数组名[];
类型[]  数组名;
```

这两种格式的作用相同。其中,类型对应于 Java 语言中的任意数据类型;数组名应当是一个合法的标识符,[]表明这是个数组类型的变量。例如:

```
double a[];
long array1[], array2[];
```

前者声明了一个 double 型的数组 a,后者声明了两个 long 型的数组 array1 和 array2。它们也可以写成下面的格式:

```
double[] a;
long[] array1, array2;
```

2. 声明二维数组

声明二维数组的语法格式有 3 种:

```
类型 数组名 [][];
类型 [][] 数组名;
类型 [] 数组名[];
```

例如,下面声明了 3 个 short 型二维数组,采用的是 3 种不同的格式:

```
short Arr1[][];
short[][] Arr2;
short[] Arr3[];
```

3.5.2 数组的初始化

数组被声明后,仅代表想创建一个数组,系统并没有为其分配内存储空间。只有将数组初始化以后,才标志着以数组名为内存首地址的一段连续存储区域被分配给数组。数组的初始化有两种:静态初始化和动态初始化。

1. 静态初始化

在声明数组后,直接对其赋值,根据值的类型及个数,系统为它分配内存储区域,并保存下来首地址,这就是数组的静态初始化。例如,一维数组的静态初始化如下:

```
float price[];
price={13.7f, 28.8f, 30.2f};
```

上述语句创建了数组 price,含有 3 个 float 型的下标变量,并为其分配内存储区域,它们是:price[0],price[1]和 price[2],对应的值为 13.7f,28.8f 和 30.2f。

另外,采用将数组声明和初始化合并的写法,会显得较为简练。例如,将上面两行代码合并为:

```
float price[]={13.7f,28.8f,30.2f};
```

【例 3-17】 对二维数组进行静态初始化,再输出全部数组元素。

```
1    public class Example3_17
2    {
3        public static void main(String args[])
4        {
5            int array[][]={{6,2,7}, {5,2,0}, {3,9,1}};
6            for(int i=0; i<=2; i++)
7            {
8                for(int j=0; j<=2; j++)
9                {
10                   System.out.print("array"+"["+i+"]"+"["+j+"]"+"=");
11                   System.out.print(array[i][j]+" ");
12               }
13               System.out.print("\n");
14           }
15       }
16   }
```

程序运行结果如下:

```
array[0][0]=6  array[0][1]=2  array[0][2]=7
array[1][0]=5  array[1][1]=2  array[1][2]=0
array[2][0]=3  array[2][1]=9  array[2][2]=1
```

程序分析如下:

第 5 行代码完成了对二维数组 array 的声明和静态初始化操作。由此可知,数组 array 第一维和第二维的长度均为 3,故一共包含 9 个 int 型的下标变量,它们是 array[0][0]、 array[0][1]、array[0][2]、array[1][0]、array[1][1]、array[1][2]、array[2][0]、array[2][1]和array[2][2]。第6～14行代码用于输出这9个数组元素,采用二重循环结构,设计了3行3列的显示样式。第13行代码用于换行。

2. 动态初始化

动态初始化是指使用关键字new为数组分配内存储区并赋初值,可以采用先声明,再初始化的格式,也可以采用合并的形式。

对于一维数组,动态初始化的语法格式有两种,它们的作用相同。格式如下:

类型 数组名[]=new 类型[数组大小];
类型[] 数组名=new 类型[数组大小];

例如:

```
char H[]=new char[6];
long[] b=new long[25];
```

使用new关键字创建数组后,其中的各个数组元素自动初始化为该元素类型的默认值。比如,整型和浮点型的数组元素初始化为0,布尔型的数组元素初始化为false,对象型的数组元素则初始化为null,详见第4章。

将静态初始化语句float price[]={13.7f,28.8f,30.2f};改为动态初始化,代码如下:

```
float price[]=new float[3];
price[0]=13.7f;
price[1]=28.8f;
price[2]=30.2f;
```

对于二维数组,一般可采用两种初始化的语法格式。第一种格式如下:

类型 数组名[][]=new 类型[第一维大小][第二维大小];

二维数组初始化的第二种格式如下:

类型 数组名[][]=new 类型[第一维大小 n][];
数组名[0]=new 类型[第二维大小 size0];
数组名[1]=new 类型[第二维大小 size1];
...
数组名[n-1]=new 类型[第二维大小 size$n$-1];

第一种格式创建的数组是矩阵形式,即数组每行的列数都相同。例3-17中的数组array就与此相对应。若将例3-17中的数组进行动态初始化,只需把代码

```
int array[][]={{6,2,7},{5,2,0},{3,9,1}};
```

替换为如下的代码:

```
int array[][]=new int[3][3];
array[0][0]=6;
array[0][1]=2;
array[0][2]=7;
array[1][0]=5;
```

```
array[1][1]=2;
array[1][2]=0;
array[2][0]=3;
array[2][1]=9;
array[2][2]=1;
```

第二种格式创建的数组不一定是矩阵形式,它的每行列数可以相同,也可以不同。下面创建二维数组 ARR 和 arr,都采用第二种格式。前者为矩阵形式,但后者不是。代码如下:

```
1    int ARR[][]=new int[3][];
2    ARR[0]=new int[3];
3    ARR[1]=new int[3];
4    ARR[2]=new int[3];
5    long arr[][]=new long[4][];
6    arr[0]=new long[3];
7    arr[1]=new long[2];
8    arr[2]=new long[4];
9    arr[3]=new long[1];
```

上面第 1 行创建了二维数组 ARR。实际上,ARR 包含 3 元素,每个都对应着一维 int 型数组。第 2~4 行代码就是用于分别创建这 3 个一维数组的,并使得一维数组均包含 3 个整数。故此,由 3 个一维数组且它们均含有 3 个整数所形成的 ARR 数组,看起来就是 3×3 的矩阵形式。

上面第 5 行创建了二维数组 arr。arr 包含 4 元素,每个都对应着一维 long 型数组。第 6~9 行代码用于创建这 4 个一维数组,但是它们分别包含了 3 个、2 个、4 个、1 个 long 型数据,故此 arr 数组不是矩阵形式。

3.5.3 数组元素的引用

数组的下标从 0 开始,若数组大小为 n,则下标到 $n-1$ 为止。系统使用变量 length 来记录数组的长度,这个量是数组中唯一的数据成员变量,由系统根据数组的实际自动修改。数组元素的访问很简单,由数组名结合下标就可引用某个数组元素了。语法格式如下:

数组名[下标];

例 3-17 程序代码已使用了此格式,即:

```
System.out.print(array[i][j]+" ");
```

在访问数组元素时,要保证下标不能超出上限值。否则,将产生访问越界的错误,系统会抛出一个 ArrayIndexOutOfBoundsException 异常,详见第 6 章。

3.6 字 符 串

字符串在程序设计中广泛应用,在 2.2.2 节介绍常量时曾举例"No.1"来说明。凡是用双引号括起来的字符序列就是字符串,再比如"Beijing"和"天宫二号"等。Java 在标准包

java.lang 中提供了两个创建字符串的类：String 和 StringBuffer，其中 String 类用于处理不变字符串。也就是说，对于 String 类产生的实例只能进行查找、比较等操作；如果想改变字符串的内容，比如向字符串中添加新字符，只能使用 StringBuffer 类。

3.6.1 字符串的声明和初始化

字符串中各个字符在内存中占用连续的存储单元，编程时首次使用字符串变量，也要先声明并初始化。声明字符串变量的语法格式如下：

```
String 字符串变量；
StringBuffer 字符串变量；
```

初始化字符串就要为其分配内存储区域，需要使用关键字 new。为方便起见，常把字符串的声明与初始化合并在一起，语法格式如下：

```
String 字符串变量=new String();        //使用 new 创建空字符串
String 字符串变量=字符串常量;           //使用字符串常量创建
```

后面一种格式比较常用，例如：

```
String str="pencil";
```

这里虽没有使用 new，但它与下面两行语句等价：

```
char arrs[]={'p','e','n','c','i','l'};
String  str=new String(arrs);
```

3.6.2 字符串的处理

2.3.7 节提到了字符串连接运算符(＋)，它的作用是连接两个字符串。例如：

```
String ss="He"+"comes"+"from"+"England.";
```

此外，String 类和 StringBuffer 类提供了一些方法，方便编程时对字符串进行处理。
String 类中的常用方法有以下几种。
length()：返回字符串中的字符个数。
charAt(int index)：返回字符串中 index 位置的字符。
toLowerCase()：将字符串中所有字符转换为小写形式。
toUpperCase()：将字符串中所有字符转换为大写形式。
subString(int sIndex)：截取字符串中从 sIndex 开始到末尾的子串。
replace(char a1, char a2)：将字符串中出现的 a1 字符转换为 a2 字符。
indexOf(String str, int i)：在字符串中从 i 处查找 str 子串，若找到则返回子串首次出现的位置；否则返回－1。
StringBuffer 类中的常用方法有以下几种。
append(String str)：将字符串 str 放到字符串缓冲区之后。
deleteCharAt(int index)：删除字符串缓冲区中 index 位置的字符。
insert(int k, String str)：在字符串缓冲区的第 k 个位置插入字符串 str。

replace(int *m*, int *n*, String str)：将字符串缓冲区中 *m*～*n* 的以字符串 str 取代。

reverse()：将字符串缓冲区中的字符串按反向排列。

【例 3-18】 String 类常用方法使用举例。

```
1   public class Example3_18
2   {
3       public static void main(String args[])
4       {
5           String str="Java Language";
6           System.out.println("length="+str.length());
7           System.out.println("charAt(2)="+str.charAt(2));
8           System.out.println("substring="+str.substring(5));
9           System.out.println("uppercase="+str.toUpperCase());
10          System.out.println("substring location="+str.indexOf("age",0));
11      }
12  }
```

程序运行结果如下：

```
length=13
charAt(2)=v
substring=Language
uppercase=JAVA LANGUAGE
substring location=10
```

程序分析如下：

第 5 行代码创建了字符串 str。第 6 行测试其长度，第 7 行求出 str 中序号为 2 的字符，第 8 行求出从序号 5 开始直到末尾的子串，第 9 行将 str 全部转换成大写，第 10 行从 str 开头找出子串"age"的位置。

习　题　3

一、选择题

1. 结构化程序设计由 3 种基本结构组成，它们不包含下面的(　　)。

　　A. 循环语句　　　　B. 分支语句　　　　C. 顺序语句　　　　D. 转移语句

2. 关于 if 语句中的"条件表达式"，下列叙述正确的是(　　)。

　　A. 它可以是关系表达式和逻辑表达式

　　B. 它可以是字符型常量

　　C. 它可以是字符串型常量

　　D. 它可以是数值型常量

3. 阅读下列程序片段，其运行结果为(　　)。

```
int x=2;
int y=5;
if(x*y>1)
```

```
        y-=1;
else
        y=-1;
System.out.print(y>0);
```

    A. false   B. true   C. 4   D. -1

4. 下面正确的 for 语句是( )。

    A. for(int x=0; x<20; x++)   B. int x=0; for(; int x<20; x++)

    C. for(int x=0; x<20;) x++   D. int x=0; for(x<20;) x++;

5. 下面程序段执行后,z 的值为( )。

```
int z=0;
for(int x=1, y=20; x*y<125; x++, y++)
z=z+x*y;
```

    A. 220   B. 340   C. 490   D. 以上都不对

6. 下面程序段执行后,w 的值为( )。

```
int x=6, y=27, w=0;
while( ++x<10 | --y>15)
{
    if(y%x==0)
    break;
    w++;
}
```

    A. 3   B. 4   C. 5   D. 6

7. 下列关于转移语句说法中,正确的是( )。

    A. break 语句只能用于循环结构

    B. break 语句的作用是在程序中彻底跳出循环结构

    C. continue 语句中必须有标号

    D. continue 语句可以跳转到标号指定的位置

8. 以下数组声明语句中正确的是( )。

    A. byte arr[2][2];   B. char [2][2]arr;   C. int [] arr[];   D. []long []arr;

9. 下列语句不能通过编译的是( )。

    A. int[][] u={{6,3},{4,7}};   B. int v[]={54,39};

    C. int x[][]=new int[2][];   D. int y=new int[2][2];

10. 在下列构建字符串的语句中错误的是( )。

    A. String str = new String;

    B. String str = new String();

    C. String str = "JAVA";

    D. char ss = {'J','A','V','A',};
       String str = new String(ss);

二、简答题

1. for 循环语句和 while 循环语句有什么不同之处？
2. 简述 break 语句和 continue 语句的区别。
3. 怎样对一维数组和二维数组声明并初始化？
4. 涉及字符串处理的两个类 String 和 StringBuffer 有什么区别？

三、编程题

1. 输入一个年份，判断该年份是否为闰年。判定条件是能被 400 整除或者能被 4 整除但不能被 100 整除的年份是闰年。
2. 从键盘输入一个整数，判断它是否为 3、5 和 7 的公倍数，输出判断结果。
3. 已知某商店进行促销，全场商品均九五折，并且一次购物 1000 元以上九折，2000 元以上八五折，3000 元以上八折，4000 元以上七折。编程计算顾客实际支付金额。
4. 编写计算铁路运费的程序。假设铁路托运行李，规定每张客票托运费计算方法如下：行李重不超过 50 千克时，每千克 0.25 元；超过 50 千克而不超过 100 千克时，其超过部分每千克 0.35 元；超过 100 千克时，其超过部分每千克 0.45 元。要求输入行李重量，输出托运费用。
5. 国际象棋的棋盘一共有 64 格。如果第 1 格放 1 粒麦子，第 2 格放 2 粒麦子，第 3 格放 4 粒麦子，以此类推。请问整个棋盘上一共放了多少粒麦子？
6. 有一阶梯，如果每步跨 2 阶，最后余 1 阶；每步跨 3 阶，最后余 2 阶；每步跨 5 阶，最后余 4 阶；每步跨 6 阶，最后余 5 阶；每步跨 7 阶，正好到达阶梯顶。问阶梯至少有多少阶？
7. 勾股定理中 3 个数的关系是 $a^2+b^2=c^2$。编程输出 20 以内满足上述关系的整数组合，例如 3，4，5 就是一个整数组合。
8. 百钱买百鸡。公元前 5 世纪，我国数学家张丘建在《算经》中提出了"百鸡问题"：今有鸡翁一，值钱五；鸡母一，值钱三；鸡雏三，值钱一。凡百钱买百鸡，问鸡翁母雏各几何？
9. 利用数组求 Fibonacci 数列前 50 项的值。
10. 输入一个字符串，统计其中字母、数字和特殊符号的个数。

说明：可使用如下两条语句接收来自键盘输入的字符串。

```
Scanner scan=new Scanner(System.in);
String str=scan.nextLine();
```

第 4 章 Java 面向对象编程

面向对象程序设计(Object-Oriented Programming,OOP)是目前软件开发的主流方法。本章的主要内容将从介绍面向对象程序设计的基本概念入手,进一步解读 Java 中如何定义类,以及与之相关的对象、类的继承性、类的封装性和类的多态性等概念。

4.1 面向对象编程概述

4.1.1 面向对象的程序设计方法

软件开发的过程是一个问题求解的过程。随着计算机技术的不断发展,人们希望通过计算机解决问题的复杂度越来越高,传统的程序设计方法已无法适应发展的需求。另外,如何便捷地实现软件的修改和扩充也成为新的程序设计方法的发展特点。

面向对象的程序设计方法正是满足了这样的发展需求。在面向对象的程序设计方法中,使用"对象"的概念反映现实世界中的实体,例如某个人、某辆汽车等,这些实体都是对象。任意一个实体都有自己的特征和行为。在问题求解时,程序设计人员关注对象的某些特征和行为,例如某个人的姓名、性别、学历等特征,学习、研究等行为。

4.1.2 类和对象

某个人、某辆汽车是现实世界中"人"和"汽车"概念的具体实例。

在面向对象的程序设计方法中,通过"类"对一组同类型的对象进行统一描述:在"类"中定义同类型对象共有的特征和行为,然后利用已经定义的"类"创建多个对象,例如张三、李四为人类的两个对象,甲壳虫为汽车类的一个对象。

因此,对象是类的实例,类是对象的抽象,类提供了创建对象的模板。

4.1.3 面向对象编程的特点

封装性、继承性和多态性是面向对象编程的三大特点。

类是封装的基本单元。面向对象编程中,使用成员变量和成员方法表现特征和行为。通过封装,程序设计人员可以控制成员变量和成员方法的访问范围,以此来避免对于成员变量的直接操作,屏蔽程序的实现细节,也可使软件错误局部化,便于程序维护。

类和类之间可以存在继承关系。继承提高了程序代码的复用性,也便于进行功能扩充。当通过继承使用某个类(父类)产生一个新类(子类)时,子类中便包含了父类的某些成员变量和成员方法,同时又可以定义自己特殊的成员变量和成员方法。

类的多态性指由于执行成员方法的对象不同,使得成员方法具有了不同的实现过程和结果。例如,汽车启动是汽车类的成员方法,可以区分为某个自动挡汽车(对象)启动或者某个手动挡汽车(对象)启动。程序设计中,类的多态性表现为"同名方法,不同实现"。

4.1.4 Java 程序设计语言

Java 是一种完全面向对象的程序设计语言。

类是 Java 程序的基本构成单位。类中封装所有的成员变量和成员方法。程序设计时,需要创建对象才能访问其中的成员变量和成员方法。

Java 程序中允许类和类之间存在单继承关系,即一个类只能有一个父类。这样的单继承降低了程序的复杂性,同时也满足了代码复用和功能扩充的需求。

Java 语言中,类的多态性分为静态多态和动态多态两种,前者是由于同一个类中允许方法重载(Overload)引起的,后者则是在类的继承时方法覆盖(Override)的结果。

4.2 类

4.2.1 类的定义

一个 Java 源程序由一个或多个类构成。编写 Java 程序的过程就是定义类和使用类的过程。

Java 语言中提供了大量系统定义好的类,例如 String、System、Applet 等。当然,用户程序针对特定问题,也可以定义自己的类。

Java 语言中,类必须先定义,然后才能用来创建对象。类定义的语法格式如下:

```
[修饰符] class 类名 [extends 父类名] [implements 接口名]
{
    成员变量声明
    成员方法声明
}
```

说明:

(1) 关键字 class 表示类的定义。

(2) 关键字 extends 表示类之间的继承关系,详见 4.5 节。

(3) 关键字 implements 表示类实现了某些接口,详见 5.1 节。

(4) 类名为定义类时指定的一个标识符,习惯上构成类名的每个单词的首字母都大写。建议类名的命名要做到"见名知义"。

(5) 修饰符包括访问权限修饰符(public 或缺省)和其他特性修饰符(abstract、final 等)。

(6) 花括号中的部分为类体,包括成员变量和成员方法的声明。

(7) 中括号部分表示的内容在类定义时可以不出现。

例如:

```
public class Person
{
    ...
}
```

定义了一个名为 Person 的类,该类的访问权限为 public(访问权限详见 4.4 节)。

4.2.2 成员变量

类的成员变量即类的特征。成员变量在声明时必须给出变量名、变量类型以及其他特性。成员变量声明的语法格式如下:

[访问权限修饰符] [static] [final] [transient] 数据类型 变量名 1[,变量名 2…];

说明:
(1) 数据类型可以是 Java 中任意一个基本数据类型,也可以是数组或类。
(2) 变量名为用户自定义的标识符,一般为名词。建议变量名能够"见名知义"。
(3) 访问权限修饰符包括 public、private、protected 和缺省形式。
(4) 关键字 static 表示该变量为静态变量。
(5) 关键字 final 表示该变量为最终变量,即常量。
(6) 关键字 transient 表示声明一个临时变量。

例如:

```
class Date1
{
    int year,month,day;              //表示年、月、日
}
```

定义了一个名为 Date1 的类,该类中包含 3 个成员变量,数据类型均为 int,变量名分别为 year、month 和 day。

又如:

```
public class Person
{
    String name;                     //姓名
    boolean sex;                     //性别
    Date1 birth;                     //出生日期
    private String[] families;       //家庭成员
}
```

定义的公共类 Person 中包含了 4 个成员变量,其中 birth 为已有类 Date1 的一个对象;家庭成员信息声明为字符串数组 families,并且声明 families 为私有的(private)。

4.2.3 成员方法

类是构成 Java 程序的基本单位,而类中的成员方法用于实现各种程序功能。因此,正确定义成员方法并调用成员方法执行其功能是 Java 程序设计的核心内容。

成员方法表示类的行为,其操作的数据是类中的各个成员变量,作用是使成员变量获取值,或者计算返回某个值,或者输出某些数据。另外,为了实现成员方法的特定功能,有时需要在成员方法内定义局部性的变量,辅助实现程序功能;或者通过成员方法定义时指定的参

数从外界获取数据,以达到数据传递与交换的现实需求。

每个成员方法都有自己的方法名。成员方法定义后,必须被调用才能实现其程序功能。调用时,调用者指定要调用的方法名并提供其所需的参数(如果需要);调用语句位于某个成员方法内,该成员方法与被调成员方法可以是在同一个类中,或者位于不同的类中。总体来讲,Java 程序设计的主要工作就是定义类、使用类创建对象、使用对象访问成员变量和调用成员方法。

1. 成员方法的声明

Java 语言中,成员方法声明的语法格式如下:

```
[访问权限修饰符] [static] [final] [abstract] [synchronized] 方法返回值类型 方法名
([参数列表]) [throws 异常列表]
{
    ...                                    //方法体
}
```

说明:

(1) 成员方法的访问权限修饰符包括 public、private、protected 或者缺省。

(2) static 关键字表示该成员方法为静态方法。

(3) final 关键字表示该成员方法为最终方法,指该方法所在类被继承时,子类中不能出现与该方法同名的成员方法定义。

(4) abstract 关键字表示该成员方法为抽象方法。抽象方法详见 4.5.4 节。

(5) synchronized 关键字表示该成员方法为同步方法,用于多线程程序设计,能够保证在某一时刻只有一个线程访问该方法,以此来实现线程同步。多线程详见第 10 章。

(6) 方法返回值类型为 Java 语言的任何数据类型。通过执行方法体,若成员方法需要返回值则通过 return 语句来实现;如执行方法体后不需要返回值,则方法返回值类型为 void。

(7) 方法名为用户自定义的标识符,要做到"见名知义"。

(8) 参数列表用于接收外界数据,详见本节后续内容。

(9) throws 关键字表示方法体在执行过程中可能抛出异常,throws 关键字后面为可能抛出的异常类型列表。异常处理详见 6.3 节。

(10) 方法体是程序功能的具体实现,详见本节后续内容。

例如,定义一个表示圆的 Circle 类,其中包含两个成员方法,分别用于计算圆的面积和圆的周长,并将计算结果返回:

```
class Circle
{
    //成员变量声明
    private double radius;                //圆半径
    //成员方法声明
    public double area()                  //计算圆的面积
    {
        return 3.14159 * radius * radius;
```

```
    }
    public double perimeter()              //计算圆的周长
    {
        return 2 * 3.14159 * radius;
    }
}
```

Java语言中,方法声明时的参数列表可以为空,但是方法名后面的一对括号不能省略。

又如,定义日期类Date1,类中的成员方法printDate()用于显示输出日期信息:

```
class Date1
{
    //成员变量声明:年、月、日
    int year, month, day;
    //成员方法声明
    public void printDate()
    {
        System.out.println("The date is "+year+"-"+month+"-"+day);
    }
}
```

注意:当成员方法的方法体执行后不需要返回值时,必须使用void声明方法返回值类型,不能省略。

2. 参数列表

方法体在执行时,有时需要外界传递数据,正如手机充值的实现需要手机用户提供手机号码和充值金额。参数列表即用于接收外界数据,以完成方法体要实现的功能。

Java语言中,参数列表声明的语法格式如下:

数据类型 变量1[, 数据类型 变量2, …]

其中,数据类型可以为Java中的任意数据类型。

例如,在Circle类中增加方法setRadius()和getRadius(),分别用于设置和读取成员变量radius的值:

```
public void setRadius(double r)          //设置圆半径的值,写操作
{
    radius=r;
}
public double getRadius()                //获取圆半径的值,读操作
{
    return radius;
}
```

其中,成员方法setRadius()中包含一个参数r,用于为成员变量赋值。

又如,在类Date1中增加成员方法setDate(),用于设置日期:

```
public void setDate(int y,int m,int d)      //通过参数为成员变量赋值
{
    year=y;
    month=m;
    day=d;
}
```

其中,成员方法 setDate()中包含 3 个参数,分别用于为各成员变量赋值。当参数列表中包含多个参数时,各个参数之间用逗号分隔开,每个参数均必须独立声明,即数据类型说明不能省略。

注意:参数列表中声明的各个变量只能在其成员方法的方法体中被访问。

3. 方法体

方法体是成员方法定义的主要部分,用于实现一个特定功能。方法体的一般形式如下:

```
{
    局部变量定义
    执行语句
}
```

方法体中的执行语句可以访问所在类的成员变量、参数列表中的变量,以及方法体中根据功能需要定义的局部变量。局部变量只在所定义的成员方法内有效,不能与参数列表中的变量同名。

(1) 方法体中的局部变量

局部变量定义的语法格式如下:

数据类型 变量 1[,变量 2,…];

【例 4-1】 定义 Person4_1 类,要求包括成员方法 printFamilies()输出家庭成员信息。程序代码如下:

```
1    public class Person4_1
2    {
3        //成员变量
4        String name;                    //姓名
5        boolean sex;                    //性别
6        Date1 birth;                    //出生日期
7        String[] families;              //家庭成员
8        //成员方法
9        public void printFamilies()
10       {
11           int i;                      //局部变量
12           System.out.println("家庭成员信息:");
13           for(i=0;i<families.length ;i++)
14           {
15               System.out.print(families[i]+"\t");
```

```
16              }
17              System.out.println();
18          }
19          //程序入口点,测试 Person 类中的定义的成员方法
20          public static void main(String[] args)
21          {
22              Person4_1 p=new Person4_1();
23              String[] sarr={"Father","Mother","Sister","brother"};
24              p.families=sarr;
25              p.printFamilies();
26          }
27      }
```

程序运行结果如下:

家庭成员信息:
Father Mother Sister brother

程序分析如下:

本例中 Person4_1 类定义了成员方法 printFamilies(),用于输出成员变量 families 的值。其中,families 为一个字符串数组,为了输出其值,第 13~16 行代码使用 for 循环结构实现。为此,第 11 行代码定义局部变量 i,以控制 for 循环。Java 中,局部变量在方法体中必须赋初值。本例中,第 13 行代码对局部变量 i 赋初值 0。

思考:该程序的源文件需要和 Date1.java 放在同一路径下。为什么?

(2) return 语句

方法体执行后若需要返回值,通过 return 关键字实现。

return 语句可以返回运算结果,同时终止方法的执行。return 语句的语法格式如下:

return 表达式;

其中,表达式的类型要与声明的方法返回值类型相同。

方法体中可以包含多个 return 语句。执行过程中,一旦遇到某个 return 语句便结束方法体的执行,即方法体中该 return 语句的后续语句将不会被执行。因此,多个 return 语句通常和分支语句相结合,表示不同情况下的各种返回值。

例如,在例 4-1 的类中增加如下成员方法的定义:

```
public String getSex()
{
    if(sex==true)
    {
        return "男";
    }
    else
    {
        return "女";
    }
```

}

该方法的功能是根据成员变量 sex 的不同取值(true 或者 false)输出性别信息("男"或"女")。

注意：类中的各个成员方法不能嵌套，即不能在某个方法体中再声明其他的成员方法。

4.2.4 构造方法

Java 语言中，有一类特殊的成员方法，即构造方法(constructor)。构造方法的作用是初始化成员变量。

1. 构造方法的特殊性

构造方法的特殊性主要体现在以下几点。
（1）构造方法的方法名必须与所在类的类名相同。
（2）构造方法的修饰符只有访问权限修饰符(public、private、protected 或者缺省)。
（3）构造方法没有返回值，也不能使用 void 声明。
（4）构造方法在创建对象(使用 new 运算符)时自动执行，不能被显式调用。
（5）构造方法不能被继承。
（6）构造方法可以重载。所谓构造方法重载，是指在类中存在多个具有不同参数列表的构造方法，即多个构造方法的参数个数、类型和顺序不同。

2. 无参数的构造方法

若一个 Java 类中不包含构造方法，则系统会为该类生成一个无参数的默认构造方法。默认构造方法的方法体中没有任何具体语句，其作用仅仅是用于创建对象。

【例 4-2】 默认构造方法举例。定义类 Circle4_2 表示圆，其中包含计算圆面积和设置圆半径的方法。并编写 main()方法以测试成员方法的功能。程序代码如下：

```
1    class Circle4_2
2    {
3        //成员变量声明
4        private final double PI=3.1415926;      //常量,圆周率
5        private double radius;                  //圆半径,私有成员变量
6        //成员方法声明
7        public double area()                    //计算圆的面积
8        {
9            return PI * radius * radius;
10       }
11       public void setRadius(double r)         //设置圆半径的值,写操作
12       {
13           radius=r;
14       }
15       //main 方法,Java 应用程序的入口点
16       public static void main(String[] args)
17       {
18           //使用默认构造方法创建对象
19           Circle4_2 c=new Circle4_2();
```

```
20          c.setRadius(10);
21          System.out.println("半径为 10 的圆面积为："+c.area());
22      }
23  }
```

程序运行结果如下：

半径为 10 的圆面积为：314.15926

程序分析如下：

Circle4_2 类中没有显式定义构造方法，第 19 行代码使用系统提供的无参数默认构造方法创建对象。

当需要接收外部数据以初始化成员变量时，就要定义有参数的构造方法。用户一旦显式定义构造方法，系统便不再提供默认构造方法。为此，一般建议在声明构造方法时保留一个无参数的构造方法。

【例 4-3】 无参构造方法和构造方法重载举例。定义表示日期的类 Date4_3，其中包含 3 个重载的构造方法。程序代码如下：

```
1   public class Date4_3
2   {
3       //成员变量
4       private int year,month,day;
5       //无参数的构造方法
6       public Date4_3(){}
7       //有参数的构造方法,接收外界数据直接赋值给成员变量
8       public Date4_3(int y,int m,int d)
9       {
10          year=y;
11          month=m;
12          day=d;
13      }
14      //有参数的构造方法,接收外界数据,如"2012/12/25",计算后赋值给成员变量
15      public Date4_3(String str)
16      {
17          String[] date=str.split("/");
18          year=Integer.parseInt(date[0]);
19          month=Integer.parseInt(date[1]);
20          day=Integer.parseInt(date[2]);
21      }
22      //成员方法
23      public void printDate()                    //输出日期信息
24      {
25          System.out.println(year+"-"+month+"-"+day);
26      }
27      public static void main(String[] args)
28      {
```

```
29            Date4_3 d1=new Date4_3();
30            Date4_3 d2=new Date4_3(2000,1,1);
31            Date4_3 d3=new Date4_3("2012/12/25");
32            d1.printDate();
33            d2.printDate();
34            d3.printDate();
35        }
36  }
```

程序运行结果如下：

0-0-0
2000-1-1
2012-12-25

程序分析如下：

本例中，第 6 行代码为无参数的构造方法，其中没有编写任何具体语句，但是各个成员变量均会获得系统默认值：数值型变量默认值为 0，布尔型变量的默认值为 false，字符型变量的默认值为'\0'，引用型变量的默认值为 null。读者也可自行编写无参构造方法的方法体以初始化成员变量。另外，第 8～21 行代码中定义了两个重载的构造方法，其中一个包含 3 个整型参数，另外一个包含一个字符串类型的参数。在进行 Java 程序设计时，应该提供多样化的构造方法以满足使用者的不同需求。

4.3 对　　象

4.3.1 对象的声明

Java 程序定义类的最终目的是使用它来创建对象。类也是一种数据类型，使用类定义的变量即是对象，也称为类的实例。

Java 语言中，对象必须先声明，再创建，然后使用。

对象的声明和简单变量的声明相似，其语法格式如下：

类名 对象 1[,对象 2,…];

其中，对象的命名规则同简单变量的命名规则。

例如：

Circle c;
Date4_3 d1,d2,d3;

4.3.2 对象的创建及初始化

1. 对象的创建

对象的创建即对象的实例化，是指给对象分配内存空间以保存其中的数据和代码。对象的创建必须使用 new 运算符，其语法格式如下：

对象名=new 构造方法([实际参数列表]);

例如:

```
c=new Circle();
d1=new Date4_3();
d2=new Date4_3(2000,1,1);
d3=new Date4_3("2012/12/25");
```

Java中也可以在声明对象的同时将其实例化。其语法格式如下:

类名 对象名=new 构造方法([实际参数列表]);

例如:

```
Person4_1 p=new Person4_1();
```

事实上,这里的构造方法的方法名和类名是完全相同的。

2. 对象的初始化

对象实例化时,对象的初始化同时进行。即通过使用new运算符实例化对象,而对象的初始化工作由类的构造方法来完成。

4.3.3 对象的使用

创建对象后,该对象就拥有所属类的成员变量和成员方法,可以根据它们的访问权限访问成员变量或调用成员方法。

1. 访问成员变量

成员变量的访问格式如下:

对象名.成员变量名

其中,"."为引用运算符。

例如,引用成员变量并为其赋值的语句如下:

```
p.name="Candy";
p.sex=false;
```

2. 调用成员方法

成员方法调用的语法格式如下:

对象名.方法名([实际参数列表])

例如,成员方法的调用语句如下:

```
c.setRadius(7);                                    //成员方法无返回值,独立出现
double area=c.area();                              //成员方法有返回值
System.out.println("圆面积为:"+area);
System.out.println("圆周长为:"+c.perimeter());    //成员方法有返回值
```

Java程序中,调用语句所在的成员方法称为主调方法,被调用的成员方法称为被调方法。在主调方法的方法体执行时,若遇到方法调用语句,程序执行流程转去被调方法的方法

体执行,直到被调用方法的方法体执行完毕,程序流程返回主调方法中的下一条语句继续执行。程序设计时,无返回值的方法调用通常以独立语句出现,有返回值的方法调用则作为表达式或表达式的一部分出现。

(1) 实际参数。方法调用时,方法名后的括号中给定的数据称为实际参数,简称为实参。相应地,方法声明时,括号中的参数为形式参数,简称为形参。

实参可以是常量、变量或表达式,也可以是某个对象、数组名。相邻两个实参之间用逗号隔开。实参的个数、顺序、类型要和形参一一对应。

例如:

```
Date1 d=new Date1();
d.setDate(2000,1,1);
```

(2) 参数传递。当发生方法调用时,形参获得内存单元,实参把"值"传递给形参,程序流程转去执行被调方法的方法体。当被调方法的方法体运行结束,程序流程返回调用处继续执行,同时形参的内存单元也被释放。因此,形参的值若发生变化是不会影响实参的。

【例 4-4】 值传递举例。定义类 ParameterDemo4_4,其中包含成员方法 setM() 用于给成员变量赋值。阅读程序代码,观察程序结果,理解形参和实参之间的关系。程序代码如下:

```
1    public class ParameterDemo4_4
2    {
3        //成员变量
4        int m;
5        //成员方法
6        public void setM(int a)
7        {
8            a=a+1;                              //改变形参的值
9            m=a;
10       }
11       public void printM()
12       {
13           System.out.println("m="+m);
14       }
15       public static void main(String[] args)
16       {
17           ParameterDemo4_4 pd=new ParameterDemo4_4();
18           int a;
19           a=89;
20           pd.setM(a);                         //方法调用
21           pd.printM();
22           System.out.println("a="+a);
23       }
24   }
```

程序运行结果如下：

m=90
a=89

程序分析如下：

本例方法 setM()中，第 8 行代码修改了形参变量的值，然后，第 9 行代码将其赋给成员变量 m；main()方法中调用 setM()方法，实际参数 a 将其值"89"传递给对应的形参。从程序运行结果可以看到，形参值的变化并未影响实参的值。

Java 中参数的传递方式为"传值"。因此，当实际参数为简单变量或表达式，在方法调用时一定要保证其有确定的值：简单变量通过赋值语句给定值，表达式要通过计算获得值；若实际参数为对象或数组，则必须是创建后的对象、数组名。

Java 成员方法定义时，参数列表中可以包括数组。形参数组方括号中不指定数组元素个数；方法调用时，其对应的实参位置上只给出已创建好的某数组名，要求形参数组和实参数组数据类型要一致。实参组名把其值(数组元素在内存空间中的首地址)传递给形参数组。这样，形参数组获得实参数组的内存空间，就像是两个路标指向同一个目标地点一样，若其中一个路标指向的位置发生变化，另一个路标也要改变指向。因此，形参数组中数组元素的值发生变化会直接反映在实参组中。

【例 4-5】 数组参数举例。定义类 ArrayParameterDemo4_5，其中包括成员方法 sort()用于对形参数组排序。观察程序运行结果。掌握数组作为参数时用法。程序代码如下：

```
1    public class ArrayParameterDemo4_5
2    {
3        //排序：冒泡排序
4        //形式参数为数组类型,方括号中不指定数组元素个数
5        public void sort(int[] arr)
6        {
7            int i,j;
8            for(i=0;i<arr.length-1;i++)
9            {
10               for(j=i+1;j<arr.length;j++)
11               {
12                   if(arr[i]>arr[j])
13                   {
14                       int temp=arr[i];
15                       arr[i]=arr[j];
16                       arr[j]=temp;
17                   }
18               }
19           }
20       }
21       public static void main(String[] args)
22       {
23           int[] scores={65,78,98,83,76};
24           ArrayParameterDemo4_5 apd=new ArrayParameterDemo4_5();
25           //方法调用：实参组为数组名
```

```
26          apd.sort(scores);
27          for(int i=0;i<scores.length;i++)
28          {
29              System.out.print(scores[i]+"\t");
30          }
31          System.out.println();
32      }
33  }
```

程序运行结果如下:

65 76 78 83 98

程序分析如下:

类 ArrayParameterDemo 中定义了成员方法 sort(),其功能是对一组数据排序。这组数据存放在数组中。在 main()方法中,第 26 行代码调用 sort()方法,实参数组名 scores 把其值(数组元素在内存空间中的首地址)传递给形参数组 arr。这样,两个数组共享同一块内存区域。第 8~19 行代码中,形参数组由于排序修改了各数组元素的值。调用返回时,实参数组中的各数组元素的值为排序后的结果。

事实上,对象作为参数传递数据时,也是把实参对象的内存空间地址传递给形参对象。因此,如果被调方法的方法体中通过形参对象修改了成员变量的值,方法调用返回后实参对象再次访问相应的成员变量,将获得改变后的值。读者不妨自己编写代码验证一下。

(3) main()方法的参数

Java 应用程序中,main()方法是程序的入口点。main()方法的首部定义如下:

```
public static void main(String[] args)
```

或

```
public static void main(String args[])
```

也就是说,main()方法是有参数的,其参数 args 为一个字符串数组,可以接收用户从键盘输入的数据。

【例 4-6】 在以命令行的方式编译、执行 Java 程序时,可以直接通过键盘输入为 main()方法传递参数。程序代码如下:

```
1   public class CommandParameterDemo4_6
2   {
3       public static void main(String[] args)
4       {
5           System.out.println("main()方法的参数:");
6           //使用 for 循环输出 main()方法参数 args 中的所有值
7           for(int i=0;i<args.length;i++)
8           {
9               System.out.print(args[i]+"\t");
10          }
11          System.out.println();
12      }
```

13   }

通过 DOS 命令符窗口执行该 Java 程序的结果如图 4-1 所示。

图 4-1 main()的命令行参数

程序分析如下:

主方法 main()的参数 args 接收命令

```
java 文件名
```

后输入的数据。在某次运行时,可以直接在命令语句中输入多个数据(1,2,3,4,5),参数之间用空格隔开,这些数据将依次存入参数 args 中。

如果在 Eclipse 环境中运行此类程序,args 参数要接收的数据可以通过以下步骤来设置完成。

① 选择 Run|Run Configurations 菜单命令,弹出 Run Configurations 对话框。

② 在对话框左侧的程序列表框中展开 Java Application,选择要设置参数的 Java 源程序,例如 CommandParameterDemo4_6。

③ 选定右侧的 Arguments 选项卡,在 Program arguments 文本框中输入数据。多个数据以空格或回车换行符(Enter 键)隔开。

④ 数据输入完成后单击 Apply 按钮即可。

4.3.4 对象的销毁

对象的从创建到使用再到销毁的过程称为对象的生命周期。

对象通过 new 运算符创建时,系统为对象分配所需的存储空间。但内存是有限的,在对象使用完毕后,应该释放对象所占有的系统资源,即对象的销毁。

Java 提供了资源回收机制,自动销毁无用对象。一般情况下不需要设计释放对象的方法。如果有特别操作需要主动释放对象,则可以在类中定义 finalize()方法,该方法也称为析构方法。finalize()方法的基本语法格式如下:

```
[修饰符] void finalize()
{
    ...                                        //方法体
}
```

析构方法在对象销毁前自动执行。一个类中只能有一个 finalize()方法。该方法没有返回值,没有参数。

系统销毁对象发生在运行过程中的不同时间点,发生次数和时间是不确定的,通常在有许多无用对象时发挥作用。读者可以尝试创建足够量的对象，编写程序观察运行结果。

4.3.5 this 关键字

Java 语言中，this 关键字代表当前类的一个对象引用。在类的成员方法定义中如果需要引用该类的对象，可以用 this 表示。需要强调的是，静态成员方法中不可以使用 this 关键字。

1. 指代对象本身

例如，下面代码中 this 关键字指代该类的一个对象：

```java
public class ThisDemo {
    int count=10;
    void methodA(ThisDemo td){          //形参 td 是该类的一个对象
        System.out.println("count="+td.count);
    }
    void methodB(){
        methodA(this);                   //this 作为实参,代表该类的一个对象
    }
    public static void main(String[] args){
        ThisDemo td=new ThisDemo();
        td.methodB();
    }
}
```

读者可自己运行此段程序，观察运行结果，体会运行机制。

2. 访问本类的成员

使用 this 关键字访问本类成员时，其语法格式如下：

```
this.变量名
this.方法名([参数列表])
```

正常使用时，如果需要访问本类成员，this 关键字可以省略。但在下述情况下必须使用 this 关键字引用本类成员。

例如，修改例 4-3 中第 8～13 行的构造方法如下：

```java
public Date4_3(int year,int month,int day)
{
    this.year=year;
    this.month=month;
    this.day=day;
}
```

Java 语言中，局部变量可以与成员变量同名。本例中，构造方法的方法体中为各个成员变量赋初值。为了区别局部变量或是成员变量，使用 this 关键字引用成员变量。

3. 调用本类的构造方法

Java 程序中，多个重载的构造方法之间也可以相互调用，其语法格式如下：

```
this([参数列表]);
```

例如,同一类中多个构造方法相互调用的代码如下:

```
class Person1
{
    String name;                            //姓名
    boolean sex;                            //性别
    Date4_3 birth;                          //出生日期
    //无参数的构造方法
    Person1(){}
    //有参数的构造方法
    Person1(String name,boolean sex)
    {
        this.name =name;
        this.sex=sex;
    }
    //使用对象实例为出生日期赋初值
    Person1(String name,boolean sex,Date4_3 birth)
    {
        //构造方法中调用另一个构造方法,使用 this([参数列表])
        this(name,sex);
        this.birth=birth;
    }
    //直接使用年、月、日的方式为出生日期赋初值
    Person1(String name,boolean sex,int year,int month,int day)
    {
        //构造方法中调用另一个构造方法,使用 this([参数列表])
        this(name,sex);
        this.birth=new Date4_3(year,month,day);
    }
}
```

该 Java 程序中,Person1 类中提供了多个构造方法以满足用户的不同操作习惯。读者可尝试结合例 4-1 和例 4-3 完善程序代码,并编写 main()方法测试各类成员的功能。

4.4 类的封装性

封装性是面向对象编程的核心特征之一。Java 中,类是封装的基本单元,已有的若干个 Java 类以"包"的形式组织在一起。类的封装性提供了数据安全,也便于程序维护和功能扩展。

4.4.1 包

"包"是类和接口的组织形式。Java 中引进"包"机制解决同名问题:一个包中不允许有

同名的类和接口,不同的包中允许有同名的类和接口。就像 Windows 中的文件夹一样。事实上,一个包对应一个文件夹。包与类就像文件夹和文件。

1. Java 类库

Java 语言提供了大量系统定义好的类。编程时可以直接利用这些现有的类完成特定的基本功能和任务,不需要"白手起家"。

这些系统定义好的类根据实现的功能不同存放在不同的"包"中,所有的"包"合称为类库。类库是 Java 语言的重要组成部分。可以说,学习使用 Java 类库是提高编程效率和质量的必由之路。常用的"包"有以下几种。

(1) java.lang 包:该包为 Java 语言的核心类库,包含运行 Java 程序必不可少的系统类,如基本数学函数、字符串处理、线程、异常处理等。

(2) java.io 包:该包为标准输入输出类库。

(3) java.awt 包:该包是用来构建图形用户界面(GUI)的类库。

(4) java.awt.event 包:该包中定义了不同类型的事件及处理方式,用于图形界面中各功能组件的事件处理。

(5) java.applet 包:该包为 Java Applet 程序的工具类库,用来实现 Java 小程序的运行。

(6) java.sql 包:该包是实现 JDBC(Java Database Connection)的类库,用来使 Java 程序访问不同类型的数据库。

2. 包的导入

包的导入要使用关键字 import。设计程序时,若没有导入包,则需要使用类的全名来引用包中的类。例如:

```
java.awt.Button btn=new java.awt.Button("按钮");
```

使用 import 语句导入包后可使程序更简洁、清晰。例如:

```
Button btn=new Button("确定");
```

一条 import 语句导入一个包,使该包中的类能被直接使用。导入包的 import 语句的语法格式如下:

```
import 包名 1[.包名 2[.包名 3.…]].类名;
import 包名 1[.包名 2[.包名 3.…]].*;
```

其中,"*"号表示引入包中的所有类。例如:

```
import java.applet.Applet;
import java.awt.*;
import java.awt.event.*;
```

import 语句在 Java 程序中必须位于类或接口声明之前。另外,java.lang 包是自动引入的,可以不使用 import 语句即可使用其中的类,例如 System 类、Math 类、String 类等。

3. 自定义包

Java 程序中若没有声明包,类就放在默认的包中,这个包没有名字。但在使用 Java 开发大型系统时就需要定义包。

定义包使用关键字 package 实现,其语法格式如下:

package 包名1[.包名2[.包名3.…]];

使用package语句需要注意以下几个问题。

(1) package语句必须位于程序中的第一行。

(2) 一个Java程序中只能有一条package语句。在该程序中定义的所有类和接口的字节码文件都位于package语句声明的包中。

(3) 包名为用户自定义的标识符。通常都是小写字符。

(4) "."表示包之间的层次关系,就像Windows文件夹中可以包含子文件夹一样。

(5) 使用包机制需要首先定义与包名同名的文件夹,再声明类或接口所在的包;或者使用javac命令中的-d参数指定字节码文件存放的位置。关于javac命令的具体操作读者可查阅相关工具书。

【例4-7】 用package语句定义包。在任意路径下创建Java程序PackageDemo4_7.java,然后在DOS命令提示符窗口中编译、执行该程序。假设DOS提示符窗口中的当前路径为F:\java。程序代码如下:

```
1    package mypackage;
2
3    public class PackageDemo4_7
4    {
5        public PackageDemo4_7()
6        {
7            System.out.println("package demo");
8        }
9        public static void main(String[] args)
10       {
11           PackageDemo4_7 pd=new PackageDemo4_7();
12           ClassA ca=new ClassA();
13           ClassB cb=new ClassB();
14       }
15   }
16   class ClassA
17   {
18       ClassA()
19       {
20           System.out.println("A class");
21       }
22   }
23   class ClassB
24   {
25       ClassB()
26       {
27           System.out.println("B class");
28       }
29   }
```

程序运行结果如下:

```
package demo
A class
B class
```

程序分析如下：

该 Java 源程序中包含了 3 个类的定义，第 3~15 代码中定义的 PackageDemo4_7 为公共类，也为主类。main()方法中，第 11~13 行代码依次创建各个类的对象，执行对应的构造方法。该程序运行时，首先使用

```
javac -d. PackageDemo4_7.java
```

命令编译源程序，系统将在当前路径 F:\java 下自动创建 mypackage 子文件夹，并在文件夹 mypackage 中生成 3 个字节码文件：PackageDemo.class、ClassA.class 和 ClassB.class；然后使用命令

```
java mypackage.PackageDemo4_7
```

得到结果。运行结果如图 4-2 所示。

图 4-2 例 4-7 的命令行运行结果

注意：执行命令

```
java mypackage.PackageDemo4_7
```

时，Java 虚拟机会依次搜索 classPath 环境变量所指定的路径，查找这些路径下是否包含 mypackage 子目录，并在 mypackage 目录下查找是否包含 PackageDemo4_7.class 文件。因此，请读者在环境变量 classPath 中增加路径 F:\java，以便在 DOS 命令提示窗口中正确编译、执行。

4.4.2 访问权限

Java 语言中，类的封装原则是尽可能地隐藏实现细节，同时又要提供公共接口供类外访问。因此，要合理地给类及其成员变量、成员方法设置访问权限。

1. 成员的访问权限

Java 中，成员的访问权限有 4 种：public、protected、private 和缺省。

（1）public：public 修饰符表示其所修饰的成员变量或成员方法为公共的，可以在所有类中访问；公共方法可以在所有类中被调用，公共属性可以在所有类中被引用、被赋值。

(2) protected：protected 修饰符表示其所修饰的成员变量或成员方法为受保护的。protected 类型的成员可以在声明它们的类中访问，在该类的子类中访问，也可以在与该类在同一包中的其他类访问。

(3) private：private 修饰符表示其所修饰的成员变量或成员方法为私有的。私有成员只能在声明它们的类中访问。

(4) 缺省：缺省是指不使用前述任一访问修饰符。没有访问权限修饰符的成员变量和成员方法可以在声明它们的类中访问，也可以在与该类在同一包中的其他类访问。

2. 类的访问权限

Java 中类的访问权限有 public 和缺省两种。一个 Java 程序由一个或多个类组成，但最多只有一个类为公共类。公共类可以在所有类中访问，非公共类只能被同一包内的其他类访问。

类的访问权限比成员的访问权限有更高级别。非公共类中的成员变量或成员方法不能被其他包中的类访问。

【例 4-8】 类和其成员的访问权限举例。创建 Java 源程序 PackageDemoTest4_8.java，在其中使用公共类 PackageDemo4_7 创建对象。程序代码如下：

```
1    import mypackage.*;
2
3    public class PackageDemoTest4_8
4    {
5        public static void main(String[] args)
6        {
7            PackageDemo4_7 pd=new PackageDemo4_7 ();
8            //ClassA ca=new ClassA();
9            //ClassB cb=new ClassB();
10       }
11   }
```

程序运行结果如下：

package demo

程序分析如下：

本例中通过 import 语句导入例 4-7 中生成的字节码文件。由于类 ClassA 和类 ClassB 的访问权限为缺省的，即这两个类只具有包内访问性。因此，类 PackageDemoTest4_8 中无法访问 ClassA.class 和 ClassB.class。读者可尝试把第 8、9 行代码的注释取消，观察程序的错误提示，理解类的访问权限。

思考：若在例 4-7 中的类 PackageDemo4_7 中分别增加具有 public、protected、private 和缺省访问权限的成员，则在例 4-8 中能够访问的成员有哪些？请编写代码测试之。

事实上，在 Eclipse 环境中编写代码时，借助代码自动完成功能可以找到当前操作时所有能够被访问的成员。

4.4.3 访问器

声明类时,通常将成员变量声明为 private,以防止直接访问成员变量而引发的恶意操作。但是,这并不是不允许访问,而是可以通过公共接口间接访问。所谓的公共接口,就是程序设计人员在类中定义与各个私有成员变量相关的公共方法,以提高安全级别。习惯上,称具有 private 访问权限的成员变量为属性,把与之相对应的公共方法称为访问器。访问器根据其功能区分为读访问器(getter)和写访问器(setter)。

例如,若某类中具有私有成员变量 XXX,与之相应的访问器为 setXXX() 和 getXXX()。其中读访问器的返回值类型与对应的属性类型相同,无参数;写访问器返回值类型为 void,需要一个与对应属性类型相同的参数。

只有读访问器的属性为只读属性。具有写访问器的属性称为可写属性。例如:

```java
public class AccessDemo
{
    //私有成员变量,称为属性
    private int readOnly;
    private int writeOnly;
    //读访问器: readOnly 为只读的
    public int getReadOnly()
    {
        return readOnly;
    }
    //写访问器: writeOnly 为可写的
    public void setWriteOnly(int writeOnly)
    {
        this.writeOnly=writeOnly;
    }
}
```

若一个类中声明了多个私有成员变量,在 Eclipse 中可以通过以下步骤快速生成与之相应的访问器:

(1) 选择 Source|Generate Getters and Setters 菜单命令,弹出 Generate Getters and Setters 对话框,如图 4-3 所示。

(2) 在 Select getters and setters to create 列表中罗列出当前类中所有的私有成员变量,以及与之对应的访问器。用户可以根据需要选择合适的访问器,也可以通过列表框右侧的命令按钮快速生成访问器。

(3) 在 Insertion point 下拉列表中设置访问器的插入点;在 Sort by 下拉列表中选择访问器的排序方式。

(4) 在 Access modifier 栏中选择访问器的访问权限和其他修饰符。

(5) 可以选中 Generate method comments 复选框,系统会为各个访问器自动生成注释。

(6) 设置完成后,单击 OK 按钮即可。

图 4-3 生成访问器

4.4.4 静态成员

声明类中的成员变量或成员方法时,若有关键字 static 则称其为静态成员。静态成员也称为类成员。静态成员的生命周期等同于类的生命周期,与对象的生命周期无关。

静态成员变量的引用格式如下:

类名.类变量名

或者

对象名.类变量名

静态成员方法的引用格式如下:

类名.类方法名([参数列表])

或者

对象名.类方法名([参数列表])

Java 类库中提供了大量常用的类方法,例如 Math 类中的成员方法都是静态的。虽然 Java 中允许通过对象名访问静态成员,但实际上静态成员不属于某个对象,而是为所有对象所共享。因此,通常直接使用类名访问静态成员。另外,在类方法中只能直接引用类变量和该方法中声明的局部变量,即非静态的成员变量不能在类方法中直接访问。

【例 4-9】 在类中定义静态成员和非静态成员,并在 main()方法中创建对象访问它们。观察运行结果,体会静态成员的特点。程序代码如下:

```
1   public class StaticMemberDemo4_9
2   {
3       //成员变量
4       private int x;
5       public static int y;              //静态成员变量
6       //构造方法
7       public StaticMemberDemo4_9()
8       {
9           x=0;
10          y=0;
11      }
12      //属性 x 的读访问器
13      public int getX()
14      {
15          return x;
16      }
17      //属性 x 的写访问器
18      public void setX(int x)
19      {
20          this.x=x;
21      }
22      //静态成员方法,只能访问静态成员 y
23      static void print()
24      {
25          //System.out.println("x="+x);
26          System.out.println("y="+y);
27      }
28      static void setY(int m)
29      {
30          y=m;
31      }
32      public static void main(String[] args)
33      {
34          StaticMemberDemo4_9 smd1=new StaticMemberDemo4_9();
35          StaticMemberDemo4_9 smd2=new StaticMemberDemo4_9();
36          //修改对象 smd1 中的成员变量 x 的值,不会影响 smd2 中成员变量 x 的值
37          smd1.setX(15);
38          System.out.println("对象 1 中,x="+smd1.getX());
39          System.out.println("对象 2 中,x="+smd2.getX());
40          //通过对象 1 改变了静态变量 y 的值
```

```
41          smd1.setY(16);
42          System.out.print("对象 1 中,");
43          smd1.print();
44          System.out.print("对象 2 中,");
45          smd2.print();
46      }
47  }
```

程序运行结果如下：

对象 1 中,x=15
对象 2 中,x=0
对象 1 中,y= 16
对象 2 中,y= 16

程序分析如下：

StaticMemberDemo4_9 类中，第 23～27 行代码定义了静态方法 print()，在其中只能访问类变量 y。另外，由于静态成员为所有对象所共享，因此在一个对象中对类变量的操作会影响同一类的其他对象。可以看到，第 41 行代码通过对象 smd1 修改了类变量 y 的值后，对象 smd2 引用 y 的值为改变后的值。读者可以尝试把第 25 行代码的注释取消观察错误提示。

思考：main()方法为 Java Application 程序的入口点。为什么将 main()方法定义为静态？在 main()方法中定义程序代码时需注意些什么？

4.5 类的继承性

4.5.1 继承的概念

现实世界中的实体之间存在继承的关系。比如儿子继承父亲的身高特征和学习行为。显然，这种继承不是简单的复制，即儿子可以拥有自己的特征和行为，如学历上的突破和父亲不具备的程序设计能力。面向对象程序设计方法中使用"继承"机制使得软件修改和功能扩充变得简单易行。

继承性是面向对象的核心特征之一。所谓继承，是指利用已有类创建新类的过程。被继承的已有类称为超类或父类，创建的新类称为派生类或子类。通过继承，子类获得父类的成员，同时子类中又可以定义新的成员变量或成员方法，甚至是在子类类体中对继承来的父类中的成员进行修改。

若允许一个类有多个父类，称这种继承为多继承。否则，只允许有一个父类的继承称为单继承。当然，一个父类可以定义多个子类，这样类与类之间就构成了一种具有树状结构的层次关系。其中，Object 为树状结构的树根，是所有类的祖先。

Java 中，Object 类位于 java.lang 包中，在其中定义了所有对象的基本状态和行为。Java 中的继承为单继承，通过关键字 extends 实现。若类定义时没有指明父类则系统默认指定 Object 为其父类。

4.5.2 子类

1. 子类的声明

Java 中,子类声明的语法格式如下:

[修饰符] class 类名 extends 父类名
{
    成员变量声明
    成员方法声明
}

其中,父类名为一个已经预先定义好的类或者某个系统类。Java 中只允许单继承,即这里的父类名只能出现一个。

例如:

public class AppletDemo extends Applet

为 Java Applet 程序的类首声明。Java 中所有的 Java Applet 程序必须从 Applet 类或 JApplet 类继承。Applet 类位于 java.applet 包中,JApplet 类位于 javax.swing 中。

又如,定义一个学生类,继承例 4-1 中的 Person4_1 类,同时增加表示学号和系别的成员变量 no、dept。程序代码如下:

```
public class Student extends Person4_1
{
    String no;                          //学号
    String dept;                        //系别
}
```

读者可以尝试创建 Student 的对象,并访问其中的成员,观察 Student 类从父类继承的成员是否能正确访问。

2. 继承原则

Java 中,类之间的继承原则如下:

(1) 子类继承父类中的所有非私有成员变量和成员方法。

(2) 父类中的构造方法不能被继承。

(3) 子类中可以对继承的父类成员重新定义。即 Java 允许子类中定义与父类中相同名字的成员,此时,父类中同名的成员变量在子类中被隐藏(Hiding),父类中同名的成员方法在子类中被覆盖(Override)。

【例 4-10】 重写父类成员。程序代码如下:

```
1    class father
2    {
3        //成员变量
4        protected int x;
5        //构造方法
6        public father(){}
```

```
7      public father(int x)
8      {
9          this.x=x;
10     }
11     //成员方法
12     public void print()
13     {
14         System.out.println("父类中,x="+x);
15     }
16 }
17 class son extends father
18 {
19     //同名的成员变量
20     int x;
21     public son(int x)
22     {
23         this.x=x;
24     }
25     //方法的覆盖(重写)
26     public void print()
27     {
28         //父类中同名的成员变量 x 在子类中被隐藏
29         System.out.println("子类中,x="+x);
30     }
31 }
32 public class RedefinitionDemo4_10
33 {
34     public static void main(String[] args) {
35         father f=new father(10);
36         son s=new son(15);
37         f.print();                    //调用父类的 print 方法
38         s.print();                    //调用子类的 print 方法
39     }
40 }
```

程序运行结果如下:

父类中,x=10
子类中,x=15

程序分析如下:

本例中,第 1~16 行代码定义的 father 类为父类,第 17~31 行代码定义的 son 类为其子类。son 类中定义的成员变量 x 与父类中的成员变量 x 同名,父类中的 x 在子类中被隐藏,因此,第 29 行代码输出的为子类中成员变量 x 的值。另外,第 26~30 行代码中定义的成员方法覆盖了父类中同名的成员方法。这样,第 37、38 行代码通过对象名调用各自的成员方法执行。

注意：

（1）方法覆盖要求参数列表要完全相同，否则视为方法的重载。

（2）方法覆盖时，子类中的同名方法不能降低父类方法的访问级别。请读者尝试修改第 26 行代码中 print()方法的访问修饰符，观察系统的错误提示。

思考：如果例 4-10 中的子类 son 中只包含构造方法，程序是否能正确运行？修改程序代码，然后运行程序观察结果，体会类的继承。

3. 访问权限

子类虽然继承父类中各个成员，但是不代表能够对这些成员具有访问权限，即在子类类体中声明的成员方法并不能访问父类中所有的成员变量或成员方法。子类的访问权限如下。

（1）子类中不能直接访问父类中的 private 成员。

（2）子类中可以直接访问父类中的 public、protected 成员。

（3）对于父类中声明为缺省访问权限的成员，若子类与父类位于同一包中则可以访问，否则不能访问。

因此，在类定义时，如果类中成员仅限于该类内使用，应声明该成员为 private；如果类中成员允许其子类访问，则声明为 protected；允许所有类访问的成员应声明为 public；其余情况可以选择缺省访问权限。

思考：在例 4-10 中，father 类包含了一个成员变量 x。如果 father 类单独作为一个 Java 源文件，并且与 RedefinitionDemo4_10.java 放在不同的"包"中，成员变量 x 是否可以在 son 中访问？请修改例 4-10 的程序代码，并改变父类中 x 的访问权限，观察运行结果。

4.5.3　super 关键字

Java 中，super 关键字表示对父类的引用。同 this 关键字，super 关键字也不能出现在静态成员方法中。

1. 访问父类同名成员

Java 中，可以在子类成员方法的方法体中使用 super 来访问被屏蔽的父类成员，其语法格式如下：

super.成员变量名
super.成员方法名([参数列表])

例如，修改例 4-10 中 son 类的 print()方法，代码如下：

```
//方法的覆盖(重写)
public void print()
{
    //父类中同名的成员变量 x 在子类中被隐藏
    System.out.println("子类中,x="+x);
    System.out.println("子类中被隐藏的成员变量 x="+super.x);
}
```

修改后，程序运行结果如下：

父类中,x=10
子类中,x=15
子类中被隐藏的成员变量 x=0

2. 调用父类构造方法

父类的构造方法用于创建父类对象,不能被子类继承,在子类中需要定义自己的构造方法。但是遵循代码复用的原则,子类构造方法中可以调用父类的构造方法,以对各个成员变量初始化,其语法格式如下:

```
super([参数列表]);
```

【例 4-11】 子类构造方法中调用父类的构造方法举例。程序代码如下:

```
1    class father1
2    {
3        int f;
4        //构造方法
5        public father1()
6        {
7            f=1;
8            System.out.println("父类无参构造方法");
9        }
10       public father1(int f)
11       {
12           this.f=f;
13       }
14   }
15   class son1 extends father1
16   {
17       int s;
18       //构造方法
19       public son1()
20       {
21           s=1;
22           System.out.println("子类无参构造方法");
23       }
24       public son1(int f,int s)
25       {
26           //调用父类的构造方法对成员变量 f 初始化
27           super(f);
28           //this.f=f;
29           this.s=s;
30       }
31       //输出子类中各个成员变量的值
32       public void print()
33       {
```

```
34              System.out.println("f="+f+",s="+s);
35          }
36      }
37  public class SuperCallConstructorDemo4_11
38  {
39      public static void main(String[] args)
40      {
41          son1 s1=new son1();
42          son1 s2=new son1(15,20);
43          s1.print();
44          s2.print();
45      }
46  }
```

程序运行结果如下：

父类无参构造方法
子类无参构造方法
f=1,s=1
f=15,s=20

程序分析如下：

本例中,第 27 行代码通过 super 关键字调用父类中相应的构造方法以初始化成员变量 f,此语句的作用等效于第 28 行代码中注释的语句。另外,在 main()方法中,第 41 行代码通过无参构造方法创建子类对象时,可以看到首先输出了"父类无参构造方法",也就是说在创建子类对象时,若没有使用 super 关键字显式调用父类的构造方法,系统将隐式调用父类的默认构造方法或者无参构造方法,然后才调用子类的构造方法。

注意：

(1) 使用 super 调用父类构造方法的语句必须位于子类构造方法体的最前面。

(2) 若一个类可能成为其他类的父类,则定义该类的构造方法时应该保留一个无参数的构造方法,以保证子类对象的正确创建。

4.5.4 最终类和抽象类

1. 最终类

若一个类不允许被继承,则应该使用关键字 final 声明,称该类为最终类。最终类位于类的树状结构的最底端(叶子),不能被继承。例如：

```
final class leaf
{
    ...
}
```

系统类库中,String 类、StringBuffer 类等都是 final 类。

2. 抽象类

抽象类和最终类正好相反,抽象类是必须被继承的类,使用关键字 abstract 声明。例如：

```
abstract class fatherClass
{
    ...
}
```

抽象类的类体定义同普通类的类体定义相似,只是,其中可以包含一类特殊的成员方法,即抽象方法。抽象方法只有方法首部声明,不声明方法体,其格式如下:

[修饰符] abstract 方法名([参数列表]);

若某个类继承自抽象类,在该类中必须实现父类中包含的所有抽象方法,即给出方法体的定义。例如:

```
abstract class father3
{
    protected int f;
    //抽象方法
    abstract void setF(int f);
    abstract int getF();
}
class son3 extends father3
{
    //子类中要给出父类中所有抽象方法的实现
    void setF(int f)
    {
        this.f=f;
    }
    int getF()
    {
        return f;
    }
}
```

注意:包含抽象方法的类必须是抽象类,但是抽象类中可以不包含抽象方法。

思考:若子类 son3 中未能实现方法 getF(),son3 如何定义?

4.6 类的多态性

4.6.1 多态的概念

多态性是面向对象程序设计的另一个重要特征,表现为"同名方法,不同实现",即同一个名字的若干个方法,方法体却不同。系统根据调用方法的对象或参数自动选择一个方法执行。

Java 语言中,方法的重载(Overload)和覆盖(Override)是实现多态的两种途径。

4.6.2 方法重载

一个 Java 类中允许存在多个同名的成员方法,称为方法重载。方法重载要求各个同名的成员方法必须具有不同的参数列表,即参数的类型、个数和顺序必须不同。Java 编译器根据参数列表决定调用哪个重载的方法。例如:

```
public void setRadius()
public void setRadius(double r)
```

为某类中声明的两个成员方法的首部。方法名相同,但参数列表不同,为合法的方法重载。

又如:

```
public void methodA()
public int methodA()
```

不是正确的方法重载。两个成员方法的方法名相同,参数列表也相同,仅方法的返回值类型不同,这在编译时会产生错误。即重载方法的返回值类型可以不同。

【例 4-12】 方法重载举例。在类中定义多个同名方法,分别计算各种图形的周长。程序代码如下:

```
1   public class ShapePerimeter4_12
2   {
3       ShapePerimeter4_12()
4       {
5           System.out.println("方法的重载: perimeter 方法");
6       }
7       //计算圆的周长
8       public double perimeter(double r)
9       {
10          return Math.PI * 2 * r;
11      }
12      //计算长方形的周长
13      public double perimeter(double w,double h)
14      {
15          return 2 * (w+h);
16      }
17      //计算三角形的周长
18      public double perimeter(double a,double b,double c)
19      {
20          return a+b+c;
21      }
22      public static void main(String[] args)
23      {
24          ShapePerimeter4_12 sp=new ShapePerimeter4_12();
25          System.out.println("圆形周长为: "+sp.perimeter(10));
26          System.out.println("长方形周长为: "+sp.perimeter(2, 5));
27          System.out.println("三角形周长为: "+sp.perimeter(3, 4, 5));
28      }
29  }
```

程序运行结果如下：

方法的重载：perimeter 方法
圆形周长为：62.83185307179586
长方形周长为：14.0
三角形周长为：12.0

程序分析如下：

程序中，第27～29行代码分别计算并输出了3种图形的周长值。系统根据参数的不同确定执行哪个重载的方法。

Java 中，方法重载可以是在类中直接定义的多个同名方法，也可以是在子类中声明与父类中同名但具有不同参数列表的成员方法。在编译阶段，编译器根据参数的不同静态确定调用哪个重载的方法。因此，方法重载实现的多态也称为静态多态。

4.6.3 方法覆盖

方法的覆盖是子类和父类有同名且参数相同的成员方法，表现为父类与子类之间方法的多态。此时，父类对象调用父类的成员方法，子类对象调用子类的成员方法。程序运行时，会根据对象所属类决定执行哪个方法，因此方法覆盖实现的多态也称为动态多态。

【例 4-13】方法覆盖举例。子类中对继承来的父类方法重写定义。程序代码如下：

```
1    class student
2    {
3        protected String no;
4        public void print()
5        {
6            System.out.println("学号为："+no);
7        }
8    }
9    class graduate extends student
10   {
11       String dept;
12       //方法覆盖
13       public void print()
14       {
15           //调用父类中因重写被覆盖的方法,输出学号
16           super.print();
17           System.out.println("专业为："+dept);
18       }
19   }
20   public class OverrideDemo4_13
21   {
22       public static void main(String[] args)
23       {
```

```
24          student s=new student();
25          graduate g=new graduate();
26          s.no="11111111";
27          s.print();                    //父类对象,调用父类中的成员方法
28          System.out.println("--------");
29          g.no="22222222";
30          g.dept="Computer";
31          g.print();                    //子类对象,调用子类中的成员方法
32      }
33  }
```

程序运行结果如下:

学号为:11111111

学号为:22222222

专业为:Computer

程序分析如下:

程序中,student 为父类,graduate 为子类。第 27 和 31 行代码均调用了 print()方法,程序运行时,根据调用该方法的对象所属的类决定调用哪个方法。可以看到,第 27 行代码调用父类中第 4~7 行代码中定义的方法,第 31 行调用子类中第 13~18 行代码定义的方法。

4.6.4 绑定

对于方法重载,根据语句中给出的参数就可以确定程序执行时调用哪个方法,称为前期绑定(编译时绑定)。而对于方法覆盖,则要在程序执行时才能决定调用哪个同名方法,称为后期绑定(运行时绑定)。

由于子类继承了父类所有非私有属性,程序设计时,子类对象可以赋值给超类对象或作为方法参数传递给父类对象。

【例 4-14】 子类对象当父类对象使用举例。程序代码如下:

```
1   abstract class fruit
2   {
3       protected abstract void print();
4   }
5   class apple extends fruit
6   {
7       //实现超类中的抽象方法
8       public void print()
9       {
10          System.out.println("这是苹果!");
11      }
12  }
13  class banana extends fruit
```

```
14      {
15          //实现超类中的抽象方法
16          public void print()
17          {
18              System.out.println("这是香蕉!");
19          }
20      }
21  public class ObjectAssignment4_14
22  {
23      public static void main(String[] args)
24      {
25          //子类对象赋值给父类对象可行,反之则不行
26          fruit f1=new apple();
27          fruit f2=new banana();
28          //超类对象调用print方法,将执行子类中的同名方法
29          f1.print();
30          f2.print();
31      }
32  }
```

程序运行结果如下：

这是苹果!
这是香蕉!

程序分析如下：

程序中,第 26 行和 27 行代码分别创建了子类的对象并赋值给父类对象。由程序输出可知,此时父类对象调用子类中的同名方法。因此,父类对象调用的方法可能是自身的,也可能是子类中的同名方法,即方法覆盖时采用的是后期绑定。

习 题 4

一、选择题

1. 在方法内部使用,代表对当前对象自身引用的关键字是(　　)。
   A. super　　　　B. This　　　　C. Super　　　　D. this
2. 在 Java 中,若要使用一个包中的类时,首先要求对该包进行导入,其关键字是(　　)。
   A. import　　　　B. package　　　　C. include　　　　D. packet
3. String、StringBuffer 都是(　　)类。
   A. static　　　　B. abstract　　　　C. final　　　　D. private
4. Java 中所有类的父类是(　　)。
   A. Father　　　　B. Lang　　　　C. Exception　　　　D. Object
5. 下列选项中,与成员变量共同构成一个类的是(　　)。
   A. 关键字　　　　B. 成员方法　　　　C. 运算符　　　　D. 表达式

6. 用于在子类中调用被重写父类方法的关键字是(   )。
   A. this   B. super   C. This   D. Super
7. 类变量必须带有的修饰符是(   )。
   A. static   B. final   C. public   D. Volatile
8. Java 程序默认引用的包是(   )。
   A. java.text 包   B. java.awt 包   C. java.lang 包   D. java.util 包
9. 下列关于 Java 源程序结构的论述中,正确是(   )。
   A. 一个文件包含的 import 语句最多 1 个
   B. 一个文件包含的 public 类最多 1 个
   C. 一个文件包含的接口定义最多 1 个
   D. 一个文件包含的类定义最多 1 个
10. Object 类中的方法 public int hashCode(),在其子类覆盖该方法时,其方法修饰符可以是(   )。
    A. protected   B. public   C. private   D. 缺省
11. 下列关于继承的叙述正确的是(   )。
    A. 在 Java 中允许多重继承
    B. 在 Java 中一个类只能实现一个接口
    C. 在 Java 中一个类不能同时继承一个类和实现一个接口
    D. Java 的单一继承使代码更可靠
12. 下列修饰符(   )可以使在一个类中定义的成员变量只能被同一包中的类访问。
    A. private   B. 缺省   C. public   D. protected
13. 已知有下列类的说明,则下列访问成员变量的写法当中正确的是(   )。

```
public class Test
{
    private float f=1.0f;
    int m=12;
    static int n=1;
    public static void main(String[] args)
    {
        Test t=new Test ();
    }
}
```

    A. t.f   B. this.n   C. Test.m   D. Test.f
14. 下列程序片段中,能通过编译的是(   )。
    A. public abstract class Animal{public void speak();}
    B. public abstract class Animal{ public void speak(){}}
    C. public class Animal{ public abstract void speak();}
    D. public abstract class Animal{ public abstract void speak(){}}
15. 下列(   )选项的 java 源代码片段是不正确的。

A. package testpackage;
   public class Test{ }

B. import java.io.*;
   package testpackage;
   public class Test{ }

C. import java.io.*;
   class Person{ }
   public class Test{ }

D. import java.io.*;
   import java.awt.*;
   public class Test{ }

二、填空题

1. 面向对象编程中，对象是类的实例，使用_____运算符创建。

2. Java 语言的_____可以使用它所在类的静态成员变量和实例成员变量，也可以使用它所在方法中的局部变量。

3. 继承是面向对象编程的一个重要特征，它可降低程序的复杂性并使代码_____。

4. Java 语言中，关键字_____实现类的继承。

5. 在 Java 语言中，用_____修饰符定义的类为抽象类。

6. Java 中的返回语句是_____语句。

7. 抽象类中含有没有实现的方法，该类不能_____。

8. 若类声明时加上修饰符_____，则表示该类不能有子类。

9. 方法覆盖是_____绑定，方法重载是_____绑定。

10. 若类中只有一个 getXXX() 的 public 方法与 private 成员变量 XXX 相对应，则称该成员变量为_____。

11. 阅读下列程序，写出运行结果_____。

```
class c1
{
    public c1()
    {
        System.out.println("This is in C1 class!");
    }
}
class c2 extends c1
{
    public c2()
    {
        System.out.println("This is in C2 class!");
    }
}
class c3 extends c2
{
    public c3()
    {
        System.out.println("This is in C3 class!");
    }
}
```

```
public class ConstructorTest
{
    public static void main(String[] args)
    {
        c3 cObj=new c3();
    }
}
```

12. 指出下列程序代码中的错误_____。

```
public class Test
{
    public int aMethod()
    {
        static int i=0;
        i++;
        System.out.println(i);
    }
    public static void main(String[] args)
    {
        Test test=new Test();
        test.aMethod();
    }
}
```

三、简答题

1. 什么是类？什么是对象？类和对象的关系是什么？
2. 什么是类的封装性？Java 中,类里可以封装哪些内容？
3. 什么是方法重载？多个重载方法之间的区别点在哪？
4. Java 中的访问限制符有哪些？简述类的成员因访问修饰符不同带来的访问限制。
5. 什么是类的继承性？Java 中如何实现类的继承？
6. 子类继承父类哪些成员？子类中如何访问从父类继承的成员？
7. 总结 this 关键字和 super 关键字的用法。
8. 什么是类的多态性？Java 中实现多态的途径有哪些？
9. 什么是抽象方法？什么是抽象类？简述抽象类的用途。
10. 简述包的概念,并通过查阅文献了解 Java 中常用的包及包中的各个类。

四、编程题

1. 定义一个表示二维空间中点的类 Point,其中包含点的坐标 x 和坐标 y,以及相应的输出点坐标(x,y)的方法 printInfo()。

2. 定义一个表示圆形的类 Circle,Circle 类继承自类 Point。Circle 类中增加表示圆半径的成员变量 r;包含一个构造方法,用来初始化圆点和半径值;同时定义输出圆形圆点和半径值的方法 printInfo()。

3. 定义类 PerfectNum,其中包含一个方法用于判读某个数是否为完全数。编写代码测试输出 1000 以内的所有完全数。

4. 定义一个完整的排序类,要求至少包含两种排序方法。

5. 仿照例 4-12 定义计算图形面积的类 ShapeArea。

6. 请在下列 VariableScopeTest.java 源文件中空白处填上合适的代码,使其能够输出 Variables 类中的成员变量的值。

```java
class Variables
{
    private int a;
    protected int b;
    public int c;
    int d;
    static int e=5;

    public Variables(){}
    public Variables(int a,int b,int c,int d)
    {
        this.a=a;
        this.b=b;
        this.c=c;
        this.d=d;
    }
}
public class VariableScopeTest
{
    public static void main(String[] args) {
        Variables v=new Variables(1,2,3,4);
        System.out.println("the value of the member is "+_____);
    }
}
```

7. VariableScopeTest.java 程序中包含了两个类,请尝试把这两个类放在不同的"包中",观察程序结果。

第 5 章 接口、内部类和 Java API 基础

Java 语言的单继承机制降低了程序的复杂性,增加了系统安全性。由于在现实中子类有时需要继承多个父类的特性,因此,Java 中引入接口来实现多继承的功能。本章首先介绍接口的概念、接口的声明以及接口的实现等内容,然后介绍 Java 中其他的面向对象编程机制,包括内部类、java.lang 包和 java.util 包中常用的 Java API 以及集合类。

5.1 接 口

5.1.1 接口的概念

Java 语言中,接口在语法上与类相似,都是由一组常量和方法组成;形式上,接口提供了一种行为框架,所提供的所有方法都是抽象的。当某个类要"继承"该接口时,类中要给出所有抽象方法的实现。因此 Java 中把对接口的"继承"称为"实现",也就是说,接口是通过类来实现的。

一个类只能继承一个父类,同时可以实现多个接口。从这个意义上讲,借助接口机制,Java 语言实现了多继承功能。

5.1.2 接口的声明

和类一样,Java 语言中的接口也是以"包"的形式组织在一起的。接口可以是系统预定义的接口,例如 java.lang.Runnable 接口用于多线程处理,java.awt.event.ActionListener 接口用于处理命令按钮上的鼠标单击事件等。实际操作中,用户也可以自己定义接口。接口定义的语法格式如下:

```
[修饰符] interface 接口名 extends 父接口 1[,父接口 2…]
{
    常量声明
    抽象方法声明
}
```

说明:

(1) 关键字 interface 表示接口的定义。

(2) 关键字 extends 表示接口之间的继承关系,一个接口可以有多个父接口,子接口将继承父接口中的所有常量和抽象方法。

(3) 接口名为定义接口时指定的一个标识符,习惯上构成接口名的每个单字首字母都大写,也要求尽可能"见名知义"。

(4) 接口的修饰符只有访问权限修饰符,即 public 和缺省。

① public 表示该接口为公共接口,可以被所有的类和接口使用;

② 缺省访问权限表示该接口只能被同一个包中的类和接口使用。

(5) 花括号中的部分称为接口体,接口体由常量声明和抽象方法声明两部分构成。

① 接口体中的所有常量都必须是系统默认的 public static final 修饰的常量;

② 接口体中的所有方法都必须是系统默认的 public abstract 修饰的抽象方法;

③ 无论常量和抽象方法前是否有上述默认修饰符,效果是完全相同的。

(6) Java 8 允许在接口中定义默认方法和类方法,读者可查阅相关 API 了解学习。本书不再赘述。

例如,Java 系统类库中 java.lang.Runnable 接口的定义如下:

```
public abstract interface java.lang.Runnable
{
    public abstract void run();            //线程运行代码
}
```

又如自定义一个表示"水果"的接口,代码如下:

```
public interface Fruit {
        String printName();               //水果名称
    String printSeason();                 //成熟季节
}
```

从上面的语法可以看出,接口可理解为一种特殊的抽象类:接口和抽象类中都可以包含抽象方法且不能被实例化。但是,两者之间也存在以下几点不同:

① 接口为多个互不相关类之间的行为框架;抽象类则约定多个子类之间的共同行为。

② 一个类可以实现多个接口,为多继承机制;抽象类和子类之间只能是单继承。

③ 接口的访问权限为 public 或缺省,其成员的访问权限均为 public;抽象类和其成员的访问权限与普通类一样。

④ 接口中的方法全部是抽象方法;抽象类中则可以不包含抽象方法。

⑤ 接口中不能声明构造方法;抽象类中则可以声明构造方法。

⑥ 接口只能声明常量;抽象类中则可以声明成员变量。

5.1.3 接口的实现

接口的声明仅仅给出行为框架,需要在某个类中为接口的抽象方法定义方法体,称为类实现该接口。类实现接口的语法格式如下:

```
[修饰符] class 类名 [extends 父类名] implements 接口名 1[,接口名 2…]
{
    …                                     //类体
}
```

例如:

```
public class Orange implements Fruit
{
    public String printName() {
```

```
        return "orange";
    }
    public String printSeason() {
        return "fall";
    }
}
```

一个类实现接口时,需要注意以下几个问题:

(1) 在用类实现接口时,类的声明部分用 implements 关键字声明该类实现哪些接口。

(2) 若实现接口的类不是 abstract 的抽象类,则在类的定义部分必须"实现"接口中的所有抽象方法,即为所有抽象方法定义方法体。

(3) 在用类实现接口中的方法时,必须使用完全相同的方法头,即有完全相同的返回值和参数列表。

(4) 因为接口中所有抽象方法的访问修饰符都默认为 public,因此在类的定义时必须显式地使用 public 修饰符,否则会出现"Cannot reduce the visibility of the inherited method"(不能降低方法的访问范围)错误。

(5) 若类要实现的接口有一个或多个父接口,则在类体中必须实现该接口及其所有父接口中的所有抽象方法。

【例 5-1】 接口的继承举例。程序代码如下:

```
1   interface InterA
2   {
3       void printA();
4   }
5   interface InterB
6   {
7       void printB();
8   }
9   //接口的继承
10  interface InterC extends InterA,InterB
11  {
12      void printC();
13  }
14  public class InterfaceInheritance5_1 implements InterC
15  {
16      //实现父接口中的抽象方法
17      public void printA()
18      {
19          System.out.println("实现父接口中的抽象方法,A------");
20      }
21      public void printB()
22      {
23          System.out.println("实现父接口中的抽象方法,B------");
24      }
```

```
25      //实现接口本身的抽象方法
26      public void printC()
27      {
28          System.out.println("实现子接口中的抽象方法,C------");
29      }
30      public static void main(String[] args)
31      {
32          InterfaceInheritance5_1 ii=new InterfaceInheritance5_1();
33          ii.printC();
34      }
35  }
```

程序运行结果如下:

实现子接口中的抽象方法,C------

程序分析如下:

由于接口 InterC 继承了接口 InterA、InterB,可以看到,第 16～24 行代码分别给出了父接口 InterA、InterB 中抽象方法 printA()、printB()的实现。类实现接口时,若接口中包含多个抽象方法,而且该类不是抽象类,则类体中必须给出所有抽象方法的实现。但是,这多个抽象方法可能不是所有方法都需要使用,如本例中仅在第 33 行代码中调用了 printC()方法。因此,对于必须给出实现又不会被调用的接口中的抽象方法,可以在实现类中给出一个空方法体的定义。例如第 16～24 行代码可以简化如下:

```
//实现父接口中的抽象方法
public void printA(){}
public void printB(){}
```

【例 5-2】 接口类型的动态绑定举例。程序代码如下:

```
1   interface Shape
2   {
3       public final static double PI=3.14159;
4       abstract double area();
5   }
6   class Circle implements Shape
7   {
8       double radius;
9       public Circle(double r)
10      {
11          radius=r;
12      }
13      public double area()                //方法实现
14      {
15          return PI * radius * radius;
16      }
17  }
```

```
18   class Rectangle implements Shape
19   {
20       double width,height;
21       public Rectangle(double w,double h)
22       {
23           width=w;
24           height=h;
25       }
26       public double area()                //方法实现
27       {
28           return width * height;
29       }
30   }
31   public class InheritancePolyphormise5_2
32   {
33       public static void main(String[] args)
34       {
35           //接口的动态绑定
36           Shape s1=new Circle(10);
37           Shape s2=new Rectangle(5,5);
38           System.out.println("圆形的面积为："+s1.area());
39           System.out.println("长方形的面积为："+s2.area());
40       }
41   }
```

程序运行结果如下：

圆形的面积为：314.159
长方形的面积为：25.0

程序分析如下：

Java 语言中，接口也可以当作一种数据类型来使用，任何实现接口的类的实例均可作为该接口的变量，并通过该变量访问类中实现的接口中的方法。第 36、37 行代码中即把 Circle 类和 Rectangle 类的对象实例赋值给了接口 Shape 的变量。程序运行时，系统动态确定应该使用哪个类中的方法。

5.1.4 常用系统接口

Java 类库中定义了不少接口，下面介绍几个常见的系统接口。

1. java.io.DataInput、java.io.DataOutput

DataInput 接口中定义了大量按照数据类型读取数据的方法。下面列举几个方法声明：

```
public abstract Boolean readBoolean();      //读入 boolean 类型数据
public abstract double readDouble();        //读入双精度类型数据
public abstract String readLine();          //读入一行数据
```

DataOutput 接口则提供大量按照数据类型写数据的方法。读者可以参阅相关文档了解这两个接口中的所有方法。

2. java.applet.AudioClip

此接口中封装有关声音播放的方法,包括如下 3 个:

```
public abstract void play();                                    //播放一遍
public abstract void loop();                                    //循环播放
public abstract void stop();                                    //停止播放
```

3. java.awt.event.ActionListener

Java 中,凡是要处理 ActionEvent 事件的监听者都必须实现 ActionListener 接口,如鼠标单击按钮的操作。该接口中声明的抽象方法为:

```
public abstract void actionPerformed(java.awt.event.ActionEvent arg0);
```

4. java.sql.Connection 接口

该接口表示与一个特定数据库的会话。下面列举几个该接口中的方法:

```
//不带参数的 SQL 语句通常用 Statement 对象执行,该方法用于产生 Statement 对象
public abstract java.sql.Statement createStatement() throws java.sql.
SQLException;
public abstract void commit() throws java.sql.SQLException;     //提交更改
public abstract void close() throws java.sql.SQLException;      //关闭数据库连接
```

5.2 内部类和内部接口

5.2.1 内部类和内部接口的概念

Java 中允许在类或接口的内部声明其他的类或接口,其中被包含的类或接口称为内部类、内部接口,包含内部类、内部接口的类或接口称为外部类、外部接口。内部类、内部接口既具有类的特性,同时也作为类的成员存在。

作为类,内部类和内部接口具有以下特性。

(1) 内部类、内部接口不能与所在的外部类、外部接口同名。

(2) 内部类中可以声明成员变量和成员方法。

(3) 内部类可以继承父类或实现接口。

(4) 内部类可以声明为抽象类。

作为类的成员,内部类和内部接口在使用时有以下特点。

(1) 内部类、内部接口的访问需使用成员运算符。

(2) 内部类、内部接口可以直接访问外部类、外部接口的所有成员。

(3) 内部类在定义时可以使用 4 种访问控制权限修饰符。

(4) 内部接口只能是静态的,内部类可以是静态的。

以内部类为例,根据内部类声明的位置和形式不同,可将内部类区分为以下几种形式。

(1) 非静态内部类:内部类声明时没有指定 static 关键字,作为类的成员定义。

(2) 局部方法内部类:在方法内部声明的内部类,不是类的成员。

(3) 匿名内部类：内部类声明时可以不指定类名，不属于类成员。

(4) 静态内部类：内部类声明时指定为 static 属性，是类的成员。

因为把内部类隐藏在外部类之内，所以内部类提供了更好的封装，不允许同一包中的其他类访问该类。大部分时候，内部类都被作为成员内部类定义，分为非静态内部类和静态内部类。下面将分非静态内部类和静态内部类分别介绍内部类的定义和使用。

5.2.2 内部类的定义和使用

【例 5-3】 非静态内部类的定义和使用举例。程序代码如下：

```
1    class Line
2    {
3        Point p1,p2;
4        class Point
5        {
6            int x,y;
7            Point(int x,int y)
8            {
9                this.x=x;
10               this.y=y;
11           }
12           public void printXY()
13           {
14               System.out.print("("+x+","+y+")");
15           }
16       }
17   }
18   public class InnerClassDemo5_3
19   {
20       public static void main(String[] args)
21       {
22           Line line=new Line();
23           line.p1=line.new Point(2,10);
24           line.p2=line.new Point(3,20);
25           System.out.print("两点一线：");
26           line.p1.printXY();
27           System.out.print("-----");
28           line.p2.printXY();
29       }
30   }
```

程序运行结果如下：

两点一线：(2,10)-----(3,20)

程序分析如下：

第 23、24 行代码分别使用内部类中的构造方法创建了对象并赋值给成员变量 p1、p2；

第26、28行代码调用内部类的方法输出点信息。

注意：内部类编译后会生成的字节码文件为 Line＄Point.class。

【例5-4】 非静态内部类访问外部类的成员变量举例。程序代码如下：

```
1    class OutClass
2    {
3        private String str="str:外部类的私有成员变量";
4        private int x=20;
5        class InClass
6        {
7            private String str="str:内部类的私有成员变量";
8            private int y=30;
9            public void info()
10           {
11               String str="str:内部类成员方法的局部变量";
12               System.out.print(x+"\t");              //访问外部类中的私有成员变量
13               System.out.println(y);                 //访问内部类中的成员变量
14               System.out.println(str);               //访问局部变量
15               System.out.println(this.str);          //访问内部类中同名的成员变量
16               System.out.println(OutClass.this.str);
                                                        //访问外部类中的同名的成员变量
17           }
18       }
19       public void info()
20       {
21           System.out.print(x+"\t");                  //访问本类的成员变量
22           System.out.println(new InClass().y);       //访问内部类的成员变量
23           System.out.println("-------");
24           new InClass().info();                      //调用内部类的成员方法
25       }
26   }
27   public class InnerClassDemo5_4
28   {
29       public static void main(String[] args)
30       {
31           new OutClass().info();
32       }
33   }
```

程序运行结果如下：

```
20   30
-------
20   30
str:内部类成员方法的局部变量
str:内部类的私有成员变量
```

str：外部类的私有成员变量

程序分析如下：

非静态内部类的成员可以访问外部类的 private 成员，但反过来不可以。第 12～16 行代码在内部类的成员方法中显示输出了外部类成员变量 x、内部成员变量 y，以及同名的局部变量 str、内部成员变量 str、外部成员变量 str；第 21～22 行代码是在外部类的成员方法中访问 x、y；第 24 行代码是在外部类的成员方法中调用内部类的成员方法。

注意：外部类访问非静态内部类的成员时必须显示创建非静态内部类的对象。

思考：不允许在外部类的静态成员中创建和使用非静态内部类的对象。为什么？

【例 5-5】 静态内部类举例。程序代码如下：

```
1    class NonStaticOutClass
2    {
3        private String str="outer";
4        private static int x=20;
5        static class InClass
6        {
7            private static int y=30;
8            public void info()
9            {
10               System.out.println(x);        //访问外部类的静态成员变量
11               System.out.println(y);        //访问内部类中的静态成员变量
12               //System.out.println(str);    //不能访问外部类的实例成员变量
13           }
14       }
15       public void info()
16       {
17           System.out.println(x);
18           System.out.println(InClass.y);    //外部类中访问静态内部类的静态成员变量
19           System.out.println("-------");
20           new InClass().info();             //外部类中调用静态内部类的实例成员方法
21       }
22   }
23   public class StaticInnerClass5_5
24   {
25       public static void main(String[] args)
26       {
27           new NonStaticOutClass().info();
28       }
29   }
```

程序运行结果如下：

20
30

20
30

程序分析如下：

由于静态成员不能访问非静态成员，静态内部类中不能访问外部类的实例成员。第12行代码如果执行经出现错误。另外，静态内部类可以包含非静态成员。第18、20行代码分别体现了如何在外部类中访问静态内部类的静态成员和非静态成员。

5.3 java.lang 包中的基础类

java.lang 包是 Java 中自动导入的包，该包为 Java 的核心包，包含利用 Java 语言编程的基础类。如 Object 类、System 类等。

5.3.1 Object 类

Object 类为 Java 中类树状结构中的根类，为所有类的直接或间接父类。因此，所有类的对象都拥有 Object 类的方法。Object 类中的常用方法见表 5-1。

表 5-1 Object 类中的常用方法

方　　法	说　　明
protected Object clone()	生成当前对象的一个副本
public boolean equals(Object arg0)	比较对象是否相等
public String toString()	将对象转换成字符串
protected void finalize()	销毁对象，析构方法
public final Class getClass()	获取当前对象的所属类信息

【例 5-6】 Object 类中的方法举例。程序代码如下：

```
1    public class ObjectMethodDemo5_6
2    {
3        public static void main(String[] args)
4        {
5            Object ob1="Hello Java";          //子类对象赋值给父类变量
6            Object ob2=new Object();
7            ob2=ob1;                          //引用对象的赋值
8            System.out.println(ob2.equals(ob1));
9            System.out.println(ob2.toString());
10           System.out.println(ob2.getClass());
11       }
12   }
```

程序运行结果如下：

true

```
Hello Java
class java.lang.String
```

程序分析如下：

第 7 行代码中为引用对象间的赋值，结果是使 ob2 变量像指针一样指向 ob1。读者可以尝试把第 7 行代码替换为 ob1=ob2，观察程序运行结果的变换。

5.3.2 System 类

System 类提供标准输入、输出和运行时的系统信息等。

1. 标准输入、输出属性

System 中用于实现标准输入、输出的包括以下 3 个静态常量：

```
public static final java.io.InputStream in;   //标准输入流
public static final java.io.PrintStream out;  //标准输出流
public static final java.io.PrintStream err;  //标准错误输出流
```

2. 常用方法

System 类中常用的方法介绍见表 5-2。

表 5-2 System 类中的常用方法

方法	说明
public static long currentTimeMillis()	获取自 1970 年 1 月 1 日零时至当前系统时间的毫秒数
public static String getProperty(String key)	获取系统属性
public static void exit(int status)	主动使 JVM 退出运行状态
public static void gc()	垃圾回收方法

【例 5-7】 System 类中的方法举例。程序代码如下：

```
1    public class SystemMethodDemo5_7
2    {
3        public static void main(String[] args)
4        {
5            System.out.println(System.currentTimeMillis());
6            System.out.print("java 目录：");
7            System.out.println(System.getProperty("java.home"));
8            System.out.print("java 版本：");
9            System.out.println(System.getProperty("java.version"));
10           System.out.print("操作系统：");
11           System.out.println(System.getProperty("os.name"));
12           System.exit(0);              //退出
13       }
14   }
```

程序运行结果如下：

1358911313960
java目录：C:\Program Files\Java\jdk1.6.0_05\jre
java版本：1.6.0_05
操作系统：Windows XP

程序分析如下：

第12行代码中，给定参数0表示系统正常退出，该参数返回给操作系统。实际操作中，可以使用非零整型数据表示其他非正常退出情况。

5.3.3 Math类

Math类为数学类库，其中封装了所有用于数学计算的属性和方法。Math类中的所有成员都是public static的，可以直接被使用类名引用。属性类中的常用属性和方法见表5-3。

表5-3 Math类中的常用属性和方法

属性/方法	说明
final double E=2.718281828459045;	自然常数e
final double PI=3.141592653589793;	圆周率
long round(double a)	四舍五入为整数，有重载方法
double sqrt(double arg0)	开平方根
int abs(int arg0)	求绝对值，有重载方法
double random()	产生[0,1)间的随机数
double exp(double arg0)	求e^{arg0}，e为自然常数
double pow(double a,double b)	求a^b
double log(double arg0)	求以e为底的对数
double log10(double arg0)	求以10为底的对数
double sin(double arg0)	正弦函数
double cos(double arg0)	余弦函数
double toRadians(double arg0)	将角度换算成弧度
double toDegrees(double arg0)	将弧度换算成角度

5.3.4 数据类型类

Java中任何一种基本数据类型都有与之相对应的数据类型类，见表5-4。使用基本数据类型可以方便地定义变量和属性等，但如果需要完成这些数据的变换和操作，就要使用数据类型类的相应方法。

1. Integer类

下面以Integer类为例，介绍其中的常用方法和属性，见表5-5。其他数据类型类中的方法与此相似，读者可自行查阅相关文献学习。

表 5-4 基本数据类型与其所对应的数据类型类

基本数据类型	数据类型类	基本数据类型	数据类型类
boolean	Boolean	long	Long
char	Character	float	Float
int	Integer	double	Double

表 5-5 Integer 类中的常用属性和方法

属性/方法	说明
public static final int MIN_VALUE=－2 147 483 648;	int 类型量的最小值
public static final int MAX_VALUE=2 147 483 647;	int 类型量的最大值
public Integer(int arg0)	构造方法
public Integer(String arg0)	构造方法
public long longValue()	将当前对象的 int 类型值转换为 long 类型
public int intValue()	获取当前对象的 int 类型值
public double doubleValue()	将当前对象的 int 类型值转换为 double 类型
public static int parseInt(String arg0)	将一个字符串转换为一个 int 类型值
public static Integer valueOf(String arg0)	将一个字符串转换成一个 Integer 对象

【例 5-8】 Integer 类中的方法举例。程序代码如下：

```
1   public class IntegerMethodDemo5_8
2   {
3       public static void main(String[] args)
4       {
5           int a1,a2;
6           double a3;
7           a1=Integer.parseInt("123");
8           a2=Integer.valueOf("345").intValue();
9           a3=Double.valueOf("567.8").doubleValue();
10          System.out.print("a1="+a1+"\ta2="+a2+"\ta3="+a3);
11      }
12  }
```

程序运行结果如下：

a1=123   a2=345   a3=567.8

程序分析如下：

第 7、8 行代码为将字符串转换成 int 类型数据的两种不同实现。第 9 行代码为将字符串转换成 double 类型的数据。这些方法都很相似，读者要能"举一反三"。

思考：修改第 7、8 行代码中的字符串，给出各种形式的字符串，观察程序运行情况变化。

2. Character 类

Character 类封转一个 char 类型的基本数据，构造方法为 public Character(char arg0)，其中一些常用方法见表 5-6。

表 5-6 Character 类中的常用方法

方　　法	说　　明
public static boolean isLowerCase(char arg0) public static boolean isLowerCase(int arg0)	判断是否为小写字符
public static boolean isUpperCase(char arg0) public static boolean isUpperCase(int arg0)	判断是否为大写字符
public static boolean isDigit(char arg0) public static boolean isDigit(int arg0)	判断是否为数字
public static boolean isLetter(char arg0) public static boolean isLetter(int arg0)	判断是否为字母
public static char toLowerCase(char arg0)	将字符转换为小写格式
public static char toUpperCase(char arg0)	将字符转换为大写格式

注：int 类型的方法参数为字符的 Unicode 码值。

5.4 java.util 包中的工具类

java.util 为 Java 的实用工具包，其中包含编程中经常使用的各种工具类，如表示时间日期的类、各种集合类等。

5.4.1 日期类

Java 中表示日期的类有 Date 和 Calendar 两个。其中，Calendar 类是自 JDK 1.1 引入的日期处理类。这里仅介绍 Calendar 类，Date 类的相关内容读者可查阅文献了解学习。

Calendar 类为一个抽象类，不能直接实例化对象，可以通过类方法 getInstance() 获取 Calendar 类的实例对象。该方法的首部声明如下：

```
public static Calendar getInstance()
```

使用对象 C 调用类中的各个成员方法，获取相应的值，例如 get() 方法。该方法的方法首部声明为：

```
public int get(int arg0)
```

其中，参数 arg0 表示要获取的年、月、日等信息，该参数的取值为 Calendar 类中的静态常量，常用值见表 5-7。

表 5-7 Calendar 类中 get 方法参数的可取值

静 态 常 量	说　　明
public static final int YEAR	年份
public static final int DATE	日期
public static final int DAY_OF_MONTH	日期，一个月中第几天
public static final int HOUR_OF_DAY	小时，24 小时制
public static final int HOUR	小时，12 小时制
public static final int DAY_OF_WEEK	一周中第几天，其中周日为第 1 天

例如：

```
Calendar c=Calendar.getInstance();
System.out.println(c.get(Calendar.YEAR));            //输出年份
```

5.4.2　Random 类

Random 类的作用是产生随机数序列。使用 Random 类创建一个对象，即产生一个随机数生成器。生成器调用方法可以生成各种类型的随机数。Random 类中常用的方法见表 5-8。

表 5-8　Random 类中的常用方法

方　　法	说　　明
public Random()	构造方法
public Random(long arg0)	构造方法，参数 arg0 称为种子
public int nextInt()	产生一个 int 型随机整数
public long nextLong()	产生一个 long 型随机整数
public int nextInt(int n)	产生一个 [0, $n-1$] 范围内的 int 型随机整数
public float nextFloat()	产生一个 0.0~1.0 之间的随机单精度数
public double nextDouble()	产生一个 0.0~1.0 之间的随机双精度数

【例 5-9】　Random 类中的方法举例。程序代码如下：

```
1    import java.util.Random;
2    public class RandomMethodDemo5_9
3    {
4        public static void main(String[] args)
5        {
6            //Random rnd=new Random();
7            Random rnd=new Random(12);
8            for(int i=0;i<3;i++)
9            {
10               System.out.println(rnd.nextInt());
11           }
12       }
13   }
```

程序运行结果如下：

-1160101563
256957624
1181413113

程序分析如下：

上述结果为某次程序运行结果。指定种子的生成器总是生成同一组随机数。读者可尝试把第 6 行代码注释取消,然后注释第 7 行代码,多次运行程序,观察运行结果的变化。

5.4.3 Scanner 类

Scanner 类是一个简单文本扫描器,可以从字符串、标准输入设备、文件和字节输入流中读取数据。Scanner 类中常用的方法见表 5-9。

表 5-9 Scanner 类中的常用方法

方 法	说 明
public Scanner(InputStream arg0)	构造方法,从标准输入设备、输入流中读取数据
public Scanner(File arg0)	构造方法,从文件中读取数据
public Scanner(String arg0)	构造方法,从字符串中读取数据
public String next()	获取一个字符串
public int nextInt()	获取一个 int 型整数
public long nextLong()	获取一个 long 型整数
public float nextFloat()	获取一个单精度数
public double nextDouble()	获取一个双精度数

5.4.4 集合类

Java 集合类是一种特别有用的工具类,用于存储不固定数量的对象,可用于实现常用的数据结构,例如栈、队列等,在数据库相关操作中也发挥着重要作用。另外,Java 集合还可用于存储具有映射关系的关联数组。

如图 5-1 所示,Java 集合主要由两个接口派生:Collection 和 Map。Collection 接口是 List、Set 和 Queue 接口的父接口。其中,Set 表示无序、不可重复的集合;List 表示有序、可重复的集合;Queue 代表队列集合;Map 代表具有映射关系的集合。各个接口又有诸多实现类。图 5-1 中列出了比较常用的实现类,其他实现类读者可查阅 Java API 详细了解。

图 5-1 Java 集合体系图

1. Vector 类

Vector 类为一组对象的集合,适用于需要处理的对象数目不确定、需要频繁进行对象插入或删除操作的情况。通过调用类中的方法可以方便地追加对象元素的数量、修改和维护序列中的对象。Vector 类中常用的方法见表 5-10。

表 5-10 Vector 类中的常用方法

方　　法	说　　明
public Vector()	构造方法
public Vector(int arg0)	构造方法,指定初始容量
public Vector(int arg0, int arg1)	构造方法,指定初始容量和增量
public void addElement(Object arg0)	在末尾处追加对象元素
public void insertElementAt(Object arg0, int arg1)	在指定位置处插入对象元素
public void setElementAt(Object arg0, int arg1)	修改指定位置处的对象元素
public void removeElementAt(int arg0)	删除指定位置处的对象元素
public boolean removeElement(Object arg0)	删除指定对象
public void removeAllElements()	删除所有对象元素
public int indexOf(Object arg0)	查找对象,返回查找到的位置
public int indexOf(Object arg0, int arg1)	从指定位置处开始查找对象,返回值同上
public Object elementAt(int arg0)	返回指定位置处的对象元素
public Object get(int arg0)	获取指定位置处的对象元素
public boolean contains(Object arg0)	测试是否包含指定的对象元素
public void clear()	清空
public boolean isEmpty()	测试向量是否为空
public int size()	获取当前向量中的对象元素数量
public int capacity()	获取当前向量的容量
public Object[] toArray()	返回一个包含向量中所有元素的对象数组

例如,假设已定义类 Cat、Dog,分别表示猫和狗,使用 Vector 类编写代码如下:

```
Vector animals =new Vector();
for(int i=0;i<10;i++)
{
    animals.addElement(new Cat(i));                           //追加"猫"实例
}
for(int i=0;i<10;i++)
{
    animals.addElement(new Dog(i));                           //追加"狗"实例
}
for(int i=0;i<animals.size();i++)
{
    if(animals.elementAt(i) instanceof Cat)
```

```
        {
            System.out.println("This is a cat!");
        }
}
```

2. HashMap 类

HashMap 类是 Java 类库中为映射关系提供的一个通用实现,其中一些常用方法见表 5-11。

表 5-11 HashMap 类中的常用方法

方　　法	说　　明
public HashMap()	构造方法
public HashMap(int arg0)	构造方法,指定初始容量
public HashMap(int arg0,float arg1)	构造方法,指定初始容量和填装因子
public HashMap(Map<? extends K,? extends V> arg0)	构造方法,指定"键一值"对
public V get(Object arg0)	获取与"键"对应的"值"
public V put(K arg0,V arg1)	插入"键一值"对
public void putAll(Map<? extends K,? extends V> arg0)	添加指定映射表中的所有"键一值"对
public boolean containsKey(Object arg0)	返回集合中是否包含"键"arg0
public boolean containsValue(Object arg0)	返回集合中是否包含"值"arg0
public void clear()	清空
public boolean isEmpty()	测试集合是否为空
public int size()	获取当前集合中的元素个数
public int capacity()	获取当前集合的容量
public Collection<V> values()	返回所有"值"的集合
public Set<K> keySet()	返回所有"键"的集合

注:表格中的 K、V 分别表示键、值,对应 Java 中所有可用的类型。

【例 5-10】 HashMap 类的使用举例。程序代码如下:

```
1    import java.util.HashMap;
2    import java.util.Map;
3    import java.util.Scanner;
4    class Student
5    {
6        String id;                                                //学号
7        String name;                                              //姓名
8        int age;                                                  //年龄
9        String dept;                                              //系部
10       public Student(){}
11       public Student(String id,String name,int age,String dept)
```

```
12          {
13              this.id=id;
14              this.name=name;
15              this.age=age;
16              this.dept=dept;
17          }
18          public String toString()            //用于在println()方法中直接输出对象信息
19          {
20              return id+","+name+","+age+","+dept;
21          }
22      }
23      public class HashMapTest5_10
24      {
25          public static void main(String[] args)
26          {
27              Student stu[]=new Student[5];                      //学生数组
28              Map<String,Student> students=new HashMap<>();      //泛型
29              students.put("001", new Student("001","Ada",20,"Art"));
30              for(int i=0;i<stu.length;i++)
31              {
32                  Scanner scan=new Scanner(System.in);
33                  stu[i]=new Student();
34                  stu[i].id=scan.next();
35                  stu[i].name=scan.next();
36                  stu[i].age=scan.nextInt();
37                  stu[i].dept=scan.next();
38                  students.put(stu[i].id, stu[i]);
39              }
40              System.out.println(students.get("001"));
41              students.remove("001");
42              System.out.println(students);                      //显示所有的元素
43          }
44      }
```

思考：自己运行该程序，观察运行结果，理解程序功能。

注意：

(1) 泛型是在创建集合时指定集合中包含的对象的类型，可参阅 Java API 理解学习。本书不再展开介绍。

(2) 使用 Arrays 类中的静态成员方法 asList()，可以将数组转换为集合。请读者尝试使用该方法修改例 5-10 的代码，替换循环体中的第 38 行代码，实现同样的程序功能。

习 题 5

一、选择题

1. 阅读下列代码片段：

```
class InterestTest _____ ActionListener
{
    public void actionPerformed (ActionEvent event)
    {
        ...
    }
}
```

在下画线处,应填的正确选项是( )。

    A. Implementation B. Inneritance   C. implements   D. extends

2. 语句"Hello".equals("hello");的正确执行结果是( )。

    A. true   B. false   C. 0   D. 1

3. 下列关于继承的哪项叙述是正确的( )。

    A. 在Java中允许多重继承

    B. 在Java中一个类只能实现一个接口

    C. 在Java中一个类不能同时继承一个类和实现一个接口

    D. Java的单一继承使代码更可靠

4. 已有接口定义如下:

```
interface Inter
{
    int methodA(int x);
    int methodB(int x);
}
```

则下列选项中正确的是( )。

    A. class A implements Inter   B. class B implements Inter
       {   {
          int methodA(){}   public int methodA(){}
          int methodB(int x){}   public int methodB(int x){}
       }   }

    C. class C implements Inter   D. class D implements Inter
       {   {
          public int methodA(){}   public int methodA(int x){}
          int methodB(){}   public int methodB(int x){}
       }   }

5. 下列关于内部类的说法,错误的是( )。

    A. 内部类可以是匿名的

    B. 内部类具有继承性

    C. 内部类可以被直接访问

    D. 内部类可以访问外部类的所有成员

二、填空题

1. Java接口内的方法都是公共的、_____的,Java接口内的属性修饰符都是_____。

2. Java 语言对简单数据类型进行了类包装,int 基本数据类型对应的封装类是_____。

3. 在一个类的内部嵌套定义的类称为_____。

4. Random 类中的方法_____可用于产生一个 int 类型的随机数。

5. Math 类中的所有方法都是_____的,可以直接通过类名访问。

三、简答题

1. 什么是接口?接口有何作用?接口和类有何异同?

2. 接口和抽象类在使用时有什么区别?

3. 什么是内部类?内部类存在的最大优势是什么?静态内部类和非静态内部类在使用时需要注意哪些问题?

4. 查阅相关文献学习数据类型类 Double、Float、Long 等,并了解 java.lang 包中的其他类。

5. 查阅相关文献学习 ArrayList 类、Stack 类和 Hashtable 类、TreeMap 类,并了解 java.util 包中的其他类。

四、编程题

1. 使用 Canlendar 类获取当前系统时间。

2. 创建一个包含 20 个元素的一维整型数组,并使用 Random 类为各个数组元素赋值,计算并输出所有下标为偶数的元素和。

3. 使用 Scanner 类读取从键盘输入的多个数据,并显示输出。

4. 定义一个接口 CircleArea,声明一个方法用于计算圆的面积,再定义类 Circle 表示圆、类 Cylinder 表示圆柱体,分别去实现这个接口。再编写测试类,创建 Circle 对象、Cylinder 对象,观察运行结果。

5. 编写 Java 应用程序,使用 Vector 向量来保存用户输入的若干字符串:循环读入用户输入的字符串,以"end"作为结束,并将所有字符串依次显示;然后,在所有相邻的两个字符串中间插入字符串"NICE",再次显示插入后集合中的所有字符串。

6. 仿照例 5-10,创建 Employee 类表示公司员工,使用员工编号(String 类型)、员工信息(Employee 对象)创建一个包含公司所有员工的 HashMap 集合,并定义相关成员方法,实现员工的入职、离职、员工工资变动等基本操作。

第6章 异常处理

异常就是在程序运行时由代码产生的不正常现象,也可以理解为运行错误。软件开发中所编写的源程序准确无误、毫厘不差是希望看到的结果,但是实际上很难做到。用户输入错误、除数为零、数组下标越界、待读写的文件未能找到等情况时有发生,也在所难免。因此,开发应用系统时应该考虑各种意外状态,提高程序的容错能力和健壮性。Java 语言提供了一套行之有效的错误处理机制(即异常处理),用来防止由于代码出错造成不可预期的结果发生。这种机制的优点比较明显,它首先可让程序员把异常处理代码从常规代码中分离出来,增强其可读性;其次即使发生了运行错误,应用程序能够捕获异常并且及时处理,使程序从运行错误中恢复并继续运行,从而避免程序的中断;再次允许程序员按照异常类型进行分组,对无法预测的异常给出错误提示,或者做出相应处理。

6.1 异常的概念

在程序编译、运行时都可能出故障,发生不正常状态,关键是问题出现以后如何处理,由谁来处理,怎样处理。出现这种异常后,在不支持计算机异常处理的高级语言中,错误必须被人工检查和解决。此过程十分烦琐、低效,出错的提示信息远远不足时工作量就会大为增加。为了能自行解决程序执行错误,Java 提供了捕获并且处理这些异常的处理机制,使得一个程序在运行中发生了非预期情况时,会产生相应的异常对象,随后,该对象被交给系统,再由系统负责找到处理异常的代码去运行。问题解决以后,根据流程的设计确定是否继续执行后续代码。这样一来,程序运行时可能出现的中断现象就得以避免了。

异常处理机制显著的优点是将程序的正常代码与错误代码分离开来,使得程序结构清晰,可读性良好。

例如,在求解数组元素之和的程序中,若设计不当则会发生越界错误。可以考虑在程序中增加 if 语句防止下标超出边界,增强程序的健壮性。程序代码如下:

```
1      public class ArraySum
2      {
3          public static void main (String[] args)
4          {
5              int arr[]={21,54,68,10,93,72,62,38,15,47};
6              int sum=0;
7              int len=0;
8              int flag=1;
9              String error1="产生了访问数组下标越界错误!";
10             len=arr.length;
11             for(int i=0;i<=10;i++)                    //循环变量终值设定错误
12             {
```

```
13            if(i==arr.length)
14            {
15                flag=0;
16                break;
17            }
18            else
19                sum+=arr[i];
20        }
21        if(flag==1)
22        {
23            System.out.println ("sum="+sum);
24        }
25        else
26            System.out.println (error1);
27    }
28 }
```

程序运行结果为：

产生了访问数组下标越界错误！

程序分析如下：

第 11 行代码对循环变量 i 设置了终值 10，于是出现了访问 arr[10] 的下标越界错误。

第 13～17 行代码用于解决下标越界错误，即出错时将标识 flag 置 0，再由第 25～26 行代码处理。

如果应用 Java 的异常处理机制，则程序代码如下：

```
1  public class ArraySumException
2  {
3      public static void main (String[] args)
4      {
5          int arr[]={21,54,68,10,93,72,62,38,15,47};
6          int sum=0;
7          int len=0;
8          int flag=1;
9          String error1="产生了访问数组下标越界错误！";
10         len=arr.length;
11         try
12         {
13             for(int i=0;i<=10;i++)          //循环变量终值设定错误
14             {
15                 sum+=arr[i];
16             }
17             System.out.println ("sum="+sum);
18         }
19         catch(IndexOutOfBoundsException e)
```

```
20            {
21                  System.out.println (error1);
22            }
23      }
24 }
```

程序分析如下：

运行程序,将得到同样的结果:产生了访问数组下标越界错误!不难看出,第19~22行代码用于处理程序中的异常,它需要第11~18行代码先捕获到异常作为前提。当可能出现多处异常现象时,可以在后面连续设计多个catch语句块做处理。这样一来,代码结构显得清晰,并且易于后期维护。

6.2 异 常 类

Java 中的异常充分体现出继承性,它们皆对应于 Throwable 类或者其子类,而 Throwable 类又继承于 Object 类,如图 6-1 所示。

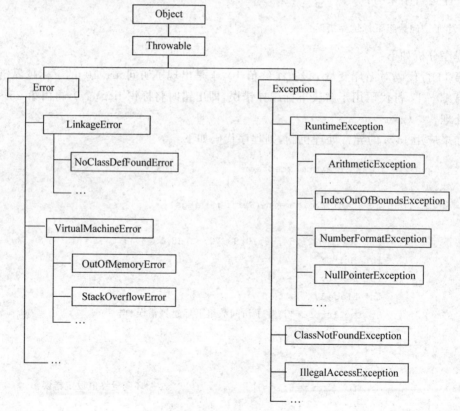

图 6-1 异常类的继承关系

总体上异常类分为 Error 类和 Exception 类。Error 类包括动态链接失败、虚拟机错误等,这种类型的异常对象一般不为 Java 程序捕获和抛出,用户程序也不需要处理这类异常。Exception 类是可以被捕获和抛出的异常类,又可以分为运行时异常类和非运行时异常类。

前者即为 RuntimeException 类及其子类，Java 编译器允许对这一类的异常对象不做处理，原因是这些工作能够由系统在程序运行时自动完成；作为非运行时异常类的对象，需要程序员明确加以捕获并作出处理，否则无法通过编译。

6.2.1 Error 类及其子类

在程序运行时，Java 虚拟机若抛出 Error 错误，则有可能是系统动态连接失败或出现 JVM 故障等原因造成的。用户程序不一定要捕获此类错误，这是因为系统可自动进行捕捉和处理。Error 类及其子类定义了系统中可能出现的大多数 Error 错误，因篇幅所限，此处仅介绍它的两个子类（LinkageError 和 VirtualMachineError）及其衍生子类。

1. LinkageError 类及其子类

LinkageError（结合错误）类及其子类定义的是一个类依存于另一个类，但在编译前者时后者出现了与前者不兼容情况的各种错误。LinkageError 类的子类见表 6-1。

表 6-1 LinkageError 类的子类

LinkageError 类的子类	对应的错误	LinkageError 类的子类	对应的错误
ClassFormatError	类格式错误	AbstractMethodError	抽象方法错误
ClassCircularityError	类循环错误	NoSuchFieldError	没有成员变量错误
NoClassDefFoundError	类定义无法找到错误	InstantiationError	实例错误
VerifyError	校验错误		

2. VirtualMachineError 类及其子类

VirtualMachineError（虚拟机错误）类及其子类定义的是系统在 JVM 损坏或需要运行程序的资源耗尽时出现的各种错误。VirtualMachineError 类的子类见表 6-2。

表 6-2 VirtualMachineError 类的子类

VirtualMachineError 类的子类	对应的错误	VirtualMachineError 类的子类	对应的错误
InternalError	内部错误	StackOverflowError	堆栈溢出错误
OutOfMemoryError	内存溢出错误	UnkownError	未知错误

6.2.2 Exception 类及其子类

Exception 类及其子类定义了程序中大多数可以处理的异常。此处介绍 Exception 类派生的两类异常：运行时异常类及其子类和非运行时异常类。

1. 运行时异常类及其子类

运行时异常类 RuntimeException 及其子类定义的是 Java 程序执行过程中可能出现的各种异常，它们和 Error 类及其子类相似，可以不在程序中被捕捉，而是交给系统去解决。这些子类见表 6-3。

2. 非运行时异常类

非运行时异常类定义的是 Java 程序编译时编译器发现的各种异常。这类异常应明确加以捕捉并处理，否则无法通过编译检查。相应的异常类见表 6-4。

表 6-3 RuntimeException 类的子类

RuntimeException 类的子类	对应的异常
ArithmeticException	算术运算异常
ArrayStoreException	数组存储异常
ArrayIndexOutOfBoundsException	数组下标越界异常
CaseCastException	类型转换异常
IllegalArgumentException	非法参数异常
IllegalThreadStateException	非法线程状态异常
NumberFormatException	数字格式异常
IllegalMonitorStateException	非法监视状态异常
IndexOutOfBoundsException	下标超出范围异常
NegativeArraySizeException	负数组个数异常
NullPointerException	空指针异常
SecurityException	安全异常
EmptyStackException	空栈异常
NoSuchElementException	没有元素异常

表 6-4 非运行时异常类

非运行时异常类	对应的异常	非运行时异常类	对应的异常
ClassNotFoundException	类找不到异常	InterruptedException	中断异常
CloneNotSupportedException	复制不支持异常	IOException	输入输出异常
IllegalAccessException	非法访问异常	FileNotFoundException	文件找不到异常
InstantiationException	实例异常	InterruptedIOException	中断输入输出异常

6.3 异常处理

异常处理的方式有两种：用 try…catch…finally 语句来捕捉处理；或者通过 throw 或 throws 抛出异常。

6.3.1 try…catch…finally 语句

异常的发生通常对应某段程序，用 try…catch…finally 语句可以标记那些可能抛出异常的程序片段。其语法格式如下：

```
try
{
    可能抛出异常的代码段；
}
catch(异常类型 1  异常对象 1)
{
    处理异常类型 1 对应的代码；
}
catch(异常类型 2  异常对象 2)
```

```
        {
            处理异常类型 2 对应的代码;
        }
            catch(异常类型 n  异常对象 n)
        {
            处理异常类型 n 对应的代码;
        }
        ⋮
    finally
        {
            无论是否抛出异常都要执行的代码;
        }
```

说明：

(1) try 语句块。可能抛出异常的代码都被放入 try 语句块中。运行程序时，若 try 块中的语句没有出现异常，则依次按控制流程执行，后面的所有 catch 语句都毫无意义，仿佛不存在这些 catch 块一样；但是一旦 try 块内的代码出现了异常，系统将立刻终止执行 try 块内其余代码，自动跳转到所发生的异常对应着的那个 catch 语句块。

(2) catch 语句块。每个 try 语句块可伴随一个或多个 catch 语句块，用于处理 try 块中捕获的异常。catch 语句只需一个形式参数，参数类型是它能够捕获的异常类型，而这个类必须是 Throwable 的子类。在运行中 try 块内出现异常时，程序自动按若干个 catch 块出现的顺序查找最接近的异常匹配：如果找到就认为异常已得到控制，不做进一步查找了，去执行相应的处理代码；如果逐个查找完毕，没有能够与任何一个 catch 块的异常类型相匹配，则该未被捕获的异常将由系统内置的默认程序处理(一般显示与该异常类相关的字符串、异常发生位置等信息)，最后终止整个程序的执行并退出。要捕获的若干异常类之间如果有继承关系，则前面 catch 块中的异常类应该是后面 catch 块中异常类的子类，即前面 catch 块中的异常类对象一定比后面 catch 块中的异常类对象特殊。

(3) finally 语句块。finally 块是可选项。该块如果出现在程序中，则无论异常是否被抛出，块中的代码都要被执行。finally 块一般作为 try…catch…finally 结构的统一出口，完成一些诸如关闭文件、释放资源的工作。

【例 6-1】 有两个源程序，分别是 ArithmeticE6_1a.java 和 ArithmeticE6_1b.java，前者没有捕获除数为 0 的异常，所以程序在出错的地方自动终止，并由系统缺省处理程序输出错误信息；后者用 try…catch…finally 结构来捕捉程序中的算术运算异常。通过比较思考，用户程序进行异常的捕获、处理与系统自行解决该运行时异常的主要区别在哪里。

程序 ArithmeticE6_1a 代码如下：

```
1    public class ArithmeticE6_1a
2    {
3        public static void main(String args[])
4        {
5            int x,y,z;
```

```
6           x=50;
7           y=Integer.parseInt(args[0]);
8           z=x/y;
9           System.out.println("z="+z);
10          System.out.println("No exception.");
11      }
12  }
```

由于使用了参数 args[0]，程序编译好之后运行时，需要在 DOS 提示符后的运行命令中设定参数值（设置为 0），即

```
java  ArithmeticE6_1a  0
```

则运行结果显示如下：

```
Exception in thread "main" java.lang.ArithmeticException: / by zero
        at ArithmeticE6_1a.main(ArithmeticE6_1a.java:8)
```

程序 ArithmeticE6_1b 代码如下：

```
1   public class ArithmeticE6_1b
2   {
3       public static void main(String args[])
4       {
5           int x,y,z;
6           try
7           {
8               x=50;
9               y=Integer.parseInt(args[0]);
10              z=x/y;
11              System.out.println("z="+z);
12              System.out.println("No exception.");
13          }
14          catch(ArithmeticException e)
15          {
16              System.out.println("ArithmeticException was caught!");
17              e.printStackTrace();
18          }
19          finally
20          {
21              System.out.println("finally! Memory was released.");
22          }
23      }
24  }
```

程序编译好，在 DOS 提示符后的运行命令中设定参数值（设置为 0），即

```
java  ArithmeticE6_1b  0
```

则运行结果显示如下：

```
ArithmeticException was caught!
java.lang.ArithmeticException: / by zero
        at ArithmeticE6_1b.main(ArithmeticE6_1b.java:10)
finally! Memory was released.
```

例 6-1 的 ArithmeticE6_1b 在运行以后，结果中异常信息显得比较丰富，提示性强。这与程序代码的 try…catch…finally 结构设计与应用有关。

该程序中的语句 Integer.parseInt(args[0])也可能引发另外两类异常。一是 DOS 提示符后的运行命令中没有设定参数值（运行命令写成 java ArithmeticE6_1a 以及 java ArithmeticE6_1b），将引发 ArrayIndexOutOfBoundsException 类异常；二是 args[0]的值若不属于整数的形式，将引发 NumberFormatException 类异常。

ArithmeticE6_1b 中第 17 行代码中 printStackTrace()方法是 Throwable 类的常用方法之一，现将这些方法的说明列举在表 6-5 中。

表 6-5 Throwable 类的常用方法

方 法 名 称	方 法 说 明
Sting getMessage()	返回对象的错误信息
String toString()	返回对象的简短描述信息
void printStackTrace()	输出对象的跟踪信息到标准输出流
void printStackTrace(PrintStream s)	输出对象的跟踪信息到输出流 s

【例 6-2】 try…catch…finally 结构举例。用以说明 finally 语句的作用。

程序代码如下：

```
1   class MP4
2   {
3       boolean action=false;
4       void  poweron(){action=true;}
5       void poweroff(){action=false;}
6   }
7   public class Exception6_2
8   {
9       static MP4 mp4=new MP4();
10      public static void main(String args[])
11      {
12          try
13          {
14              mp4.poweron();
15          }
16          catch(NullPointerException e)
17          {
18              System.out.println("NullPointerException");
19          }
```

```
20            catch(IllegalArgumentException e)
21            {
22                System.out.println("IllegalArgumentException");
23            }
24            finally
25            {
26                mp4.poweroff();
27                System.out.println("finally!无异常发生");
28            }
29        }
30    }
```

程序运行结果如下：

finally!无异常发生

程序分析如下：

第 26 行代码是利用 finally 块将 mp4.poweroff() 置于程序后部,以避免每个 catch 块中都出现此方法。一般在捕获异常较多而使代码重复书写时应用这种处理方式,当然系统资源的释放也存在于 finally 语句块中。

需要指出的是,因 finally 语句块并非必不可少,try…catch 于是成为了经常出现、使用的语句结构。

6.3.2 抛出异常

1. 抛出异常语句

Java 程序中,创建一个异常对象并把它送到运行系统的过程就是抛出异常。一般地,Java 中的异常都是由系统抽取出来的,但是程序员也可以自己通过 throw 语句抛出异常对象。throw 语句的语法格式如下:

throw new 异常类名(提示信息)

异常类名是指系统异常类名或者用户自定义的异常类名。提示信息可以用具有一定意义的字符串来表示,在 toString() 方法的返回值中将看到这些给定信息,如例 6-3 所示;也可不加任何提示,只写一对空括号。

【例 6-3】 抛出异常的 throw 语句举例。

程序代码如下:

```
1    public class Exception6_3
2    {
3        public static void main(String args[])
4        {
5            try
6            {
7                throw new NumberFormatException("throw 抛出了异常!");
8            }
```

```
9            catch(NumberFormatException e)
10           {
11               System.out.println("举例说明: "+e.toString());
12           }
13       }
14   }
```

程序运行结果如下:

举例说明: java.lang.NumberFormatException: throw 抛出了异常!

程序分析如下:

第 7 行代码通过 throw 语句抛出异常对象,并给出提示信息,由第 9～12 行代码完成异常处理。

2. 声明抛出异常语句

抛出异常操作有时考虑使用关键字 throws,其语法格式如下:

[方法修饰字] 返回类型 方法名(参数表) throws 异常类型表

例如,public void design() throws NullPointerException 就是通过 throws 语句抛出异常的例子。方法 design()有可能抛出一个 NullPointerException 类型的异常,一旦抛出后,异常处理的工作就交给 design()的调用者去完成。

【例 6-4】 throws 语句的使用举例。

程序代码如下:

```
1    public class Exception6_4
2    {
3        static void makeDecision() throws IllegalArgumentException
4        {
5            System.out.println("throws 抛出异常");
6            throw new IllegalArgumentException();
7        }
8        public static void main(String args[])
9        {
10           try
11           {
12               makeDecision();
13           }
14           catch(IllegalArgumentException e)
15           {
16               System.out.println("举例说明: "+e.toString());
17           }
18       }
19   }
```

程序运行结果如下:

throws 抛出异常

举例说明：`java.lang.IllegalArgumentException`

程序分析如下：

第 3 行代码声明抛出异常，第 12 行代码进行方法调用时抛出了异常，最终由第 14～17 行代码完成异常处理。

6.4　创建自己的异常类

Java 的内部异常可以处理大多数的一般错误，但是它们不一定能满足实际要求。编写程序时，往往还要创建用户自己的异常类。定义异常类，需要从已有的异常类继承，即所有自定义的异常都必须间接或直接地继承 Exception 类，其语法格式如下：

```
class 自定义异常类名 extends  Exception
{
    异常类体
}
```

【例 6-5】　Exception6_5.java 创建了自己的异常类。

程序代码如下：

```
1    class MyselfException extends Exception
2    {
3        private String name;
4        MyselfException(String me)
5        {
6            name=me;
7        }
8        public String toString()
9        {
10           return "This time Myself is:"+name;
11       }
12   }
13   public class Exception6_5
14   {
15       static void jump(String me) throws MyselfException
16       {
17           throw new MyselfException(me);
18       }
19       public static void main(String args[])
20       {
21           try
22           {
23               jump("小明");
24           }
25           catch(MyselfException e)
26           {
```

```
27                        System.out.println("举例说明："+e.toString());
28                  }
29           }
30   }
```

程序运行结果如下：

举例说明：This time Myself is:小明

程序分析如下：

第 1~12 行代码创建了自己的异常类；第 23 行代码调用 jump 方法，导致抛出了异常，类型为 MyselfException；第 25~28 行代码进行异常处理，e.toString()的返回值由自定义异常类中第 10 行代码确定。

习　题　6

一、选择题

1. （　）对象一般是 Java 中的严重问题。
   A. Throwable　　B. Exception　　C. Error　　D. 任何
2. （　）的异常处理不是 Java 中预定好的。
   A. ArithmeticException　　　　B. NullPointerException
   C. SecurityException　　　　　D. ArrayOutOfLengthException
3. （　）块可以用于释放系统资源。
   A. finally　　　　　　　　　　B. catch
   C. finally 或 catch　　　　　　D. 任意

二、简答题

1. 应用 Java 异常处理机制的程序有什么优点？
2. catch 模块的排列顺序对异常处理有什么影响？
3. throw 和 throws 有何不同？它们各自用在什么地方？
4. 在什么情况下需要自定义异常类？
5. 阅读以下 4 段程序，分别写出其运行结果。

(1) DemoException.java 源代码：

```
public class DemoException
{
    public static void main(String args[])
    {
        String day="123.78";
        cInt(day);
    }
    static void cInt(String dd)
    {
        int i=Integer.parseInt(dd);
```

```
        System.out.println(i);
    }
}
```

(2) DemoArithmException.java 源代码:

```java
public class DemoArithmException
{
    public static void main(String args[])
    {
        try
        {
            int z=0;
            int y=10;
            int x=y/z;
        }
        catch(NumberFormatException e)
        {
            System.out.println("Exception01");
        }
        catch(Exception e)
        {
            System.out.println("Exception02");
        }
        finally
        {
            System.out.println("finally!");
        }
    }
}
```

(3) DemothrowException.java 源代码:

```java
public class DemothrowException
{
    static void MySelf()
    {
        throw new IndexOutOfBoundsException();
    }
    public static void main(String args[])
    {
        try
        {
            MySelf();
        }
        catch(IndexOutOfBoundsException e)
        {
```

```
            System.out.println("下标越界!");
            System.out.println(e.toString());
        }
    }
}
```

(4) DemoMyException.java 源代码：

```
class MyException extends Exception
{
    private int detail;
    MyException(int a)
    {
        detail=a;
    }
    public String toString()
    {
        return "This time MyException is:"+detail;
    }
}
public class DemoMyException
{
    static void compute(int a) throws MyException
    {
        System.out.println("Called compute ("+a+")");
        if(a>5) throw new MyException(a);
        System.out.println("Normal exit");
    }
    public static void main(String args[])
    {
        try
        {
            compute(5);
            compute(100);
        }
        catch(MyException e)
        {
            System.out.println(e.toString());
        }
    }
}
```

三、编程题

1. 编写一个 Java 程序，测试一个对象在创建之前被使用而引发的异常。
2. 编写程序，输入一个学生的某门课程成绩。自定义异常类，当输入的成绩小于 0 或大于 100 时抛出异常，程序将捕获这个异常，并做出相应的处理。

3. 改写以下方法。要求方法自身不处理而仅仅抛出异常，由调用方法去处理异常。

```java
int aMethod(int c)
{
    try
    {
        int d=5/c;
        System.out.println(d);
    }
    catch(ArithmeticException e)
    {
        System.out.println(e.toString());
    }
}
```

第7章 Applet 程序

Java Applet(小程序)与前几章介绍的 Java Application(应用程序)有所不同,这主要在于 Applet 要嵌入网页文件中,运行时离不了小程序查看器或者浏览器的支持。围绕 Applet 的自身特点,本章将介绍 Applet 生命周期、HTML 中的 Applet 标记和应用示例等内容。

7.1 Applet 简介

7.1.1 Java Applet 说明

运行 Java Application 是通过 Java 解释器实施的。在输入命令

java 字节码文件名

之后,以 main()方法为入口开始执行。Java Applet 是在网络上被传输和装载的程序,通常嵌入到 HTML 文档,置于服务器端。当它被下载到本地机后,在用户端的浏览器或者小程序查看器(appletviewer)中运行。多数主流的浏览器如 Microsoft Internet Explorer(简称 IE)和 Netscape 都支持 Java Applet,它们本身包含了 Java 解释器。因此,当浏览器执行 HTML 时,就对嵌入其中的 Applet 解释执行。换句话说,计算机即使没有安装 JDK,也能在浏览器中运行嵌入了 Applet 的 HTML 文档。

限定系统安全性时,往往在浏览器中做出设定。浏览器通常禁止 Applet 程序的如下行为:

(1) 本机文件系统的读写操作;
(2) 调用本机的方法;
(3) 在运行过程中调用执行另一个程序;
(4) 与除服务器外的任何一台主机通信。

7.1.2 Applet 的形式及其类的层次

Java Applet 要继承于一个名为 Applet 的类,其语法格式如下:

```
import java.applet.Applet;
public class Example7_1 extends Applet
{
    ⋮
}
```

自定义的类 Example7_1 一定是 public 类型的,并且是 Applet 类的子类,故需要导入相应的包。Applet 类位于 java.applet 包,它继承于 java.awt.Panel 类,继承关系的层次如图 7-1 所示。Panel 类用于图形用户界面设计,作为子类的 Applet 类也可以看作是一种容

器,可以在 Applet 上添加组件,方便用户在 Web 页面中实施信息交互。另一方面,Applet 类是个可以运行的类,只要编写一个符合上述格式的 Applet 子类,编译成为字节码文件后嵌入到 HTML 文件中,就可以在浏览器中执行了。

图 7-1 Applet 类的层次关系

7.2 Applet 的生命周期和显示方法

7.2.1 Applet 的生命周期

与 Java Application 从 main()入口执行不同的是,Java Applet 的执行从构造方法开始,接着调用 Applet 的 init()方法和 start()方法,离开 Applet 所在页面时将调用 stop()方法,浏览器终止 Applet 时还要调用 destroy()方法。上述 4 个方法对应了 Applet 的生命周期 4 个状态:初始态、运行态、停止态和消亡态,如图 7-2 所示。以下对这些方法给出详细说明。

图 7-2 Applet 的生命周期

1. init()方法

当打开或刷新浏览器窗口时,Applet 对象被创建,便执行 init()方法,以实现 Applet 对象的初始化任务。它仅执行一次,用来获取 Applet 的运行参数、加载图像或图片等。

2. start()方法

init()方法执行完毕，就会调用 start()方法。start()方法作为 Applet 的主体，常用于启动动画或播放音乐一类的操作。调用 start()方法还存在其他情况，例如包含 Applet 的浏览器窗口最小化之后又恢复显示，或者从浏览器的另一个窗口切换回包含 Applet 的窗口。

3. stop()方法

浏览器暂停 Applet 运行时，就调用 stop()方法。例如，因切换 Web 页面从而隐藏起一个 Applet。当 Applet 中包含有线程或者具备播放音频、动画功能时，需要覆盖 start()方法和 stop()方法，进行启动和停止的控制。调用 start()方法执行启动线程、播放音频或动画的操作；调用 stop()方法则执行停止线程、停止播放的操作。

4. destroy()方法

当浏览器终止 Applet 时，调用 destroy()方法，以清除 Applet 占用的资源。在实际应用中，该方法很少被重载，因为一旦 Applet 运行结束，Java 系统会自动清除它所占用的变量空间等资源。

7.2.2 Applet 的显示方法

Applet 中有 3 个专门用于显示及刷新的方法，它们是 paint()、update()和 repaint()。使用浏览器刷新 Applet 中要被显示的内容时，通常要调用 paint()方法。该方法需要一个 java.awt.Graphics 类的实例作为它的参数，用以在 Applet 的相应区域绘图和显示文本。表 7-1 给出了 paint()等方法的调用及其说明。Applet 的显示及刷新由一个专门的 AWT 线程控制。在出现以下两种情况时，AWT 线程将会做出处理。

(1) 在初次显示 Applet，或者调整显示区域大小(最大化、最小化等)时，AWT 线程会自动调用 paint()方法或者 Applet 显示内容被其他窗口覆盖；当其他窗口移开或者关闭时，曾经覆盖的部分必须重画。这会致使 AWT 线程做同样的处理。

(2) Applet 的设计中要求重画显示区域，就要使用 repaint()方法通知系统改变显示内容。AWT 线程会自动调用 Applet 的 update()方法，update()方法再调用 paint()方法实现显示的更新。

表 7-1 Applet 类的显示方法

方法的调用格式	方法的使用说明
public void paint(Graphics g)	paint()方法是 Applet 容器中任何输出都必须使用的。它是由 AWT 线程自动调用而并非由程序完成的；paint()方法必须被重写以绘制指定内容。Graphics 类的对象 g 不是由 new 产生而是由系统生成的
public void repaint()	repaint()方法用于重绘图形，它通过调用 update()方法来实现。使用该方法时，程序首先清除 paint()方法以前所画的内容，然后再调用 repaint()
public void update(Graphics g)	update()方法用于更新 Applet 容器，刷新图形。通常先清除背景，再设置前景，接着调用 paint()方法绘制图形

AWT 线程自动处理中的 paint()、update()和 repaint()方法间的关系如图 7-3 所示。

图 7-3 paint()、update()和 repaint()方法间的关系

7.2.3 Applet 的编写与执行

【例 7-1】 设计一个简单的 Java Applet。

程序代码如下：

```
1       import java.applet.Applet;
2       import java.awt.Graphics;
3       public class HelloWorldApplet7_1 extends Applet
4       {
5            public String s;
6            public void init()
7            {
8                s=new String("Hello World");
9            }
10           public void paint(Graphics g)
11           {
12               g.drawString(s,25,30);
13           }
14      }
```

经过编译，由该源程序产生出字节码文件 HelloWorldApplet7_1.class，再用记事本编辑如下的 HTML 文件 Hello7_1.html：

```
<HTML>
<APPLET   CODE="HelloWorldApplet7_1.class"
WIDTH=280 HEIGHT=110>
</APPLET>
</HTML>
```

在 DOS 环境下，进入到保存上述文件的工作目录后，输入命令：

`appletviewer Hello7_1.html`

程序运行结果如图 7-4 所示。

图 7-4 Hello7_1.html 运行结果
（使用工具 appletviewer）

· 138 ·

在 Windows 环境下,打开文件夹找到 Hello7_1.html 后,双击文件名也能执行出该结果,但两种方法的显示界面略有不同。这种使用 IE 浏览器运行小程序的方式被普遍采用。

程序分析如下:

第 2 行代码使用 import 语句导入类 Graphics,以便 paint(Graphics g)方法引用;第 3 行代码中类 HelloWorldApplet7_1 继承 Applet,也就继承了该类的属性和方法,包括 paint()。第 6~9 行代码的功能是在小程序加载时完成初始化,并对变量赋初值。第 12 行代码的功能是在窗口中显示字符串"Hello World",其位置是距离窗口左上角水平向右 25 像素,垂直向下 30 像素。

在网页文件 Hello7_1.html 中

```
CODE="HelloWorldApplet7_1.class"
```

语句是告诉浏览器,需要运行的 Java 小程序的字节码文件是 HelloWorldApplet7_1.class 文件。代码 WIDTH=280 和 HEIGHT=110 定制了窗口显示区域的宽度和高度。

如果用 Eclipse 环境,则能够直接进行程序代码的编辑和运行(即不用编辑 HTML 文件),操作方法如图 7-5 所示,程序运行结果与图 7-4 相似,区别只在于窗口尺寸不同。

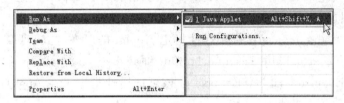

图 7-5　Eclipse 环境下运行 Applet 的操作示意图

7.3　HTML 中的 Applet 标记

Java Applet 要想执行必须将其字节码嵌入 HTML 文件,因此一般在 HTML 中定义如何调用 Applet,全部使用信息都定义在 HTML 文件中的一组特殊标记＜APPLET＞与＜/APPLET＞之间。以下是 HTML 文件中嵌入 Java Applet 的语法格式及其说明:

```
<HTML>
<APPLET
CODE=appletFile.class
WIDTH=pixels   HEIGHT=pixels
[CODEBASE=codebaseURL]
[ALT=alternateText]
[NAME=appletInstanceName]
[ALIGN=alignment]
[VSPASE=pixels] [HSPASE=pixels]
>
[<PARAM NAME=appletAttribute1 VALUE=value1>]
[<PARAM NAME=appletAttribute2 VALUE=value2>]
```

```
    :
</APPLET>
</HTML>
```

(1) CODE=appletFile.class：该属性是必选属性，提供了 HTML 文件中待嵌入的 Applet 字节码文件名。文件名也可以指定包名，但不能有路径名，即采用 package .appletFile.class 的格式。默认情况下，浏览器到 HTML 文件所在的服务器目录中查找该 Applet 文件，如要改变 Applet 文件默认的 URL，则要用到下面将提到的 CODEBASE 参数。

(2) WIDTH=pixels HEIGHT=pixels，这也是必选属性，它们提供了 Applet 显示区域的初始宽度和高度(用像素表示)。

(3) CODEBASE=codebaseURL：该属性是可选项。如果 Applet 文件与 HTML 文件不在同一个目录下，用此参数指定 Applet 文件的 URL。

(4) ALT=alternateText：该可选属性指定了当浏览器能读取 Applet 标记但不能执行 Java Applet 时要显示的文本，即如果一个浏览器不支持 Applet，当运行嵌入了 Applet 的页面文件时，alternateText 部分予以显示。

(5) NAME=appletInstanceName：该可选属性用来为 Applet 指定一个符号名称，这个名称可以在相同网页的不同 Applet 之间传递参数。

(6) ALIGN=alignment：该可选属性指定 Applet 的对齐方式，可取值为 left、right、top、texttop、middle、absmiddle、baseline、bottom 和 absbottom。

(7) VSPASE=pixels HSPASE=pixels：该可选属性指定了在 Applet 上下(VSPASE)及左右(HSPASE)的像素值。

(8) PARAM NAME=appletAttribute1 VALUE=value1：该可选属性为 Applet 指定参数，在 Applet 中可通过 getParameter( ) 方法得到相应参数。这一系列属性(appletAttribute2)的使用方法都相同。

注意，<APPLET>标记中的 CODE=appletFile.class、WIDTH=pixels 和 HEIGHT=pixels 这 3 项必须要有。如下的标记为最基本的形式：

```
<APPLET  CODE="Example.class"  WIDTH=100 HEIGHT=100>
</APPLET>
```

7.4　Applet 应用举例

【例 7-2】　设计一个 Java Applet 显示当前时间。

程序代码如下：

```
1    import java.applet.Applet;
2    import java.awt.Graphics;
3    import java.util.Date;
4    public class ShowtimeApplet7_2 extends Applet
5    {
6         public void paint(Graphics g)
```

```
7           {
8               g.drawString(new Date().toString(),35,35);
9           }
10      }
```

经过编译,由该源程序产生字节码文件 ShowtimeApplet7_2.class,再建立如下的 HTML 文件 Showtime7_2.html:

```
<HTML>
<APPLET CODE=" ShowtimeApplet7_2.class" WIDTH=300 HEIGHT=100>
</APPLET>
</HTML>
```

在 DOS 环境下,进入保存上述文件的工作目录后,输入命令:

appletviewer Showtime7_2.html

程序运行结果如图 7-6 所示。

程序分析如下:

第 3 行代码加载了 Date 类,第 8 行代码在 drawString()方法中创建了该类的对象,通过方法 toString()的调用,将当前时间信息显示出来。

图 7-6 Showtime7_2.html 运行结果

【例 7-3】 设计一个 Java Applet,画出一些基本图形。程序代码如下:

```
1       import java.applet.Applet;
2       import java.awt.Graphics;
3       public class PaintingApplet7_3 extends Applet
4       {
5           public void paint(Graphics g)
6           {
7               g.drawRect(50,60,170,160);
8               g.drawOval(55,65,160,150);
9               g.drawLine(50,60,220,220);
10          }
11      }
```

经过编译,由该源程序产生出字节码文件 PaintingApplet7_3.class,再编写 HTML 文件 Painting7_3.html:

```
<HTML>
<APPLET CODE="PaintingApplet7_3.class" WIDTH=300 HEIGHT=300>
</APPLET>
</HTML>
```

在 DOS 命令行输入命令:

```
appletviewer Painting7_3.html
```

程序运行结果如图 7-7 所示。

程序分析如下：

第 7 行代码 g.drawRect(50,60,170,160)的功能是绘制矩形。矩形左上角坐标为(50,60)，宽度为 170 像素，高度为 160 像素。第 8 行代码 g.drawOval(55,65,160,150)的功能是绘制椭圆，所绘椭圆是指定矩形的内切椭圆，即在左上角坐标为(55,65)以及宽度为 160 像素、高度为 150 像素的矩形内绘制内切椭圆。第 9 行代码 g.drawLine(50,60,220,220)的功能是绘制一条点(50,60)到点(220,220)的直线。

图 7-7　Painting7_3.html 运行结果

【例 7-4】　读取 Java Applet 参数举例。

在 HTML 文件中，由 PARAM NAME＝appletAttribute1 VALUE＝value1 系列标记为 Applet 指定参数。在 Java Applet 程序文件中使用 getParameter(String appletAttribute1)方法读取上述参数的值，此处的 String 类型参数 appletAttribute1 与 HTML 中待读取的那个参数名称是一致的。程序代码如下：

```
1    import java.applet.Applet;
2    import java.awt.Graphics;
3    public class MyAppletPara7_4 extends Applet
4    {
5        String str1,str2;
6        public void init()
7        {
8            str1=getParameter("Attrib1");
9            str2=getParameter("Attrib2");
10       }
11       public void paint(Graphics g)
12       {
13           g.drawString(str1,20,50);
14           g.drawString(str2,20,100);
15       }
16   }
```

经过编译，由该源程序产生出字节码文件 MyAppletPara7_4.class，再建立如下的 HTML 文件 MyApplet7_4.html：

```
<HTML>
<APPLET CODE="MyAppletPara7_4.class" WIDTH=200 HEIGHT=200>
<PARAM NAME=Attrib1   VALUE="Hello World">
<PARAM NAME=Attrib2   VALUE="Hello People">
</APPLET>
</HTML>
```

在 DOS 环境下,进入到保存上述文件的工作目录后,输入命令:

`appletviewer Hello7_1.html`

程序运行结果如图 7-8 所示。

程序分析如下:

在 HTML 文件中,＜APPLET＞和＜/APPLET＞标记之间指定的参数名称为 Attrib1 和 Attrib2,它们的值分别为"Hello World"和"Hello People"。在 Java Applet 程序文件中,第 8 和第 9 行代码将这两个值传送到字符串变量 str1 和 str2,第 13 和第 14 行代码通过 drawString()方法将参数值予以显示。

图 7-8 MyApplet7_4.html 运行结果

习 题 7

一、选择题

1. 下列方法在浏览器返回包含 Java Applet 的页面时被自动调用的是(　　)。
   A. start()　　　　B. destroy()　　　　C. stop()　　　　D. init()
2. Java Applet 使用 repaint()方法时,awt 包首先自动调用(　　)。
   A. repaint()　　　B. update()　　　　C. draw()　　　　D. paint()
3. 以下可以绘制直线的方法为(　　)。
   A. drawOval()　　B. drawRect()　　　C. drawLine()　　 D. 以上均不对

二、填空题

1. java.applet.Applet 类的父类是_____。
2. Java Applet 周期中的_____方法只执行一次,_____方法可被多次执行。
3. 用于显示信息和绘制图形(如直线、矩形等)的方法位于_____包中。

三、简答题

1. Java Applet 和 Java Application 存在哪些不同之处?
2. Java Applet 的生命周期有哪些状态组成?这些状态之间的关系如何?状态改变时将执行哪些方法?方法由谁调用?
3. Java Applet 如何获得 HTML 中设置的参数?
4. 阅读以下 Java Applet,写出它在 Eclipse 环境运行时小程序查看器中的显示结果。

```
import java.applet.Applet;
import java.awt.Graphics;
public class DemoPictApplet extends Applet
{
    public void paint(Graphics g)
    {
        g.drawRect(40,50,160,150);
        g.drawLine(40,220,200,220);
```

```
            g.drawString("Picture",100,130);
        }
    }
```

5. 阅读以下 Java Applet,首先写出它在 Eclipse 环境运行时小程序查看器中的显示结果。接下来最小化窗口,使它还原,然后窗口最大化。再写出经历这 3 个操作以后小程序查看器中的显示结果。

```
import java.applet.Applet;
import java.awt.Graphics;
public class DemoLifeApplet extends Applet
{
    String initnum="";
    String startnum="";
    String paintnum="";
    String stopnum="";
    String destorynum="";
    public void init()
    {
        initnum=initnum+"init"+" ";
    }
    public void start()
    {
        startnum=startnum+"start"+" ";
    }
    public void stop()
    {
        stopnum=stopnum+"stop"+" ";
    }
    public void paint(Graphics g)
    {
        paintnum=paintnum+"paint"+" ";
        String printstring=initnum+startnum+paintnum+stopnum+destorynum;
        g.drawString(printstring,50,50);
    }
    public void destory()
    {
        destorynum=destorynum+"destory"+" ";
    }
}
```

6. 阅读以下 Java Applet 源程序 DemoParaApplet.java,如果将它编译后产生字节码 DemoParaApplet.class,另行建立一个 DemoPara.HTML 文件,写出用 appletviewer.exe 执行此 HTML 文件的运行结果。

```
import java.applet.Applet;
```

```
import java.awt.Graphics;
public class DemoParaApplet extends Applet
{
    String str1,str2;
    String h1,h2;
    public void init()
    {
        h1=getParameter("Attrib1");
        h2=getParameter("Attrib2");
        str1="Zhang's height is: "+h1;
        str2="Liang's height is: "+h2;
    }
        public void paint(Graphics g)
    {
        g.drawString(str1,25,50);
        g.drawString(str2,25,100);
    }
}
```

HTML 文件如下：

```
<HTML>
<APPLET CODE="DemoParaApplet.class" WIDTH=250 HEIGHT=150>
<PARAM NAME=Attrib1   VALUE="1.75 ">
<PARAM NAME=Attrib2   VALUE="1.80">
</APPLET>
</HTML>
```

四、编程题

1. 编写 Java Applet 显示字符串，字符串及其显示位置通过 HTML 文件中的 PARAM 参数来传达。

2. 通过 Java Applet 在屏幕上绘制 30 条竖直方向的平行线，整条线段都在可视范围内。

第8章 图形用户界面

图形用户界面(Graphical User Interfaces,GUI)又叫用户接口,是指采用图形化方式显示应用程序的操作环境。图形用户界面通常是由菜单、工具栏、按钮等标准组件实现的,用户通过鼠标、键盘、触摸笔等外部设备操作界面中的组件,向计算机发出指令,软件系统执行操作后,将运行结果同样以图形的方式显示出来。GUI实现了人与计算机方便、有效的交互,目前已经成为面向用户应用程序的基本要求。图形用户界面开发在很多领域得到广泛应用,例如计算机操作系统、软件系统、手机移动通信产品、PDA产品、车载系统产品等。

一般而言,高级编程语言都提供对图形用户界面开发的支持。Java语言中提供了专门的类库,可以生成各种标准图形用户界面组件。这需要在编写程序代码时,导入java.awt.*和javax.swing.*等完成设计。由于Java语言与平台无关,各类库的GUI组件也具备平台无关性。

8.1 AWT 与 Swing

抽象窗口工具包(Abstract Window Toolkit,AWT)是Java开发工具包为建立图形用户界面提供的基础类,AWT可以用在Java语言所开发的Applet和应用程序中。AWT所支持的图形用户界面编程功能包括用户界面组件;事件处理模型;图形和图像工具,包括形状、颜色和字体类;布局管理器,可以进行灵活的窗口布局且与特定窗口的尺寸和屏幕分辨率无关;数据传送类,可以通过本地平台的剪贴板来进行剪切和粘贴。

Swing也是Java语言实现图形用户界面的类库,它在技术上比AWT前进了一大步。从组件类型上来说,AWT是Java语言支持的各个平台所有组件集合的交集,而Swing在AWT的基础上,具有更多、更丰富的组件。从API的使用来说,Swing和AWT是兼容的。

使用Java语言开发图形用户界面,无论是采用AWT还是Swing技术,首先应该导入相应的类库,然后创建对象并设置变量,接着调用对象的相应方法,最终完成程序的设计。这个过程中,所用到的类很多表现为图形用户界面的组成元素,例如标签、按钮、文本框等。从功能上,可以将这些元素分为两种:组件(Component,也称控件)和容器(Container)。组件是图形用户界面中独立的元素,可以响应用户的操作;而容器是专门用来容纳组件的。通常,一个容器中可以放置多个不同种类的组件,设计人员可以在容器中对组件进行组织排列,这项工作称为布局管理。

8.1.1 AWT 概述

AWT是Java语言中最早用于编写图形用户界面应用程序的开发类库。其优点是简单、稳定,兼容于任何一个JDK版本;缺点是依赖于本地操作系统,缺乏平台独立性。也就是说,由于AWT组件与本地平台操作系统的图形用户界面绑定,因此用AWT组件创建的图形界面在不同的操作系统中会有不同的外观。

开发图形用户界面时,首先要创建容器,然后在容器中放置合适的组件。在应用程序中,这个容器可以是一个 Frame 窗口,而小应用程序中,这个容器可以是 Applet 窗口。容器中可以放置的组件有标签(Label)、文本框(TextField)、按钮(Button)、文本区域(TextArea)、单选按钮(Checkbox)、复选按钮组(CheckboxGroup)、下拉列表(Choice)、列表(List)、菜单(Menu)等。组件名称后括号内的英文单词是该组件在 AWT 包中的类名。AWT 包中类的关系如图 8-1 所示。

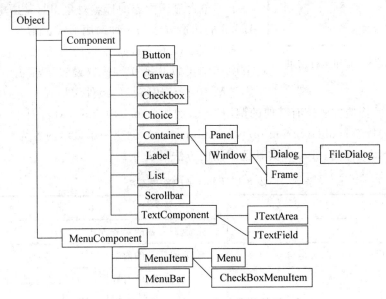

图 8-1 java.awt.* 包中类的关系

8.1.2 AWT 的基本组件

1. Label

Label 是 AWT 安装包中用于创建标签的类,标签组件经常用于显示一行文本,并且文本的内容只能在程序中设置和更改,用户不能在图形界面中修改。

【例 8-1】 编写一个 Java Applet,要求显示一个标签。标签中的文本为"这里是个 AWT 的标签!"。

程序代码如下:

```
1    import java.awt.*;
2    import java.applet.*;
3    public class ExampleLabel8_1 extends Applet
4    {
5        Label lbl=new Label ();
6        public void init ()
7        {
8            this.setLayout(new FlowLayout());
9            lbl.setText("这里是个 AWT 的标签!");
10           this.add(lbl);
```

```
11        }
12        public void paint(Graphics g) { }
13   }
```

图 8-2 例 8-1 程序运行结果

程序运行结果如图 8-2 所示。

程序分析如下：

第 1 行代码引入了 AWT 包。第 5 行代码创建了一个不包含显示内容的标签对象 lbl，其中 Label() 是类 Label 的构造方法的一种调用形式。第 8 行代码设置了布局为 FlowLayout，有关布局管理器的使用将在 8.3 节中详细讲解。第 9 行代码设置了标签中要显示的内容。第 10 行代码将标签组件添加到了小应用程序中。

Label 类的构造方法还有其他的调用形式，例如 Label(String text)，创建一个显示内容由 text 说明的标签；Label(String text, int alignment)，创建一个显示内容为 text，且对齐方式为 alignment 的标签。Label 类其他常用的方法见表 8-1。

表 8-1 Label 类的常用方法

方　　法	功　　能
int getAlignment()	返回标签的对齐方式
String getText()	返回标签的内容
void setAlignment(int alignment)	设置标签的对齐方式，可以是下面 3 种方式： 0 表示左对齐 Label.LEFT； 1 表示居中 Label.CENTER； 2 表示右对齐 Label.RIGHT
void setText(String text)	设置标签的显示内容为 Text 的值

2. TextField

TextField 是 AWT 包中用于创建文本框的类，文本框组件通常用于接收用户输入的文本，并显示这行文本。

【例 8-2】 编写一个 Java Applet，要求显示一个标签和一个文本框。标签用于提示用户可以输入的内容，文本框用于接收用户的输入。

程序代码如下：

```
1    import java.awt.*;
2    import java.applet.*;
3    public class ExampleTextField8_2 extends Applet
4    {
5        TextField txtLanguage=new TextField(30);
6        Label lblLanguage=new Label("你知道的编程语言有");
7        public void init ()
8        {
9            this.setLayout(new FlowLayout());
10           this.add(lblLanguage);
```

```
11            this.add(txtLanguage);
12        }
13        public void paint(Graphics g) { }
14    }
```

程序运行结果如图 8-3 所示,用户在文本框中输入了"Java"。

程序分析如下:

第 5 行代码调用 TextField 类的构造方法 TextField(int columns),创建了一个列宽为 30 的文本框对象 txtLanguage。第 11 行代码将文本框组件添加到了小应用程序中。用户可以在文本框中输入一串字符。

图 8-3 例 8-2 程序运行结果

TextField 类的构造方法还有其他的调用形式,例如:TextField()用于创建一个不显示任何内容的文本框;TextField(String text)用于创建一个显示内容为 text 的文本框,TextField(String text,int columns)用于创建一个显示内容为 text,列宽为 columns 的文本框。TextField 类其他常用的方法见表 8-2。

表 8-2 TextField 类的常用方法

方　　法	功　　能
char getEchoChar()	获得文本框的掩码
int getColumns()	获得文本框的列宽
String getText()	获得文本框的显示内容
void setColumns(int columns)	设置文本框的列宽
void setEchoChar(char c)	设置文本框的掩码。例如设置为"*",则用户输入的每一个字符会被"*"替代后显示出来
void setText(String t)	返回文本框的显示内容

总结上面的例子可知,使用 AWT 创建简单的图形用户界面小应用程序,有 3 个步骤:

(1) 创建容器,这里使用的是 Applet 小应用程序窗口;

(2) 调用 AWT 所提供的类相应的构造方法来创建组件对象 compont;

(3) 在 init()方法中设置布局,并使用 this.add(compont)在小应用程序中添加组件。

除了 Label 和 TextField,AWT 还有很多组件,例如按钮、单选按钮、复选按钮组、下拉列表、列表、菜单等。设计图形用户界面,除了要完成用户界面里容器和组件的规划设计,还要编写代码响应用户所执行的操作,这部分任务属于 Java 语言中的事件编程。在 8.2 节会在介绍事件处理的基础上,深入介绍 AWT 常用组件的使用方法。

8.1.3 Swing 概述

Swing 和 AWT 都是 Java 语言中实现图形用户界面的类库,两者都是 JFC(Java Foundation Classes,Java 语言基础类库)的重要组成部分。

从实现效果来说,使用 Swing 开发的软件产品,运行在 Microsoft Windows、Mac OS X、Linux 等操作系统上,都能呈现出一致的图形外观。

从技术角度来说，Swing 比 AWT 前进了一步。这是因为为了使软件开发人员能够像装配零件一样开发图形用户界面，Java 语言设计者提出了被称为 JavaBeans 的软件构件模型，它采用纯 Java 语言编写、独立于平台、可移植的标准化模式，开发者只要一次编写可重用的组件、容器等，就可以跨平台多次运行。

Swing 本质上是基于 JavaBeans 的图形用户界面开发技术，也就是说，一个一个的 Swing 组件，例如标签(JLabel)、按钮(JButton)、菜单类(JMenuBar)等，可以随时任意组装，这就大大提高了软件开发的可复用性。可以看到，Swing 中的大多数组件都是 AWT 组件中已有的，只是在名称前面加了一个 J 字母，也就是说 Swing 组件是 AWT 组件的扩展，是围绕着一个名为 JComponent 的新组件类构建的。使用 Swing 技术开发的应用程序，可以在支持 JavaBeans 的任何开发环境中使用。由于 Swing 使用了 JavaBeans 模型，它不但使用轻量级的组件替代了 AWT 中的重量级的组件，而且 Swing 的组件中都包含有一些其他特性。例如，Swing 按钮可以显示图标和文本，而 AWT 按钮只能显示文本。

8.1.4　AWT 与 Swing 的区别

AWT 和 Swing 都是 Java 语言所提供的用来开发图形界面应用的类库。两者的区别主要有以下几个方面：

从产生历史上来说，AWT 是 Java 最早的用于编写 GUI 的开发包，而 Swing 是"AWT 的升级版"，是为了解决 AWT 存在的问题而新开发的包。

从功能上来说，AWT 中组件的功能相对简单，而 Swing 组件能够实现更强的功能，主要表现如下。

(1) Swing 按钮类和标签类除了显示文本标题外，还可以显示图形标题。
(2) Swing 容器可以自由美化，通过重写 Swing 组件的方法可以改变其外观和行为。
(3) Swing 组件可以自动适应操作系统的外观，而 AWT 组件总是保持相同的外观。
(4) Swing 更加强调容器的概念，在顶层容器中不能直接加入组件。

对于初学者，要在 AWT 的基础上学好 Swing，应该注意以下 3 点。

(1) AWT 是基础，应该在掌握 AWT 常用组件的基础上学习 Swing 中标准的组件和容器。在大多数情况下，在 AWT 组件前加"J"即表示 Swing 组件，但是 Swing 也有一些新增的特殊组件，如树(JTree)、表格(JTable)等。

(2) Swing 使用与 AWT 相同的事件模型。处理 Swing 中的事件，除了使用 java.awt.event 包外，还要用到 javax.swing.event 包。

(3) 不提倡将 Swing 组件和 AWT 组件混用。因为 Swing 组件可能会被 AWT 组件遮挡起来。

8.2　事件处理

事件表达了系统、应用程序及用户之间的动作和响应。利用事件处理机制可以实现用户与程序之间的交互。换句话说，一旦应用程序具备了事件处理的能力，用户就可以通过输入文本，单击按钮或执行特定菜单命令等操作，向应用程序发送相关的消息；程序通过事件监听器对象，捕获到用户激发的消息，并对此做出积极响应，执行相关的事件处理方法，达到完成预定任务的目的。

8.2.1 Java 中的事件处理机制

Java 语言自 JDK 1.1 之后,确定了"事件源-事件监听者"的模型。引发事件的对象称为事件源,接收并处理事件的对象被称为事件监听者,无论 Application 还是 Applet,都采用了这样的事件处理机制,其处理过程如图 8-4 所示。

在事件处理的过程中,对象(指组件)本身没有用成员方法来处理事件,而是将事件委托给事件监听器处理。如果希望对事件进行处理,需要调用事件源的注册方法把事件监听器注册给事件源。当用户执行操作,事件源发生事件时,事件监听器就通知事件处理器对事件进行处理。也就是说,事件源委托事件监听器,由其代为触发事件处理器。这种事件处理过程也被称为委托型事件处理模式。需要注意的是,事件监听器通常可以是一个自定义类或其他容器,例如 Frame。它们本身没有处理方法,而是需要使用事件接口中的事件处理方法。因此,事件监听者必须实现事件接口。

图 8-4 事件处理机制

在 Java 语言中,AWTEvent 类是所有事件类的最上层,它继承自 java.util.EventObject 类,而 java.util.EventObject 又继承自 java.lang.Object 类。

可以把事件类大致分为两种:语义事件(semantic events)与底层事件(low-level events)。语义事件直接继承自 AWTEvent,例如 ActionEvent、AdjustmentEvent、ComponentEvent 等。底层事件则是继承自 ComponentEvent 类,例如 ContainerEvent、FocusEvent、WindowEvent、InputEvent 等。AWT 中事件类的关系如图 8-5 所示。

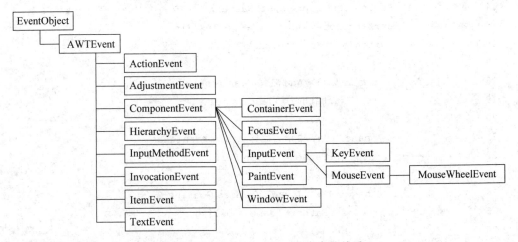

图 8-5 java.awt.event.* 包中类的关系

使用事件处理机制编写图形用户界面程序的基本方法如下。

(1) 在程序首部添加代码行 import java.awt.event.*。这个包专门用来实现 AWT 组件的事件处理。

（2）实现事件监听者的接口。方法是对事件处理者增加声明 implements ??? Listener()。这里，???表示事件所对应的接口。

（3）编写代码实现事件所对应的接口中的全部方法。

（4）设置事件的监听者。方法是事件源.add???Listener()。

以文本框组件 TextField 为例，当用户在其中执行了输入文本的动作，触发的事件之一是 ActionEvent，该事件对应的接口是 ActionListener，这个接口中只有一个方法 actionPerformed(ActionEvent e)需要编写代码实现。

【例 8-3】 编写一个 Java Applet，要求能够响应用户在文本框中执行的键盘输入事件，即定义一个事件监听类，当用户在文本框中输入文本时，一旦通过键盘输入回车符，就响应这个事件。

程序代码如下：

```
1    import java.awt.*;
2    import java.applet.*;
3    import java.awt.event.*;
4    public class ExampleTextFieldEvent8_3 extends Applet
5    {
6        TextField txtLanguage=new TextField(30);
7        TextField txtFather=new TextField(30);
8        Label lblLanguage=new Label("编程语言");
9        Label lblFather=new Label("创始之人");
10       class LanguageHandle implements ActionListener
11       {
12           public void actionPerformed(ActionEvent e)
13           {
14               String strLanguage,strFather;
15               strLanguage=txtLanguage.getText();
16               switch(strLanguage.charAt(0))
17               {
18                   case 'A'://Ada 之父 Jean Ichbiah
19                       strFather="Jean Ichbiah .";
20                       break;
21                   case 'C'://C 语言宗师 Brain Kernighan
22                       strFather="Brain Kernighan .";
23                       break;
24                   case 'J'://Java 之父 James Gosling
25                       strFather="James Gosling .";
26                       break;
27                   default:
28                       strFather="???  难倒我了!";
29                       break;
30               }
31               txtFather.setText(strLanguage+"语言之父是"+strFather);
```

```
32                }
33           }
34           public void init()
35           {
36                this.setLayout(new FlowLayout());
37                this.add(lblLanguage);
38                this.add(txtLanguage);
39                txtLanguage.addActionListener(new LanguageHandle());
40                this.add(lblFather);
41                this.add(txtFather);
42           }
43           public void paint(Graphics g) { }
44      }
```

程序运行结果如图 8-6 所示。

程序分析如下:

第 3 行代码引入了 AWT 处理事件的包。第 10~33 行代码,定义了 LanguageHandle 类,用来监听文本框的事件,注意第 10 行代码声明 implements ActionListener 以示该类实现了事件的接口 ActionListener。第 12~32 行代码是具体的对接口中方法 actionPerformed (ActionEvent e)的编程,利用 switch 分支判断语句,响应用户在文本框中的不同输入。第 39 行代码调用 addActionListener 方法,设置文本框对象 txtLanguage

图 8-6 例 8-3 程序运行结果

的监听者是 LanguageHandle 类的对象。例如,用户在文本框中输入"Java",按 Enter 键触发事件 ActionEvent,LanguageHandle 对象监听到事件,应用程序将自动调用方法 actionPerformed(ActionEvent e)进行处理。

例 8-3 是一种显式声明监听事件类的编程风格。还可以将监听者的设置及处理都放置在参数表中,删去第 10~33 行代码,将第 39 行代码改为如下代码:

```
txtLanguage.addActionListener(new ActionListener(){
public void actionPerformed(ActionEvent e){…}          //省略号表示第 12~32 行代码
});
```

ActionEvent 事件类常用的方法见表 8-3。

表 8-3 ActionEvent 类的常用方法

方 法	功 能
int getModifiers()	返回动作事件相应按键的值
long getWhen()	返回动作事件发生的时间戳
Object getSource()	返回事件源对象,该方法继承自 java.util.EventObject
String getActionCommand()	返回事件源所对应组件中相应的标签字符串
String paramString()	返回可以标识动作事件的字符串参数

8.2.2 键盘事件

前面的 ActionListener 接口只有一个方法。如果接口中有多个方法,就需要使用适配器来简化编程。适配器也是一个类,为其对应的接口的每个方法提供一个默认方法,通常是不做任何处理的空方法。这样一来,可以简单地继承适配器,或者对需要覆盖的方法进行代码重写,而不必对接口中的每个方法都用代码实现。

下面以键盘事件为例说明适配器的使用。键盘事件 KeyEvent 涉及的接口是 KeyListener,该接口相应的适配器是 KeyAdapter。接口 KeyListener 有 3 个方法。

1. 某个键被按下时触发的事件

void keyPressed(KeyEvent e);

2. 某个键被抬起释放时触发的事件

void keyReleased(KeyEvent e);

3. 某个键被按下又抬起释放时触发的事件

void keyTyped(KeyEvent e);

【例 8-4】 编写一个 Java Applet,要求能够响应用户在文本框所执行的键盘输入事件,每当用户敲击键盘完成一次输入,就响应键盘事件。

程序代码如下:

```
1    import java.awt.*;
2    import java.applet.*;
3    import java.awt.event.*;
4    public class ExampleKeyAdapter8_4 extends Applet
5    {
6        TextField txtMan=new TextField(30);
7        TextField txtMachine=new TextField(30);
8        Label lblMan=new Label("用户输入");
9        Label lblMachine=new Label("机器人说");
10       public void init()
11       {
12           this.setLayout(new FlowLayout());
13           this.add(lblMan);
14           this.add(txtMan);
15           txtMan.addKeyListener(new TextFieldKeyListener());
16           this.add(lblMachine);
17           this.add(txtMachine);
18       }
19       class TextFieldKeyListener extends KeyAdapter
20       {
21           public void keyTyped(KeyEvent e)
22           {
23               txtMachine.setText(txtMan.getText());
```

```
24              }
25          }
26          public void paint(Graphics g) {}
27      }
```

程序运行结果如图 8-7 所示。

程序分析如下:

第 19～25 行代码定义了 TextFieldKeyListener 类,并声明该类实现了 KeyAdapter 接口中的一个方法 keyTyped(KeyEvent e),作为适配器监听文本框的键盘输入事件。第 15 行代码调用 addKeyListener 方法设置文本框对象 txtMan 的键盘事件监听者,是一个新创建的 TextFieldKeyListener 类的对象。例如,用户在文本框 txtMan 中输入"早上好",监听到键盘事件后,则适配器响应,在文本框 txtMachine 中显示"早上好"。

图 8-7 例 8-4 程序运行结果

KeyEvent 事件比较复杂,常用的方法见表 8-4。例如,按 A 键,getKeyChar()方法返回值为'a';按住 A 键同时按下 Shift 键,getKeyChar()方法返回值为'A',getKeyModifiersText()方法获得 Shift,getKeyText()方法获得 A。

表 8-4 KeyEvent 类的常用方法

方　　法	功　　能
char getKeyChar()	返回触发键盘事件的字符
int getKeyCode()	返回触发键盘事件的字符的编码
static String getKeyModifiersText(int modifiers)	获取输入的功能键
static String getKeyText(int keyCode)	返回与事件相关的字符

在此特别说明,如果用户输入的是组合键,也可以使用 InputEvent 类的 SHIFT_MASK、CTRL_MASK、META_MASK 和 ALT_MASK 属性来检查由方法 getModifiers() 返回的修饰键。

例如,下面的代码段检查事件发生时 Alt 键是否被按下:

```
InputEvent e;
if((e.getModifiers() & InputEvent.ALT_MASK)!=0)
    {//Alt 键被按下}
```

此外,InputEvent 类还定义了更为简捷的方法来检测哪个修饰键被按下:

```
public boolean isShiftDown();
public boolean isControlDown();
public boolean isMetaDown();
```

因此,下面的程序段同样可以检测事件发生时 Alt 键是否被按下:

```
InputEvent e;
if(e.isAltDown())
```

{//Alt键被按下}

KeyEvent类中定义了许多常量来代表不同的键,常用的键码见表8-5。

表8-5 KeyEvent类的键码

键码	键	键码	键
static int VK_LEFT	向左箭头键	static int VK_ENTER	回车键
static int VK_RIGHT	向右箭头键	static int VK_BACK_SPACE	退格键
static int VK_UP	向上箭头键	static int VK_ESCAPE	Esc键
static int VK_DOWN	向下箭头键	static int VK_SPACE	空格键
static int VK_END	End键	static int VK_0 ⋮ static int VK_9	代表ASCII码 '0'~'9'(0x30~0x39)
static int VK_HOME	Home键		
static int VK_PAGE_DOWN	向后翻页键		
static int VK_ PAGE_UP	向前翻页键	static int VK_A ⋮ static int VK_Z	代表ASCII码 'A'~'Z'(0x41~0x5A)
static int VK_PRINTSCREEN	打印屏幕键		
static int VK_INSERT	插入键		
static int VK_DELETE	删除键	static int VK_F1 ⋮ static int VK_F12	功能键F1~F12
static int VK_PLUS	符号+		
static int VK_DOLLAR	符号$		

8.2.3 鼠标事件

当单击鼠标以及拖动鼠标或滚动鼠标滑轮时,则发生鼠标事件。MouseEvent事件类常用的方法见表8-6。其中,getModifiers()继承于类 InputEvent,getSource()继承于类 EventObject,在判断鼠标的左键或右键时,可以使用InputEvent类中的常量 BUTTON1_MASK 来表示左键,常量 BUTTON3_MASK 来表示右键。例如,下面的代码可以用来判断是否按下了鼠标左键:

```
if (e.getModifiers()==InputEvent.BUTTON1_MASK)
```

编写处理鼠标事件的程序,通常需要实现两个接口:MouseListener 和 MouseMotionListener。

表8-6 MouseEvent类的常用方法

方法	功能
int getClickCount()	获得发生此事件的鼠标按键被单击的次数
int getX()	获得发生此事件时鼠标的x坐标
int getY()	获得发生此事件时鼠标的y坐标
Object getSource()	获取发生此事件的事件源
int getModifiers()	获取鼠标的左键或右键

1. MouseListener 接口

要编写对鼠标移动事件的处理,需要实现 MouseListener 接口,具体而言,MouseListener

接口要实现的方法有 5 个：
（1）public abstract void mousePressed(MouseEvent e);
（2）public abstract void mouseReleased(MouseEvent e);
（3）public abstract void mouseEntered(MouseEvent e);
（4）public abstract void mouseExited(MouseEvent e);
（5）public abstract void mouseClicked(MouseEvent e)。

其中，mousePressed()和 mouseReleased()方法指示鼠标按钮的按下和释放；如果用户不希望跟踪按钮被按下和被释放的时间，则可以使用 mouseClicked()方法，表示当鼠标按钮被按下后又被释放时调用；当鼠标进入部件区域时调用 mouseEntered()方法；当鼠标从部件区域离开时调用 mouseExited()方法。

MouseListener 接口的适配器为类 MouseAdapter，这样就可以利用实现 MouseListener 接口的方法或继承 MouseAdapter 适配器的方法来处理 MouseEvent 事件。

【例 8-5】 编写一个 Java Applet，要求能够响应鼠标的不同动作，并用标签显示。
程序代码如下：

```
1    import java.awt.*;
2    import java.applet.*;
3    import java.awt.event.*;
4    public class ExampleMouseListener8_5 extends Applet
5    {
6        Label lblMouseLocation=new Label("鼠标位置在：**********************");
7        public class MouseHandle implements MouseListener
8        {
9            public void mousePressed(MouseEvent e)
10           {
11               lblMouseLocation.setText("鼠标按下,位置是"+e.getX()+", "+e.getY());
12           }
13           public void mouseReleased(MouseEvent e)
14           {
15               lblMouseLocation.setText("鼠标松开,位置是"+e.getX()+", "+e.getY());
16           }
17           public void mouseEntered(MouseEvent e)
18           {
19               lblMouseLocation.setText("鼠标进来,位置是"+e.getX()+", "+e.getY());
20           }
21           public void mouseExited(MouseEvent e)
22           {
23               lblMouseLocation.setText("鼠标离开");
24           }
25           public void mouseClicked(MouseEvent e)
26           {
27               if (e.getClickCount()==2)
28                   lblMouseLocation.setText("鼠标双击,位置是"+e.getX()+", "+e.getY());
```

```
29              }
30          }
31          public void init()
32          {
33              this.setLayout(new FlowLayout());
34              this.add(lblMouseLocation);
35              this.addMouseListener(new MouseHandle());
36          }
37          public void paint(Graphics g) {  }
38      }
```

程序运行结果如图 8-8 所示。

程序分析如下:

第 7～30 行代码定义了 MouseHandle 类,并声明该类实现了 MouseListener 接口中的 5 个方法,监听 Applet 应用程序中的鼠标事件,捕获鼠标事件后,将相应信息显示在标签对象 lblMouseLocation 中。第 35 行

图 8-8 例 8-5 程序运行结果

代码调用 addMouseListener 方法设置 Applet 对象作为鼠标事件的监听者。需要注意的是,鼠标位置的坐标系原点在小应用程序的左上角,垂直向下为 Y 方向,水平向右为 X 方向。

如果采用继承 MouseAdapter 适配器的编程风格,可以将第 7 行代码改为

```
public class MouseHandle extends MouseAdapter
```

2. MouseMotionListener 接口

要编写对鼠标单击拖动事件的处理,需要实现 MouseMotionListener 接口,具体而言,该接口要实现的方法有两个。

(1) 鼠标按钮按下的同时移动鼠标:public abstract void mouseDragged(MouseEvent e)。

(2) 鼠标被移动但鼠标按钮未被按下:public abstract void mouseMoved(MouseEvent e)。

MouseMotionListener 接口的适配器为类 MouseMotionAdapter,同样可以利用实现 MouseMotionListener 接口的方法或继承 MouseMotionAdapter 适配器的方法来处理 MouseMotionEvent 事件。

【例 8-6】 编写一个 Java Applet,要求能够响应鼠标事件,当鼠标拖动时,以小的实心圆点形成拖动轨迹。

程序代码如下:

```
1   import java.awt.*;
2   import java.applet.*;
3   import java.awt.event.*;
4   public class ExampleMouseMotionListener8_6 extends Applet implements
    MouseMotionListener
5   {
6       int y=-1;
7       int x=-1;
8       public void init()
```

```
9        {
10           addMouseMotionListener(this);
11       }
12       public void mouseDragged(MouseEvent e)
13       {
14           x=e.getX();
15           y=e.getY();
16           repaint();
17       }
18       public void mouseMoved(MouseEvent e) { }
19       public void update(Graphics g)
20       {
21           paint(g);
22       }
23       public void paint(Graphics g)
24       {
25           if (x!=-1 && y!=-1)
26           {
27               g.setColor(Color.red);
28               g.fillOval(x,y,3,3);
29           }
30       }
31   }
```

程序运行结果如图 8-9 所示。按住鼠标左键并拖动写字符 Java。

程序分析如下：

第 4 行代码声明 ExampleMouseMotionListener 类实现了 MouseMotionListener 接口，该接口有两个方法 mouseDragged() 和 mouseMoved()，要分别用代码实现。第 10 行代码注册小应用程序的监听器。第 12～17 行代码声明 mouseDragged() 方法，表示当鼠标按钮

图 8-9 例 8-6 程序运行结果

按下并拖曳时，获取鼠标位置并调用 repaint() 方法，该方法可以产生类似动画的绘制效果。第 18 行代码声明 mouseMoved() 方法，虽然是一个空方法，但是不能缺少。第 25 行代码判断鼠标是否在小应用程序的 Applet 容器内，如果在，用红色实心小圆点绘出鼠标位置。

8.2.4 其他常用事件

在 Java 语言中，与按钮、单选按钮、复选按钮组、下拉列表、列表、菜单等组件相关的大多是一些语义事件，常用的语义事件见表 8-7。

下面，介绍不同的 AWT 组件及相应语义事件的使用方法。

1. Button

Button 是 AWT 包中用于创建按钮的类，可以显示一个带文本标签的按钮，通常这个按钮还需要响应用户的动作事件。

表 8-7 常用语义事件

事件名称	事件说明	事件源组件	监听器接口	接口的抽象方法
ActionEvent	动作事件	Button TextField ComboBox Timer	ActionListener	actionPerformed(ActionEvent e)
AdjustmentEvent	调整事件	ScrollBar	AdjustmentListener	adjustmentValueChanged (AdjustmentEvent e)
ItemEvent	选项事件	Checkbox RadioButton Choice List	ItemListener	itemStateChanged(ItemEvent e)
TextEvent	文本事件	TextField TextArea	TextListener	textValueChanged(TextEvent e)

【例 8-7】 编写一个 Java Applet，要求显示一个按钮，当用户在文本框中输入文本后单击按钮时，响应用户的单击动作，在另一个文本框中输出。

程序代码如下：

```
1    import java.awt.*;
2    import java.applet.*;
3    import java.awt.event.*;
4    public class ExampleButton8_7 extends Applet
5    {
6        TextField txtMan=new TextField(25);
7        TextField txtMachine=new TextField(25);
8        Label lblMan=new Label("用户输入");
9        Label lblMachine=new Label("机器人说");
10       Button btnOK=new Button("开始对话");
11       public void init()
12       {
13           this.setLayout(new FlowLayout());
14           this.add(lblMan);
15           this.add(txtMan);
16           this.add(lblMachine);
17           this.add(txtMachine);
18           this.add(btnOK);
19           btnOK.addActionListener(new ButtonHandle());
20       }
21       class ButtonHandle implements ActionListener
22       {
23           public void actionPerformed(ActionEvent e)
24           {
25               if(e.getSource()==btnOK)
26                   txtMachine.setText("呵呵,"+txtMan.getText()+",我们做个
```

```
          朋友吧!");
27            }
28       }
29       public void paint(Graphics g) {   }
30  }
```

程序运行结果如图 8-10 所示。用户在第一个文本框中输入文本字符"你好",单击按钮后,第二个文本框的输出为"呵呵,你好,我们做个朋友吧!"。

程序分析如下:

第 10 行代码调用类的构造方法 Button(String s),创建了一个标签文本为"开始对话"的按钮对象 btnOK。

图 8-10 例 8-7 程序运行结果

第 21~28 行代码自定义了一个类 ButtonHandle,该类实现了 ActionListener 接口的 actionPerformed(ActionEvent e)方法,其中第 25 行代码调用动作事件的 getSource()方法,获取事件源以便判断引发事件的对象是不是 btnOK。第 18 行代码将按钮组件对象 btnOK 添加到了小应用程序中。第 19 行代码调用 addActionListener()方法,为 btnOK 设置了事件监听。

Button 类还有其他常用的方法,见表 8-8。

表 8-8 Button 类的常用方法

方　　法	功　　能
Button()	创建一个没有标签的按钮
Button(String label)	创建一个显示内容为 label 的按钮
String getLabel()	获得按钮上显示的标签
void setLabel(String label)	设置按钮上显示的标签
void addActionListener(ActionListener l)	设置按钮动作事件的监听器

2. TextArea

TextArea 是 AWT 包中用于创建多行文本框的类,它的用法与 TextField 相同,常用的方法见表 8-9。

表 8-9 TextArea 类的常用方法

方　　法	功　　能
TextArea()	创建一个空的多行文本框
TextArea(int rows, int columns)	创建一个 rows 行,columns 列的空的多行文本框
TextArea(String text)	创建一个显示内容为 text 的多行文本框
TextArea(String text, int rows, int columns)	创建一个 rows 行,columns 列,显示内容为 text 的多行文本框
TextArea(String text, int rows, int columns, int scrollbars)	创建一个显示内容为 text,rows 行,columns 列的,并且带有滚动条的多行文本框
void append(String str)	在多行文本框原有文本之后追加 str 的内容

续表

方法	功能
void insert(String str, int pos)	在多行文本框文本指定位置 pos 插入 str 的内容
void replaceRange(String str, int start, int end)	将多行文本框指定范围的文本替换为 str 的内容，范围的索引标识为 start 到 end
void setColumns(int columns)	设置多行文本框的列数为 columns
void setRows(int rows)	设置多行文本框的行数为 rows

【例 8-8】 编写一个 Java Applet，要求添加一个多行文本框，并能响应用户在文本框中的输入事件以及按钮的单击事件。

程序代码如下：

```
1     import java.awt.*;
2     import java.applet.*;
3     import java.awt.event.*;
4     public class ExampleTextFieldTextArea8_8 extends Applet
5     {
6         int i=0;
7         TextField txtInput=new TextField(20);
8         TextArea ttaOutput=new TextArea(10,40);
9         Label lblInput=new Label("用户输入");
10        Label lblOutput=new Label("输出显示");
11        Button btnRedo=new Button("重新输入");
12        public void init()
13        {
14            this.setLayout(new FlowLayout());
15            this.add(lblInput);
16            this.add(txtInput);
17            txtInput.addKeyListener(new TextFieldKeyListener());
18            this.add(btnRedo);
19            btnRedo.addActionListener(new ButtonHandle());
20            this.add(lblOutput);
21            this.add(ttaOutput);
22        }
23        class TextFieldKeyListener extends KeyAdapter
24        {
25            public void keyTyped(KeyEvent e)
26            {
27                if(e.getSource()==txtInput)
28                    ttaOutput.append(txtInput.getText()+"\n");
29            }
30        }
```

```
31      class ButtonHandle implements ActionListener
32      {
33          public void actionPerformed(ActionEvent e)
34          {
35              if(e.getSource()==btnRedo)
36              {
37                  i++;
38                  ttaOutput.append("第"+i+"次单击按钮。\n");
39                  txtInput.setText("");
40              }
41          }
42      }
43      public void paint(Graphics g) {  }
44  }
```

程序运行结果如图 8-11 所示。

程序分析如下：

第 8 行代码调用类的构造方法 TextArea(int rows, int columns)创建了一个多行文本框对象 ttaOutput。第 23～30 行代码自定义了一个类 TextFieldKeyListener，该类实现了 KeyAdapter 适配器的 keyTyped(KeyEvent e)方法，其中第 28 行代码调用 ttaOutput 的 append()方法，把用户在 txtInput 的输入以追加的方式显示在 ttaOutput 中。第 31～42 行代码自定义了一个类 ButtonHandle，该类实现了 ActionListener 接口的 actionPerformed(ActionEvent e)方法，其中第

图 8-11　例 8-8 程序运行结果

38 行代码调用 ttaOutput 的 append()方法，将按钮的单击次数以追加的方式显示，第 39 行代码将 txtInput 清空。第 16 行代码将文本框对象 txtInput 添加到了小应用程序中。第 17 行代码调用 addKeyListener()方法，为 txtInput 设置了键盘事件监听。第 18 行代码将按钮组件对象 btnRedo 添加到了小应用程序中。第 19 行代码调用 addActionListener()方法，为 btnRedo 设置了动作事件监听。第 21 行代码将多行文本框对象 ttaOutput 添加到了小应用程序中。用户在文本框中输入字符的键入事件和单击按钮的单击事件都会被程序捕捉和响应。

3. Checkbox

Checkbox 是 AWT 包中用于创建单选按钮的类，通常该类需要响应选项事件 ItemEvent。Checkbox 类常用的方法见表 8-10。

4. CheckboxGroup

CheckboxGroup 是 AWT 包中用于创建复选按钮组的类，常用的方法见表 8-11，通常该类也需要响应选项事件 ItemEvent。

表 8-10 Checkbox 类的常用方法

方法	功能
boolean getState()	返回选中状态
Checkbox()	创建一个空的单选按钮
Checkbox(String label)	创建一个标签为 label 的单选按钮
Checkbox(String label, boolean state)	创建一个标签为 label,选中状态为 state 的单选按钮
Checkbox(String label, boolean state, CheckboxGroup group)	创建一个标签为 label,选中状态为 state 的单选按钮,再将它加入复选按钮组 group
Checkbox(String label, CheckboxGroup group, boolean state)	创建一个标签为 label,属于 group,并设置选中状态为 state 的单选按钮
CheckboxGroup getCheckboxGroup()	返回该单选按钮所在的组
Object[] getSelectedObjects()	若被选中,返回其标签;否则,返回空
String getLabel()	返回标签
void addItemListener(ItemListener l)	设置单选按钮的选项事件监听者
void removeItemListener(ItemListener l)	注销单选按钮的选项事件监听者
void setCheckboxGroup(CheckboxGroup g)	设置单选按钮属于 g 复选按钮组
void setLabel(String label)	设置单选按钮的标签为 label
void setState(boolean state)	设置单选按钮的选中状态为 state

表 8-11 CheckboxGroup 类的常用方法

方法	功能
CheckboxGroup()	创建一个空的复选按钮组
Checkbox getSelectedCheckbox()	获取当前被选中的按钮
void setSelectedCheckbox(Checkbox box)	设置 box 按钮被选中
String toString()	返回被选中按钮中选项的字符串

下面的例子综合使用了 Checkbox 和 CheckboxGroup 组件,请大家对比两者的差异。

【例 8-9】 编写一个 Java Applet,要求用 Checkbox 和 CheckboxGroup 给出选项,并能响应用户执行的选择操作。

程序代码如下:

```
1    import java.awt.*;
2    import java.applet.*;
3    import java.awt.event.*;
4    public class ExampleCheckboxCheckboxGroup8_9 extends Applet
5    {
6        TextArea ttaCourse=new TextArea("请先选择课程名称,再选择课程性质",5,50);
7        Checkbox ckbGaoshu=new Checkbox("高等数学",false);
8        Checkbox ckbLishi=new Checkbox("近现代史",false);
9        Checkbox ckbJava=new Checkbox("Java 程序设计",false);
```

```
10      CheckboxGroup ckg=new CheckboxGroup();
11      Checkbox ckbBixiu=new Checkbox("必修",false,ckg);
12      Checkbox ckbXuanxiu=new Checkbox("选修",false,ckg);
13      String Course="";
14      class CheckHandle implements ItemListener
15      {
16          public void itemStateChanged(ItemEvent e)
17          {
18              Object s=e.getSource();
19              if(s==ckbGaoshu)
20              {
21                  if(e.getStateChange()==e.SELECTED)
22                      Course+="高等数学 ";
23              }
24              if(s==ckbLishi)
25              {
26                  if(e.getStateChange()==e.SELECTED)
27                      Course+="近现代史 ";
28              }
29              if(s==ckbJava)
30              {
31                  if(e.getStateChange()==e.SELECTED)
32                      Course+="Java 程序设计 ";
33              }
34              if(s==ckbBixiu)
35              {
36                  if(e.getStateChange()==e.SELECTED)
37                      Course+="课程性质为必修\n";
38              }
39              if(s==ckbXuanxiu)
40              {
41                  if(e.getStateChange()==e.SELECTED)
42                      Course+="课程性质为选修\n";
43              }
44              ttaCourse.setText(Course);
45          }
46      }
47      public void init()
48      {
49          add(ckbGaoshu);
50          add(ckbLishi);
51          add(ckbJava);
52          add(ckbBixiu);
53          add(ckbXuanxiu);
54          ckbGaoshu.addItemListener(new CheckHandle());
```

```
55          ckbLishi.addItemListener(new CheckHandle());
56          ckbJava.addItemListener(new CheckHandle());
57          ckbBixiu.addItemListener(new CheckHandle());
58          ckbXuanxiu.addItemListener(new CheckHandle());
59          add(ttaCourse);
60        }
61        public void paint(Graphics g) { }
62     }
```

程序运行结果如图 8-12 所示。

程序分析如下：

第 7 行代码调用类的构造方法 Checkbox(String label，boolean state)，创建了一个标签文本为"高等数学"的 ckbGaoshu 对象，其选中状态为 false 时表示未选中。同样的方法创建了对象 ckbLishi 和对象 ckbJava，由于这 3 个对象没有指定同属于一个分组，因此，它

图 8-12 例 8-9 程序运行结果

们 3 个在应用程序中作为复选按钮，可以选中多个。第 10 行代码调用类的构造方法 CheckboxGroup()创建了一个 ckg 对象，第 11～12 行代码调用 Checkbox(String label，boolean state，CheckboxGroup group)方法创建了对象 ckbBixiu 和对象 ckbXuanxiu，注意这两个对象在创建时指明属于 ckg，因此，它们两个在应用程序中作为单选按钮，一次只能选中一个。第 14～46 行代码自定义了类 CheckHandle，声明该类 implements ItemListener，即该类实现了 ItemListener 接口的 itemStateChanged(ItemEvent e)方法，其中第 18 行代码声明对象 s，调用 getSource()方法获取选项事件的来源，然后根据事件源对象的不同，执行不同的代码。例如，第 19 行代码判断到事件源对象为 ckbGaoshu，接着需要检查该选项是否被选中。第 21 行代码调用选项事件的 getStateChange()方法，返回选项是否被选中，如果其值为 e.SELECTED，则说明 ckbGaoshu 被选中。第 54～58 行代码调用 addItemListener()方法为每个选项按钮设置了选项事件的监听。

在例 8-9 中，主要是对选项事件 ItemEvent 的处理。该类还有其他常用的方法，见表 8-12。

表 8-12 ItemEvent 类的常用方法

方 法	功 能
Object getItem()	返回引发事件的选项
ItemSelectable getItemSelectable()	返回事件源
int getStateChange()	返回选项的状态 SELECTED 表示被选中，DESELECTED 表示未被选中
String paramString()	返回选项的标签

5. Choice

Choice 是 AWT 包中用于创建下拉列表的类，常用的方法见表 8-13，通常该类也需要

响应选项事件 ItemEvent。

表 8-13 Choice 类的常用方法

方　　法	功　　能
Choice()	创建一个下拉列表
int getItemCount()	返回选项的数目
int getSelectedIndex()	返回当前选中项的索引
Object[] getSelectedObjects()	返回当前选中项的 Object[] 数组
String getItem(int)	获取指定索引位置 index 的选项
String getSelectedItem()	返回当前选中项
void add(String item)	给下拉列表添加选项 item
void addItemListener(ItemListener l)	设置选项事件监听
void insert(String item, int index)	在指定位置 index 插入选项 item
void remove(int position)	删除指定位置 index 的选项
void remove(String item)	删除第一次出现的指定的选项 item
void removeAll()	删除所有的选项
void removeItemListener(ItemListener l)	取消选项事件的监听
void select(int pos)	将位置 pos 的选项设为选中
void select(String str)	将选项 str 设为选中

【例 8-10】 编写一个 Java Applet,要求用 Choice 给出选项,并能响应用户执行的选择操作,将用户所选项显示在多行文本框中。

程序代码如下:

```
1    import java.awt.*;
2    import java.applet.*;
3    import java.awt.event.*;
4    public class ExampleChoice8_10 extends Applet
5    {
6        String[] Course={"高等数学","大学英语","计算机基础","Java 程序设计"};
7        TextArea ttaCourse=new TextArea("请在下拉列表中选择课程",10,30);
8        Choice choCourse=new Choice();
9        public void init()
10       {
11           ttaCourse.setEditable(false);
12           for(int i=0;i<4;i++)
13               choCourse.add(Course[i]);
14           add(ttaCourse);
15           add(choCourse);
16           choCourse.addItemListener(new ChoiceHandle());
17       }
18       class ChoiceHandle implements ItemListener
19       {
20           public void itemStateChanged(ItemEvent e)
```

```
21              {
22                  ttaCourse.append("\n"+"索引为"+choCourse.getSelectedIndex()+
                    "\n"+choCourse.getSelectedItem()+"已选");
23              }
24          }
25      public void paint(Graphics g) { }
26  }
```

程序运行结果如图 8-13 所示。

程序分析如下：

第 6 行代码定义了字符串数组 Course。第 8 行代码调用类的构造方法 Choice( )，创建了一个 choCourse 对象。第 11 行代码设置 ttaCourse 为不可编辑，即用户不能在其中输入内容，这个方法是从 java.awt.TextComponent 继承而来的。第 12～13 行代码用循环语句体，调用 add(String item) 方法将 Course 中的内容

图 8-13　例 8-10 程序运行结果

添加到 choCourse 中成为选项。第 18～24 行代码自定义了类 ChoiceHandle，声明该类 implements ItemListener，该类实现了 ItemListener 接口的 itemStateChanged(ItemEvente)方法，其中第 22 行代码调用 getSelectedIndex( ) 方法获取当前选中项的索引，调用 getSelectedItem( ) 方法获取当前选中项的文本，并将这些内容显示在 ttaCourse 对象中，注意选项的索引标识也是从 0 开始的。第 16 行代码调用 addItemListener( ) 方法为 choCourse 设置选项事件的监听。当单击下拉列表时，可以看到其中所有的选项，用户选中其中的某一项时，在左边的多行文本框中将显示被选中选项的索引及内容。

6. List

List 是 AWT 包中用于创建列表选项的类，常用的方法见表 8-14。List 类涉及的事件比 Choice 稍微复杂一些，双击选项会引发选项事件 ItemEvent 和动作事件 ActionEvent，单击选项只会引发选项事件 ItemEvent。

表 8-14　List 类的常用方法

方　　法	功　　能
ActionListener[] getActionListeners()	获取动作监听对象数组
boolean isIndexSelected(int index)	若返回值为 true 表示指定 index 的选项被选中
boolean isMultipleMode()	若返回值为 true 表示列表选项允许多项选择
int getItemCount()	获取列表选项中选项的数目
int getSelectedIndex()	返回被选中的选项的索引标识。-1 表示没有任何选项被选中或多于一项被选中
int[] getSelectedIndexes()	返回被选中的选项的索引标识数组。若没有任何选项被选中，则数组长度为 0
ItemListener[] getItemListeners()	获取选项监听对象数组

续表

方　　法	功　　能
List()	创建空的列表选项
List(int rows)	创建 rows 行的列表选项
List(int rows, boolean multipleMode)	创建 rows 行的列表选项，multipleMode 默认值为 false，表示支持单项选择，否则支持多重选择
Object[] getSelectedObjects()	返回当前选中项的 Object 数组
String getItem(int index)	获取指定位置 index 的选项相应的字符串
String getSelectedItem()	返回被选中的选项的内容。若没有任何选项被选中，则返回 null
String[] getItems()	获取列表选项中选项的字符串数组
String[] getSelectedItems()	返回被选中的选项的内容数组。若没有任何选项被选中，则数组长度为 0
void add(String item)	在列表选项尾部增加一个选项 item
void add(String item, int index)	在列表选项指定位置 index 增加一个选项 item
void addActionListener(ActionListener l)	设置列表选项的动作事件监听
void addItemListener(ItemListener l)	设置列表选项的选项事件监听
void deselect(int index)	设置指定位置 index 的选项不被选中
void remove(int position)	删除指定位置 position 的选项
void remove(String item)	删除指定内容 item 的选项
void removeActionListener(ActionListener l)	取消选项列表的动作事件监听
void removeAll()	删除所有的选项
void removeItemListener(ItemListener l)	取消选项列表的选项事件监听
void replaceItem(String newValue, int index)	将指定索引位置 index 的选项替换为 newValue
void select(int index)	设置指定位置 index 的选项被选中
void setMultipleMode(boolean b)	设置为 true 表示允许多项选择

【例 8-11】 编写一个 Java Applet，要求使用 List 组件，响应用户执行的双击或单击选择操作，用两个文本框分别显示用户所做的操作。

程序代码如下：

```
1    import java.awt.*;
2    import java.applet.*;
3    import java.awt.event.*;
4    public class ExampleList8_11 extends Applet
5    {
6        List lstCourse=new List(3,false);
7        TextField txtAction=new TextField(15);
8        TextField txtItem=new TextField(15);
```

```java
9        Label lblActionEvent=new Label("双击的选项");
10       Label lblItemEvent=new Label("选中某一选项:");
11       String[] Course={"高等数学","大学英语","Java程序设计"};
12       int count=0;
13       public void init()
14       {
15           txtAction.setEditable(false);
16           txtItem.setEditable(false);
17           for(int i=0; i<3; i++)
18              lstCourse.add(Course[count++]);
19           this.add(lblActionEvent);
20           this.add(txtAction);
21           this.add(lblItemEvent);
22           this.add(txtItem);
23           this.add(lstCourse);
24           lstCourse.addActionListener(new ActionEventHandle());
25           lstCourse.addItemListener(new ItemEventHandle());
26       }
27       class ActionEventHandle implements ActionListener
28       {
29           public void actionPerformed (ActionEvent e)
30           {
31               if (e.getActionCommand()=="高等数学")
32                   txtAction.setText("双击了高等数学");
33               else if (e.getActionCommand()=="大学英语")
34                   txtAction.setText("双击了大学英语");
35               else if ( e.getActionCommand()=="Java程序设计")
36                   txtAction.setText("双击了Java程序设计");
37           }
38       }
39       class ItemEventHandle implements ItemListener
40       {
41           public void itemStateChanged (ItemEvent e)
42           {
43               String source=lstCourse.getSelectedItem();
44               if (source=="高等数学")
45                   txtItem.setText("选中了高等数学");
46               else if (source=="大学英语")
47                   txtItem.setText("选中了大学英语");
48               else if (source=="Java程序设计")
49                   txtItem.setText("选中了Java程序设计");
50           }
51       }
52       public void paint(Graphics g) { }
53   }
```

程序运行结果如图 8-14 所示。

图 8-14 例 8-11 程序运行结果

程序分析如下：

第 6 行代码调用类的构造方法 List(int Rows，boolean multipleMode)，创建了一个有 3 个选项的 lstCourse 对象。第 7 行代码创建了对象 txtAction，记录对用户动作事件的响应。第 8 行代码创建了对象 txtItem，记录对用户选项事件的响应。第 17～18 行代码使用循环体调用 add(String item)方法将保存在数组 Course[]中的字符串添加进 lstCourse 作为选项。第 27～38 行代码自定义了类 ActionEventHandle，实现 ActionListener 接口的方法 actionPerformed(ActionEvent e)，其中调用 getActionCommand()方法来获取引发事件对象的相关字符串。第 39～51 行代码自定义了类 ItemEventHandle，实现了 ItemListener 接口的方法 itemStateChanged(ItemEvent e)，其中第 43 行代码调用 getSelectedItem()方法获取所选项的相关字符串。第 24 行代码调用 addActionListener()为 lstCourse 设置动作事件监听。第 25 行代码调用 addItemListener()为 lstCourse 设置选项事件监听。例如，用户双击了"高等数学"选项，则 txtAction 对象和 txtItem 对象的文本都会发生改变；用户单击了"大学英语"选项，则 txtItem 对象的文本发生改变。

在例 8-11 中，也可以设计一个类来监听动作和选项事件，方法是让该类同时实现 ActionListener 和 ItemListener 两个接口。也就是说，可以将第 27～51 行代码改为如下代码：

```
class ListenActionItem implements ActionListener,ItemListener {
    public void actionPerformed ( ActionEvent e )
    {
        …                    //省略号表示第 31~36 行代码
    }
    public void itemStateChanged (ItemEvent e)
    {
        …                    //省略号表示第 43~49 行代码
    }
}
```

本节在学习事件处理的基础上，介绍了 AWT 中常用的基本组件。除此之外的窗口 (Frame)、菜单(Menu)、对话框(Dialog)等 AWT 容器类组件请参照帮助文档自学。

8.3 布局管理器

前面两节介绍了事件处理以及多种常用 AWT 组件的使用，如果图形用户图形界面中包含多个组件时，必须使用布局管理器将加入到容器的组件按照一定的顺序和规则放置，使之看起来更美观,否则可能出现由于窗口大小调整或是改变分辨率时,组件排列混乱的问题。布局管理器可以用来设置组件的大小及位置,控制整个图形界面的空间布局,并严格限定其中各组件的相对位置。这样,即使程序在不同的平台上运行,也能保证图形界面中组件排布的合理性,这就保证了组件的平台无关性。

8.3.1 布局管理器概述

Java 中的容器类只负责加入组件,即调用容器的 add()方法向其内部加入组件。容器记录有其内部的组件的个数,可以通过 container.getComponentCount()方法来获得组件的数目,并且可以通过 container.getComponent(i)获得相应组件的引用。这样,布局管理器 LayoutManager 类就可以通过这些信息来实际布局具体的每个组件了。

Java 提供的布局管理器类型很多,它们分别采用不同的布局策略。使用这些功能强大的布局管理器,用户可以很方便地设计出实用、美观的图形界面。Java 中所有的布局管理器都要实现 java.awt.LayoutManager 这个接口,或者是 java.awt.LayoutManager2 接口。实现前者的类有 BorderLayout、BoxLayout、CardLayout、GridLayout、FlowLayout、SpringLayout 等。后者是前者的子类,添加了新的方法用于更复杂的布局管理,前面提到的 6 种布局管理器中前 4 种都实现了该接口。如果在实际应用中,觉得 Java 类库所提供的这些布局管理器仍不够用,完全可以自己来实现其中某一个接口的方法,从而为具体图形用户界面设计提供更好的布局管理功能。

8.3.2 常用布局

1. BorderLayout

BorderLayout 是一种非常简单、实用的布局管理器,将整个窗口按方位分为 5 个部分:South、North、West、East 和 Center。

【例 8-12】 编写一个 Java Applet,要求添加 5 个按钮组件,并使用 BorderLayout 布局管理这些按钮。

程序代码如下:

```
1       import java.awt.*;
2       import java.applet.*;
3       public class ExampleBorderLayout8_12 extends Applet
4       {
5           public void init()
6           {
7               setLayout(new BorderLayout());
8               add("North",new Button("上方"));
9               add("South",new Button("下方"));
10              add("West",new Button("左方"));
11              add("Center",new Button("中部"));
12              add("East",new Button("右方"));
13          }
```

```
14        public void paint(Graphics g) { }
15   }
```

程序运行结果如图 8-15 所示。

程序分析如下：

第 7 行代码创建了一个 BorderLayout 布局管理器，并将此布局管理器应用于小应用程序的容器。第 8～12 行代码依次在容器的 North、South、West、Center 和 East 位置创建添加了按钮组件。

2. FlowLayout

FlowLayout 布局管理器也是一种常用的布局管理器类型，它将所有组件从上至下依次添加，如果空间许可，它会尽量将组件放在同一行中，并居中显示。FlowLayout 布局管理器的功能比 BorderLayout 更强，它不仅定义了设置组件间距的方法，还定义了设置组件对齐方式的方法，可以分别将组件居左、居右或居中对齐显示，该类常用的方法见表 8-15。

图 8-15 例 8-12 程序运行结果

表 8-15 FlowLayout 类的常用方法

方法	功能
void setAlignment(int align)	设置组件对齐方式的方法，其值表示的对齐方式有 FlowLayout. LEFT、FlowLayout. RIGHT、FlowLayout. CENTER、FlowLayout. LEADING、FlowLayout. TRAILING
void setHgap(int hgap)	设置组件垂直间距
void setVgap(int vgap)	设置组件水平间距
int getHgap()	返回值为 true 表示列表选项允许多项选择
int getVgap()	获取列表选项中选项的数目

【例 8-13】 编写一个 Java Applet，要求添加 12 个按钮组件，并使用 FlowLayout 布局管理这些按钮组件。

程序代码如下：

```
1    import java.awt.*;
2    import java.applet.*;
3    public class ExampleFlowLayout8_13 extends Applet
4    {
5      public void init()
6      {
7        this.setLayout(new FlowLayout());
8        for (int i=0; i<12; i++)
9          this.add(new Button("按钮"+i));
10     }
11   }
```

程序运行结果如图 8-16 所示。

程序分析如下：

第 7 行代码创建了一个 FlowLayout 布局管理器。第 8~9 行代码使用循环语句在小应用程序中添加了 12 个按钮组件，这些按钮是从上至下、从左至右依次添加的。

3. GridLayout

GridLayout 布局管理器是一个既灵活又规范的布局管理器，其布局基于网格结构，组件位置十分明确。GridLayout 布局管理器的使用方法如下：首先，将整个

图 8-16 例 8-13 程序运行结果

显示区域划分为若干个大小相等的单元格，可在单元格中添加组件，并指明组件占用哪几个单元格以及在单元格中的具体位置。

【例 8-14】 编写一个 Java Applet，要求添加 11 个按钮组件，并使用 GridLayout 布局管理这些按钮组件。

程序代码如下：

```
1    import java.awt.*;
2    import java.applet.*;
3    public class ExampleGridLayout8_14 extends Applet
4    {
5        public void init()
6        {
7            setLayout(new GridLayout(3,4));
8            for(int i=0;i<11;i++)
9                add(new Button("按钮"+(i+1)));
10       }
11       public void paint(Graphics g){}
12   }
```

图 8-17 例 8-14 程序运行结果

程序运行结果如图 8-17 所示。

程序分析如下：

第 7 行代码创建了一个 3 行 4 列的 GridLayout 布局管理器。第 8~9 行代码使用循环依行列顺序创建添加了 11 个按钮组件。

4. CardLayout

CardLayout 布局管理器可以管理容器中的多个组件，但是实际上同一时刻容器只能从这些组件中选出一个来显示，就像一副"扑克牌"每次只能显示最上面的一张一样，这个被显示的组件将占据所有的容器空间。CardLayout 类常用的方法见表 8-16。

本节通过例子介绍了几种常用布局管理器的使用方法，其他 PaneLayout、GridBagLayout、XYLayout、SpringLayout 等布局管理器请参照帮助文档自学。

表 8-16 CardLayout 类的常用方法

方法	功能
void first(Container parent)	弹出容器布局中的第一张卡片
void last(Container parent)	弹出容器布局中的最后一张卡片
void next(Container parent)	弹出容器布局中当前卡片的下一张卡片,若当前已经是最后一张,则该方法的执行结果为显示第一张卡片
void previous(Container parent)	弹出容器布局中当前卡片的前一张卡片,若当前已经是第一张,则该方法的执行结果为显示最后一张卡片

8.4 Swing 组 件

Swing 中的组件是用纯 Java 语言编写而成的,并且不依赖于本地操作系统的 GUI,可以跨平台运行。目前,很多 Java 桌面应用程序都是用 Swing 来开发实现的。

8.4.1 Swing 包中类的关系

Swing 类库由许多包组成,通过这些包中的类相互协作来完成 GUI 设计。对这些包的简单描述见表 8-17。

表 8-17 Swing 主要的包

包 名 称	描 述
javax.swing	提供一组"轻量级"组件,尽量让这些组件在所有平台上的工作方式都相同
javax.swing.border	提供围绕 Swing 组件绘制特殊边框的类和接口
javax.swing.colorchooser	包含供 JColorChooser 组件使用的类和接口
javax.swing.event	供 Swing 组件触发的事件使用
javax.swing.filechooser	包含 JFileChooser 组件使用的类和接口
javax.swing.plaf	提供一个接口和许多抽象类,Swing 用它们来提供自己的可插入外观功能
javax.swing.plaf.basic	提供了根据基本外观构建的用户界面对象
javax.swing.table	提供用于处理 javax.swing.JTable 的类和接口
javax.swing.text	提供类 EditorKit 和创建文本编辑器的支持类
javax.swing.text.html	提供类 HTMLEditorKit 和创建 HTML 文本编辑器的支持类
javax.swing.text.html.parser	提供默认的 HTML 解析器以及支持类
javax.swing.text.rtf	提供一个 RTFEditorKit 类,用于创建富文本格式(Rich-Text-Format)的文本编辑器
javax.swing.tree	提供处理 javax.swing.JTree 的类和接口
javax.swing.undo	允许开发人员为应用程序(例如文本编辑器)的撤销/恢复提供支持

javax.swing 包是 Swing 中最大的一个包,几乎所的有 Swing 组件都在该包中,在 Java 6 中,JTableHeader 和 JTextComponent 例外,分别被放在 javax.swing.table 包和 javax.

swing.text 包中。Swing 包中的类与使用 AWT 类编写的应用程序兼容，Swing 包中主要的组件类间的层次如图 8-18 所示。从类的命名可以看出，有很多组件类都是在 AWT 组件基础上构建的，所有 Swing 组件实际上是 AWT 的扩展。

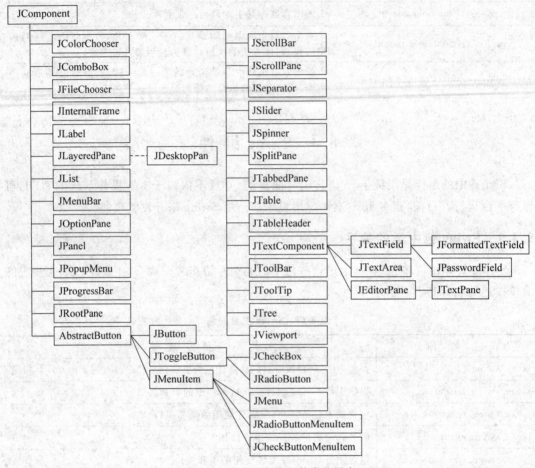

图 8-18　Swing 包中组件类的层次

Swing 组件除了在技术上比 AWT 组件有所提高，在外观效果上也有很大的进步。后面的章节将通过实例，详细讲解 Swing 组件的主要属性、方法，以及使用要点。

8.4.2　Swing 中的容器

相对 AWT 而言，Swing 更加强调容器的概念。在 Swing 中将容器分为不同的层次，底层容器可以是以下 3 种之一：JApplet、JDialog、JFrame；其他常用的容器还有 JPanel、JTabbedPane、JScrollPane、JSplitPane、JToolBar 等；特殊的容器有 JInternalFrame、JLayerPane、JRootPane 等。使用过程中需要注意，容器中可以放置组件，容器间可以嵌套，使用各容器时，应该设置合适的布局。Swing 中容器的层次结构如图 8-19 所示。

下面先介绍底层容器 JApplet、JDialog 和 JFrame。

1. JApplet

JApplet 容器的定义在 javax.swing.JApplet 类，它是 java.applet.Applet 类的子类，因

图 8-19 Swing 中容器的层次结构

此,前面所学的 Applet 的用法和属性都可以用于 JApplet,表 8-18 补充了更多 JApplet 类常用的属性。

表 8-18 JApplet 类常用的属性

属 性	含 义	属 性	含 义
background	底层容器的背景颜色	Layout	设置布局
cursor	底层容器的鼠标样式	name	底层容器的名字
enable	底层容器可否接收 Focus 事件	visible	底层容器可否显示
font	设置字体		

JApplet 类常用的方法见表 8-19。

表 8-19 JApplet 类常用的方法

方 法	功 能
Container getContentPane()	返回小应用程序的容器框架
public void setBackground(Color c)	设置背景颜色
public void setCursor(Cursor cursor)	设置鼠标样式
void setLayout(LayoutManager manager)	设置布局

注意,Swing 组件都是加载在容器框架中的,这与 AWT 编程中直接加载在容器中不同。例 8-15 是一个简单的使用 JApplet 建立的 Java Applet。

【例 8-15】 使用 JApplet 建立一个 Java Applet。

程序代码如下:

```
1    import java.awt.*;
2    import java.applet.*;
3    import java.awt.event.*;
4    import javax.swing.*;
5    public class ExampleJApplet8_15 extends JApplet
6    {
7        Container c=new Container();
8        JLabel lbl=new JLabel("JApplet 的小应用程序。");
9        public void init()
10       {
11           c=this.getContentPane();
12           c.setLayout(new BorderLayout());
13           c.setBackground(Color.YELLOW);
```

```
14              c.setCursor(new Cursor(Cursor.HAND_CURSOR));
15              c.add(lbl,"North");
16          }
17      }
```

程序运行结果如图 8-20 所示。

程序分析如下:

第 4 行代码引入了 Swing 包。第 7 行代码定义了容器框架。第 11 行代码获取到了小应用程序的容器框架,后面的代码都是在这个框架中执行的。第 12 行代码设置容器的布局。第 13 行代码设置背景色为黄色。第 14 行代码设置鼠标为手形。

2. JDialog

对话框通常用于接收用户附加的信息,或者通知用户发生了某种事件。对话框的显示形式如图 8-21 所示。

图 8-20 例 8-15 程序运行结果

图 8-21 对话框的显示形式

用户可以通过扩展 JDialog 类创建自定义的对话框,也可以使用 Swing 提供的 JOptionPane 类创建标准的对话框,常用的 4 种标准对话框见表 8-20,分别是信息确认对话框 (showConfirmDialog)、信息输入对话框(showInputDialog)、信息选择对话框(showOptionDialog)和信息显示对话框(showMessageDialog)。

表 8-20 4 种标准对话框

方法名称	功　能
showConfirmDialog	通知用户并请求如"确定"或"取消"等按钮的确认信息
showInputDialog	显示对话框,并从文本框、下拉列表或列表框获得用户的输入
showMessageDialog	显示消息,并等待用户单击"确定"按钮
showOptionDialog	显示对话框,并从一组选项值获得用户的应答

【例 8-16】 使用几种常见的标准对话框编写一个 Java Applet,要求能够响应用户的操作。

程序代码如下:

```
1   import java.awt.*;
2   import java.applet.*;
3   import java.awt.event.*;
4   import javax.swing.*;
5   public class ExampleJOptionPane8_16 extends JApplet
6   {
7       JButton jbtnInput=new JButton("信息输入对话框");
```

```java
8          JButton jbtnOption=new JButton("信息显示对话框");
9          Container c=new Container();
10         public void init()
11         {
12             c=this.getContentPane();
13             c.setLayout(new FlowLayout());
14             c.add(jbtnInput);
15             c.add(jbtnOption);
16             jbtnInput.addActionListener(new JButtonHandle());
17             jbtnOption.addActionListener(new JButtonHandle());
18         }
19         class JButtonHandle implements ActionListener
20         {
21             public void actionPerformed(ActionEvent e)
22             {
23                 String[] select={"选项 1","选项 2","选项 3"};
24                 if(e.getSource()==jbtnInput)
25                 {
26                     String inputStr=new String();
27                     inputStr=JOptionPane.showInputDialog(null,"请输入信息:",
                        "用户输入",JOptionPane.QUESTION_MESSAGE);
28                     JOptionPane.showMessageDialog(null,inputStr);
29                 }
30                 else if(e.getSource()==jbtnOption)
31                 {
32                     int i;
33                     i=JOptionPane.showOptionDialog(null,"请选择选项","选项",
                        JOptionPane.YES_OPTION,JOptionPane.QUESTION_MESSAGE,null,
                        select,select[0]);
34                     JOptionPane.showMessageDialog(null,select[i]);
35                 }
36             }
37         }
38     }
```

程序运行结果如图 8-22 所示。

程序分析如下：

第 7～8 行代码创建了两个 Swing 的按钮组件，分别是 jbtnInput 和 jbtnOption。第 19～37 行代码自定义了类 JButtonHandle 来监听按钮的动作事件，其中当判断事件源是 jbtnInput 时，第 27 行代码创建了一个信息输入对话框，当判断事件源是 jbtnOption 时，第 33 行代码创建了一个信息选择对话框。用户在对话框中执行的操作，将以信息显示对话框 showMessageDialog 弹出。

在 javax.swing.JOptionPane 包中有对这些标准对话框的详细说明，下面仅以信息输入对话框和信息选择对话框为例进行说明，其他的请自行查阅帮助文档。

图 8-22 例 8-16 程序运行结果

```
static Object showInputDialog(Component parentComponent, Object message,
String title, int messageType)
```

其中,参数 Component parentComponent 指明信息输入对话框所在的容器,若为 null 表示是当前的窗口;参数 Object message 是对话框的显示信息;参数 String title 是对话框的标题;参数 int messageType 是对话框中图标的类型,可取的值见表 8-21。

表 8-21 图标类型的取值

取 值	表示图标
static int ERROR_MESSAGE	错误消息图标
static int INFORMATION_MESSAGE	提示信息图标
static int WARNING_MESSAGE	警告信息图标
static int QUESTION_MESSAGE	问题信息图标
static int PLAIN_MESSAGE	没有图标

```
static int showOptionDialog(Component parentComponent, Object message,
String title, int optionType, int messageType, Icon icon, Object[] options,
Object initialValue)
```

其中,参数 int optionType 表示选项按钮的组合形式,仅当 options 为 null 时有意义,可取的值见表 8-22;参数 Object[] options 列出供用户选择的选项;参数 Icon icon 可以为对话框加入自选的图标;参数 Object initialValue 可以设置默认的选项值。其他参数同前。

表 8-22 选项按钮组合形式

取 值	表示的按钮组合形式
DEFAULT_OPTION	确定
YES_NO_OPTION	是(Y) 否(N)
YES_NO_CANCEL_OPTION	是(Y) 否(N) 取消
OK_CANCEL_OPTION	确定 取消

3. JFrame

JFrame 类用来创建应用程序的窗口,位于 javax.swing.JFrame,是 java.awt.Frame 的子类,可以接收 KeyEvent、MouseEvent、ContainerEvent、FocusEvent、WindowEvent、InputEvent 等事件。可以采用 8.2 节讲述的方法定义监听器和适配器来处理事件,详细的方法定义及使用可以查阅帮助文档中 java.awt.event.WindowAdapter 适配器和接口 WindowListener 的内容。

此外,WindowEvent 事件的处理还可以使用 JFrame 类自带的 protected void processWindowEvent(WindowEvent e)方法,当 WindowEvent 事件被触发时将自动调用此方法,这样可以简化代码。

【例 8-17】 使用 JFrame 建立应用程序,要求能够处理 WindowEvent 事件。

程序代码如下:

```
1    import java.awt.*;
2    import javax.swing.*;
3    import java.awt.event.*;
4    public class ExampleJFrame8_17 extends JFrame
5    {
6        public ExampleJFrame8_17()
7        {
8            setSize(300,200);
9            setTitle("JFrame 示例");
10           Image icon=Toolkit.getDefaultToolkit().getImage("icon.jpg");
11           setIconImage(icon);
12           setLocationRelativeTo(null);
13       }
14       public static void main(String[] args)
15       {
16           ExampleJFrame8_17 jfm=new ExampleJFrame8_17();
17           jfm.setVisible(true);
18       }
19       protected void processWindowEvent(WindowEvent e)
20       {
21           switch(e.getID())
22           {
23               case WindowEvent.WINDOW_CLOSING:
24                   System.exit(0);
25                   break;
26               case WindowEvent.WINDOW_ICONIFIED:
27                   this.setIconImage((new ImageIcon("mini.gif")).getImage());
28                   break;
29               case WindowEvent.WINDOW_DEICONIFIED:
30                   this.setIconImage((new ImageIcon("middle.gif")).getImage());
31                   break;
32               default:
```

```
33                    break;
34              }
35         }
36 }
```

程序运行结果如图 8-23 所示,窗口下部是任务栏中显示的内容,当窗口状态改变时相应发生改变。

图 8-23 例 8-17 程序运行结果

程序分析如下:

第 6~13 行代码定义了构造方法,其中第 8 行代码设置了窗口的大小,第 9 行代码设置了窗口的标题栏文本,第 10 行代码创建了一个图像 icon,第 11 行代码设置了窗口的图标为 icon,第 12 行代码设置窗口的显示位置在屏幕中央。第 16 行代码创建了一个窗口对象 jfm。第 17 行代码设置窗口可见。第 19~35 行代码覆盖了窗口事件处理的方法,第 21 行代码用 e.getID()获取事件的种类,然后根据事件种类的不同执行不同的处理。例如,第 23 行代码检测到事件为 WINDOW_CLOSING,第 24 行代码用 System.exit(0)关闭应用程序,其他的类似。

详细的 WindowEvent 事件种类见表 8-23。

表 8-23 常用 WindowEvent 事件种类

种　　类	事　件　说　明
static int WINDOW_ACTIVATED	窗口被激活,即窗口在屏幕的最前方待命
static int WINDOW_CLOSED	窗口已被关闭
static int WINDOW_CLOSING	窗口正在被关闭,指关闭前,如单击窗口的关闭按钮
static int WINDOW_DEACTIVATED	窗口失活,即其他窗口被激活后原活动窗口失活
static int WINDOW_DEICONIFIED	使窗口从图标恢复正常
static int WINDOW_FIRST	窗口事件中的第一个
static int WINDOW_GAINED_FOCUS	窗口获得了焦点
static int WINDOW_ICONIFIED	窗口最小化成图标
static int WINDOW_LAST	窗口事件中的最后一个
static int WINDOW_LOST_FOCUS	窗口失去了焦点
static int WINDOW_OPENED	窗口被打开
static int WINDOW_STATE_CHANGED	窗口的状态发生了改变

除了底层容器,还有一些其他的常用容器,例如 JPanel、JTabbedPane、JScrollPane、JSplitPane、JToolBar 等。下面分别介绍。

1. JPanel

JPanel 用来创建面板,该类位于 javax.swing.JPanel,可以将许多组件按照一定的布局组织起来成组显示。一般而言,JPanel 需要放置在更大的容器中,通常和 JApplet 或者 JFrame 的 getContentPane()方法一起使用。JPanel 常用的方法见表 8-24。

表 8-24 JPanel 类常用的方法

方 法	功 能
public JPanel()	创建一个布局为 FlowLayout 的面板
public JPanel(boolean isDoubleBuffered)	创建一个布局为 FlowLayout 的面板,并指定缓冲方式。如果是双缓冲,则使用更多内存空间实现快速、无闪烁的更新
public JPanel(LayoutManager layout)	创建一个布局为 layout 的面板
public JPanel(LayoutManager layout, boolean isDoubleBuffered)	创建一个布局为 layout 的面板,并指定缓冲方式
public AccessibleContext getAccessibleContext()	获取与此面板关联的上下文

2. JTabbedPane

JTabbedPane 用来创建分页面板,以选项卡的形式组织多个面板,每个面板只露出标签,一次只能显示一个面板,通过单击标签在不同的面板之间进行切换。JTabbedPane 类常用的方法见表 8-25。

表 8-25 JTabbedPane 类常用的方法

方 法	功 能
public JTabbedPane()	创建一个具有默认的分页面板。选项卡布局为 JTabbedPane.TOP
public JTabbedPane(int tabPlacement)	创建一个空的分页面板,使其具有以下指定选项卡布局中的一种:JTabbedPane.TOP、JTabbedPane.BOTTOM、JTabbedPane.LEFT 或 JTabbedPane.RIGHT
public Component add(String title, Component component)	为分页面板添加具有指定选项卡标题的分页
public void setSelectedComponent(Component c)	设置分页面板的已选组件。这将自动将 selectedIndex 设置为对应于指定组件的索引
public String getTitleAt(int index)	返回 index 位置的选项卡标题
public int getSelectedIndex()	返回当前选择的此选项卡的索引。如果当前没有选择选项卡,则返回-1

与 JTabbedPane 类相关的事件是 ChangeEvent,该事件当单击分页标签时被触发。

3. JScrollPane

JScrollPane 用来设置带有滚动条的面板,滚动条的显示样式有很多种,这样当其中的内容超过了显示区域时,用户可以通过鼠标拖动或滚动滚动条来浏览内容,该类常用的方法见表 8-26。注意,JScrollPane 容器不能也不用设置布局,并且其中只能添加一个组件或者容器。

表 8-26　JScrollPane 类常用的方法

方　　法	功　　能
public JScrollPane(Component view, int vsbPolicy, int hsbPolicy)	创建一个滚动面板,它将视图组件显示在一个视口中,视图位置可使用一对滚动条控制。滚动条策略指定滚动条在何时显示,例如,如果 vsbPolicy 为 VERTICAL_SCROLLBAR_AS_NEEDED,则只有在垂直查看无法完全显示时,垂直滚动条才显示
public JScrollPane(Component view)	创建一个滚动面板,只要组件的内容超过视图大小就会显示水平和垂直滚动条
public JScrollPane(int vsbPolicy, int hsbPolicy)	创建一个具有指定滚动条策略的空面板(无视口的视图)
public JScrollPane()	创建一个空的面板(无视口的视图)JScrollPane,需要时水平和垂直滚动条都可显示
public void setLayout(LayoutManager layout)	设置此滚动面板的布局管理器
public void setViewport(JViewport viewport)	移除旧视口(如果有);强制新视口的 viewPosition 位于 +x,+y 象限中;将行和列标题(如果有)与新视口同步;最后将滚动条和标题与新视口同步
public void setWheelScrollingEnabled(boolean handleWheel)	启用/禁用对鼠标滚轮滚动的移动响应。默认情况下启用滚轮滚动。如果为 MouseWheelEvent 自动完成滚动,则返回 true;否则返回 false
public boolean isWheelScrollingEnabled() Hide	指示是否进行滚动以响应鼠标滚轮。默认情况下启用滚轮滚动

4. JSplitPane

JSplitPane 用来创建带分隔框的面板,可以将面板分割为上下或者左右两个部分,以便显示不同的内容。类常用的方法见表 8-27。

表 8-27　JSplitPane 类常用的方法

方　　法	功　　能
public JSplitPane()	创建一个配置为将其子组件水平排列、无连续布局且带分隔框的面板
public JSplitPane(int newOrientation)	创建一个配置为指定方向且无连续布局的新的带分隔框的面板。newOrientation 的值为 JSplitPane.HORIZONTAL_SPLIT 或 JSplitPane.VERTICAL_SPLIT
public JSplitPane(int newOrientation, boolean newContinuousLayout)	创建一个具有指定方向和重绘方式的新的带分隔框的面板
public void setOneTouchExpandable(boolean newValue)	设置 oneTouchExpandable 属性的值,要使 JSplitPane 在分隔条上提供一个可以单击的小部件来快速展开/折叠分隔条,此属性必须为 true
public void setDividerLocation(int location)	设置分隔条的位置。setLastDividerLocation 指定特定于位置值的一个整数,以像素为单位
public void setDividerSize(int newSize)	设置分隔条的大小。newSize zh_cn 为给定分隔条大小的一个整数,以像素为单位

5. JToolBar

JToolBar 用来创建工具栏,由于工具栏也是一个容器,因此其中可以放置各种组件和容器,该类常用的方法见表 8-28。

表 8-28 JToolBar 类常用的方法

方法	功能
public JToolBar()	创建新的工具栏;默认的方向为 HORIZONTAL
public JToolBar(int orientation)	创建具有指定 orientation 的新工具栏。orientation 的值可以是 HORIZONTAL 或 VERTICAL
public JToolBar(String name)	创建一个具有指定 name 的新工具栏。名称用作浮动式工具栏的标题。默认的方向为 HORIZONTAL
public JButton add(Action a)	为工具栏添加一个指派动作的新的 JButton
public void addSeparator()	将默认大小的分隔符添加到工具栏的末尾。默认大小由当前外观确定

JToolBar 本身可以接收并处理组件、容器、焦点、键盘、鼠标等事件。一般而言,工具栏中所添加的组件多为按钮,所以也可以采用处理按钮 ActionEvent 事件的方法响应用户对工具栏的操作。

【例 8-18】 综合使用 JPanel、JTabbedPane、JScrollPane、JSplitPane、JToolBar 等容器建立的应用程序举例。

程序代码如下:

```
1    import java.awt.*;
2    import javax.swing.*;
3    import java.awt.event.*;
4    public class ExampleSwingContainer8_18 extends JFrame
5    {
6        public static void main(String[] args)
7        {
8            ExampleSwingContainer8_18 sc=new ExampleSwingContainer8_18();
9            sc.setSize(800,700);
10           sc.setVisible(true);
11           sc.setLocationRelativeTo(null);
12           sc.setTitle("分页面板、滚动面板、分隔面板、工具栏示例");
13           JTabbedPane jtabp=new JTabbedPane();
14           sc.getContentPane().add(jtabp);
15           JScrollPane jsclp=new JScrollPane(JScrollPane.VERTICAL_SCROLLBAR_
                ALWAYS,JScrollPane.HORIZONTAL_SCROLLBAR_AS_NEEDED);
16           jtabp.add("滚动面板",jsclp);
17           JLabel jlbl1=new JLabel();
18           ImageIcon img1=new ImageIcon("1.jpg");
19           jlbl1.setIcon(img1);
20           jsclp.setViewportView(jlbl1);
21           JSplitPane jsplp=new JSplitPane(JSplitPane.HORIZONTAL_SPLIT);
22           jtabp.add("分隔面板",jsplp);
```

```
23        jsplp.setBorder(BorderFactory.createEtchedBorder());
24        jsplp.setOneTouchExpandable(true);
25        jsplp.setDividerLocation(100);
26        jsplp.setDividerSize(20);
27        JTextArea jtta=new JTextArea("分隔面板的左侧是文本区域,右侧显示图片。");
28        jtta.setLineWrap(true);
29        jsplp.setLeftComponent(jtta);
30        JLabel jlbl2=new JLabel();
31        ImageIcon img2=new ImageIcon("2.jpg");
32        jlbl2.setIcon(imq2);
33        jsplp.setRightComponent(jlbl2);
34        JPanel jpnl=new JPanel();
35        jpnl.setLayout(new BorderLayout());
36        jtabp.add("工具栏",jpnl);
37        JToolBar jtlb=new JToolBar("实用工具栏");
38        jpnl.add(jtlb,BorderLayout.SOUTH);
39        JButton jbtn1=new JButton();
40        JButton jbtn2=new JButton();
41        JButton jbtn3=new JButton();
42        ImageIcon imga=new ImageIcon("a.jpg");
43        jbtn1.setIcon(imga);
44        ImageIcon imgb=new ImageIcon("b.jpg");
45        jbtn2.setIcon(imgb);
46        ImageIcon imgc=new ImageIcon("c.jpg");
47        jbtn3.setIcon(imgc);
48        jtlb.addSeparator();
49        jtlb.add(jbtn1);
50        jtlb.add(jbtn2);
51        jtlb.add(jbtn3);
52    }
53 }
```

程序运行结果如图 8-24 所示。

图 8-24　例 8-18 程序运行结果

程序分析如下：

第 4 行代码指明该应用程序是继承自 JFrame 的。第 9 行代码设置了应用程序窗口的大小，第 10 行代码设置窗口可见，第 11 行代码设置窗口初始位置在屏幕的正中，第 12 行代码设置窗口的标题栏。第13行代码创建了一个分页面板jtabp,第14行代码获取到窗口的容器,并在容器中添加了分页面板。第15行代码创建了一个带滚动条的面板jsclp,该面板的水平滚动条总是显示,而垂直滚动条只有必要的时候才显示。第16行代码将滚动面板添加到分页面板的第1个选项卡中,并指定选项卡的标签文本为"滚动面板"。第17～19行代码创建了一个标签jlbl1,并在标签中显示了图片img1。第20行代码设置在滚动面板中显示标签jlbl1。第21行代码创建了分隔面板jsplp,带有垂直分隔条。第22行代码将分隔面板添加到分页面板的第2个选项卡中,并指定选项卡的标签文本为"分隔面板"。第23～26行代码详细设置了jsplp的信息。第27行代码创建了一个文本区域jtta,第28行代码设置jtta允许换行显示。第29行代码设置jtta作为分隔面板左侧的组件。第33行代码设置jlbl2作为分隔面板右侧的组件。第34～35行代码创建了一个面板,并设置其布局为BorderLayout。第36行代码将面板添加到分页面板的第3个选项卡中,并指定选项卡的标签文本为"工具栏"。第37行代码创建了一个工具栏jtlb,它在浮动方式下将显示标题"实用工具栏"。第38行代码将工具栏添加到面板的底部。第39～41行代码创建了3个按钮对象,每个按钮都设置了图片作为图标。第49～51行代码在jtlb中添加了3个按钮。

在本节,通过例子详细介绍了常见容器的使用方法,有关特殊容器JInternalFrame、JLayerPane、JRootPane等的使用,本书就不详细介绍了,有兴趣的读者可以自学。

8.4.3　Swing中的常用组件

使用Swing技术设计图形用户界面,常用的基本组件有按钮(JButton)、单选按钮(JRadioButton)、复选按钮组(JCheckButton)、标签(JLabel)、文本框(JTextField)、文本区域(JTextArea)和菜单(JMenuBar)。这些组件的使用和AWT中组件的使用很相似,在前面的例8-18中,看到组件JButton、JLabel除了可以设置文本,还可以设置图标,这一点与Button和Label是不同的。Swing与AWT其他组件的细微差别,可以在使用过程中认真体会。这一小节详细介绍Swing中下拉菜单和快捷菜单的使用。

JMenubar是Swing中创建菜单栏的类,该类的主要方法见表8-29。JFrame类有一个将菜单条放置到窗口中的方法setJMenuBar(JMenuBar bar),该方法将菜单条添加到窗口的顶端。

表8-29　JMenuBar类常用的方法

方　　法	功　　能
JMenuBar()	创建一个空的菜单栏
JMenu add(JMenu c)	在菜单栏中添加菜单c

JMenu是Swing中创建下拉菜单的类,JMenu类的主要方法见表8-30。

表8-30　JMenu类常用的方法

方　　法	功　　能
JMenu()	创建一个空标题的菜单
JMenu(String s)	创建一个指定标题的菜单,标题由参数s确定
public void add(JMenuItem item)	向菜单增加由参数item指定的菜单选项
public JMenuItem getItem(int n)	获得指定索引处的菜单选项
public int getItemCount()	获得菜单选项的数目

JMenuItem 是 Swing 中创建菜单选项的类,JMenuItem 类的主要方法见表 8-31。

表 8-31 JMenuItem 类常用的方法

方 法	功 能
JMenuItem(String s)	创建有标题的菜单项
JMenuItem(String text,Icon icon)	创建有标题和图标的菜单项
public void setEnabled(boolean b)	设置当前菜单项是否可被选择
public String getText()	获得菜单选项的名字
public void setText(String name)	设置菜单选项的名字为参数 name 指定的字符串
public void setAccelerator(KeyStroke keyStroke)	为菜单项设置快捷键

JPopupMenu 是 Swing 中创建快捷菜单的类,快捷菜单也叫上下文关联菜单,当右击鼠标的时候弹出。JPopupMenu 类的主要方法见表 8-32。

表 8-32 JPopupMenu 类常用的方法

方 法	功 能
JPopupMenu()	创建一个空的快捷菜单
JPopupMenu(String label)	创建有标题 label 的快捷菜单
JMenuItem add(JMenuItem menuItem)	为快捷菜单添加菜单项 menuItem

下拉菜单和快捷菜单本身可以接收并处理组件、容器、焦点、键盘、鼠标等事件。一般而言,可以采用处理 ActionEvent 事件的方法响应用户对菜单栏的操作,采用处理鼠标事件的方法弹出快捷菜单。

【例 8-19】 使用 JMenuBar 和 JPopupMenu 建立带有菜单的应用程序。

程序代码如下:

```
1       import java.awt.*;
2       import java.awt.event.*;
3       import javax.swing.*;
4       public class ExampleJMenuBar8_19 extends JFrame
5       {
6           JPanel jpnl=new JPanel();
7           JMenuBar jmnb=new JMenuBar();
8           JMenu jmnuFile=new JMenu("文件");
9           JMenu jmnuEdit=new JMenu("编辑");
10          JMenuItem jmniOpen=new JMenuItem("打开");
11          JMenuItem jmniSave=new JMenuItem("保存");
12          JMenuItem jmniClose=new JMenuItem("关闭");
13          JPopupMenu jpmn=new JPopupMenu("快捷菜单");
14          JMenuItem jmniCopy=new JMenuItem("复制");
15          JMenuItem jmniPaste=new JMenuItem("粘贴");
16          public ExampleJMenuBar8_19 ()
17          {
18              setJMenuBar(jmnb);
19              jmnb.add(jmnuFile);
```

```java
20          jmnb.add(jmnuEdit);
21          jmnuFile.add(jmniOpen);
22          jmnuFile.add(jmniSave);
23          jmnuFile.addSeparator();
24          jmnuFile.add(jmniClose);
25          jmniCloseHandler close=new jmniCloseHandler();
26          jmniClose.addActionListener(close);
27          jpmn.add(jmniCopy);
28          jpmn.add(jmniPaste);
29          jpnl=(JPanel)this.getContentPane();
30          jpnl.addMouseListener(new java.awt.event.MouseAdapter()
31          {
32              public void mouseClicked(MouseEvent e)
33              {
34                  jpnl_mouseClicked(e);
35              }
36          });
37      }
38      private class jmniCloseHandler implements ActionListener
39      {
40          public void actionPerformed(ActionEvent e){
41              if(e.getSource()==jmniClose)
42                  System.exit(0);
43          }
44      }
45      void jpnl_mouseClicked(MouseEvent e)
46      {
47          if(SwingUtilities.isRightMouseButton(e))
48              jpmn.show(e.getComponent(),e.getX(), e.getY());
49      }
50      public static void main(String[] args)
51      {
52          ExampleJMenuBar8_19 example=new ExampleJMenuBar8_19();
53          example.setSize(300,200);
54          example.setTitle("菜单栏和快捷菜单的示例");
55          example.setVisible(true);
56      }
57  }
```

程序运行结果如图 8-25 所示。

程序分析如下：

第 7 行代码创建了菜单栏 jmnb。第 8、9 行代码创建了菜单 jmnuFile 和 jmnuEdit。第 10~12 行代码创建了菜单项 jmniOpen、jmniSave 和 jmniClose。第 13 行代码创建了弹出菜单 jpmn。第 14、15 行代码创建了菜单项 jmniCopy 和 jmniPaste。第 18 行代码调用方法 setJMenuBar(jmnb)将菜单栏添加至窗口的顶部。第 19、20 行代码为菜单栏添加菜单

jmnuFile 和 jmnuEdit。第 21～24 行代码为菜单 jmnuFile 添加菜单项。第 26 行代码为菜单项 jmniClose 设置了动作事件监听 close,第 38～44 行代码对 jmniCloseHandler 的定义,它实现了 ActionListener 接口,其中方法 actionPerformed(ActionEvent e)中第 42 行代码实现了关闭程序的功能。第 27、28 行代码为弹出菜单添加了菜单项。第 29 行代码获取底层容器 jpnl。第 30 行代码为容器设置了鼠标事件,具体的事件处理过程被定义为方法 jpnl_mouseClicked(MouseEvent e),对该方法的定义在第 45～49 行代码,其中第 48 行代码表示如果右击了鼠标,就在鼠标位置显示弹出菜单。

图 8-25 例 8-19 程序运行结果

8.4.4 Swing 中的新增组件

前面所讲到的组件,要么在 AWT 中原来就存在,在 Swing 中又增加了一些功能,要么与 AWT 的组件非常类似。在这一小节,将介绍 Swing 中新增的组件,AWT 中没有且没有相似功能的组件。

1. 密码区域 JPasswordField

JPasswordField 是专门用来输入密码的组件,位于 javax.swing.JPasswordField,该类常用的方法见表 8-33。

表 8-33 JPasswordField 类常用的方法

方法	功能
JPasswordField()	创建一个空的密码区域
JPasswordField(String text, int columns)	创建一个初始字符串为 text,列宽为 columns 的密码区域
void setEchoChar(char c)	设置密码的显示字符
char[] getPassword()	返回输入的密码

2. 格式化文本区域 JTextPane,JEditPane

JTextPane 用来创建一个格式化的文本区域,位于 javax.swing.JTextPane,和 AWT 中的 TextArea 用法类似,但是可以设置显示格式,还可以显示图片。JEditPane 位于 javax.swing.JEditPane,除了显示文本之外,还可以显示网页。

3. 树 JTree

JTree 可以创建树状结构,树由根结点、分支结点、叶子结点构成。Swing 中提供了很多方法,使得树的功能很全面,使用树必须导入 javax.swing.tree.* 包。树的结点都是由 DefaultMutableTreeNode 类定义的,通过结点间的层次关系来组织管理树中相应的内容。创建树的时候,必须先创建根结点,然后将其他的结点按照层次关系加入到树中。JTree 常用的方法见表 8-34。

表 8-34　JTree 类常用的方法

方　　法	功　　能
JTree()	创建一个空的树
JTree(TreeNode root)	创建有一个结点 root 的树
public void addTreeSelectionListener(TreeSelectionListener tsl)	为 TreeSelection 事件添加侦听器

树常用的事件处理是树的选项事件 TreeSelectionEvent,当单击树中某个结点的时候会触发这一事件,编写事件代码的时候可以使用接口 TreeSelectionListener 并实现方法 valueChanged(TreeSelectionEvent e)。

【例 8-20】　使用 JTree 建立带有树状列表的应用程序,利用树状结构显示一级学科及二级学科。

程序代码如下:

```
1    import java.awt.*;
2    import java.awt.event.*;
3    import javax.swing.*;
4    import javax.swing.tree.*;
5    import javax.swing.event.*;
6    public class ExampleJTree8_20 extends JFrame
7    {
8        DefaultMutableTreeNode root=new DefaultMutableTreeNode("一级学科");
9        JTree jtre=new JTree(root);
10       JLabel jlbl=new JLabel("您选择了");
11       public ExampleJTree8_20()
12       {
13           this.setSize(300,300);
14           this.setTitle("树的示例");
15           this.getContentPane().add(jtre,BorderLayout.CENTER);
16           this.getContentPane().add(jlbl,BorderLayout.SOUTH);
17           insertTree(root);
18           treeHandle th=new treeHandle();
19           jtre.addTreeSelectionListener(th);
20       }
21       class treeHandle implements TreeSelectionListener
22       {
23           public void valueChanged(TreeSelectionEvent e)
24           {
25               DefaultMutableTreeNode node=new DefaultMutableTreeNode();
26               node=(DefaultMutableTreeNode)jtre.getLastSelectedPathComponent();
27               Object info=node.getUserObject();
28               if(node==null) return;
29               else jlbl.setText("您选择了"+info.toString());
30           }
31       }
```

```
32      private void insertTree(DefaultMutableTreeNode root)
33      {
34          DefaultMutableTreeNode nodeJSJ=new DefaultMutableTreeNode("计算机
            科学与技术");
35          root.add(nodeJSJ);
36          DefaultMutableTreeNode nodeXTJG=new DefaultMutableTreeNode("计算机
            系统结构");
37          DefaultMutableTreeNode nodeRJLL=new DefaultMutableTreeNode("计算机
            软件与理论");
38          DefaultMutableTreeNode nodeYYJS=new DefaultMutableTreeNode("计算机
            应用技术");
39          nodeJSJ.add(nodeXTJG);
40          nodeJSJ.add(nodeRJLL);
41          nodeJSJ.add(nodeYYJS);
42          DefaultMutableTreeNode nodeRJ=new DefaultMutableTreeNode("软件工程");
43          root.add(nodeRJ);
44          DefaultMutableTreeNode nodeGCLL=new DefaultMutableTreeNode("软件工
            程理论");
45          DefaultMutableTreeNode nodeGCJS=new DefaultMutableTreeNode("软件工
            程技术");
46          nodeRJ.add(nodeGCLL);
47          nodeRJ.add(nodeGCJS);
48      }
49      public static void main(String[] args)
50      {
51          ExampleJTree8_20 example=new ExampleJTree8_20();
52          example.setVisible(true);
53      }
54  }
```

程序运行结果如图 8-26 所示。

程序分析如下：

第 9 行代码创建了树对象 jtre,有一个根结点 root。第 10 行代码创建了标签对象 jlbl。第 17 行代码调用自定义的方法 insertTree 为树插入分支结点。第 32～48 行代码是对方法 insertTree 的定义。第 19 行代码为树添加了选项事件的监听。第 21～31 行代码定义了类 treeHandle,该类实现了 TreeSelectionListener 接口,其中第 23～30 行代码实现了接口的方法 valueChanged (TreeSelectionEvent e),将用户选择的树中结点的信息显示在标签对象 jlbl 中。

图 8-26　例 8-20 程序运行结果

4. 表格 JTable

JTable 可以用来创建行列结构的表,使用的时候必须导入 import javax.swing.table.* 包。JTable 通常要加到 JScrollPane 中才能显示带滚动条的表格,如果不加到 JScrollPane 中,默认不显示表头。JTable 常用的方法见表 8-35。

表 8-35 JTable 类常用的方法

方　　法	功　　能
JTable()	构造一个默认的 JTable,使用默认的数据模型、默认的列模型和默认的选择模型对其进行初始化
JTable(int numRows,int numColumns)	使用默认数据模型构造具有 numRows 行和 numColumns 列个空单元格的 JTable
JTable(Object[][] rowData,Object[] columnNames)	构造一个 JTable 来显示二维数组 rowData 中的值,其列名称由数组 columnNames 提供
JTable()	构造一个默认的 JTable,使用默认的数据模型、默认的列模型和默认的选择模型对其进行初始化
JTable(int numRows,int numColumns)	使用默认数据模型构造具有 numRows 行和 numColumns 列个空单元格的 JTable

JTable 经常需要处理的事件是 ListSelectionEvent,它所对应的接口是 ListSelectionListener,接口中需要实现的方法是 valueChanged(ListSelectionEvent e)。ListSelectionEvent 事件也是 JList 和 JTree 的常用事件。

【例 8-21】 使用 JTable 建立带表格的应用程序。

程序代码如下:

```
1    import java.awt.*;
2    import java.awt.event.*;
3    import javax.swing.*;
4    import javax.swing.table.*;
5    import javax.swing.event.*;
6    public class ExampleJTable8_21 extends JFrame
7    {
8        JTable jtbl;
9        JTextArea jtta=new JTextArea("您选择了");
10       int selectedRowid=0;
11       int selectedColumnid=0;
12       public ExampleJTable8_21()
13       {
14           this.setSize(300,300);
15           this.setTitle("表的示例");
16           Object[] columnNames={"姓名","性别","电话号码"};
17           Object[][] rowData={{"张三","男","13501010101"},{"李四","女",
                 "13602020202"},{"王五","男","13703030303"}};
18           jtbl=new JTable(rowData,columnNames);
19           JScrollPane jsclp=new JScrollPane(jtbl);
20           this.getContentPane().add(jsclp,BorderLayout.CENTER);
21           this.getContentPane().add(jtta,BorderLayout.SOUTH);
22           ListSelectionModel row=jtbl.getSelectionModel();
23           ListSelectionModel column=jtbl.getColumnModel().getSelectionModel();
24           row.addListSelectionListener(new ListSelectionListener()
25           {
```

```
26          public void valueChanged(ListSelectionEvent e)
27          {
28              if(e.getValueIsAdjusting()) return;
29              selectedRowid=jtbl.getSelectedRow();
30              jtta.append("行索引"+selectedRowid);
31          }
32      });
33      column.addListSelectionListener(new ListSelectionListener()
34      {
35          public void valueChanged(ListSelectionEvent e)
36          {
37              if(e.getValueIsAdjusting()) return;
38              selectedColumnid=jtbl.getSelectedColumn();
39              jtta.append("列索引"+selectedColumnid);
40          }
41      });
42  }
43  public static void main(String[] args)
44  {
45      ExampleJTable8_21 example=new ExampleJTable8_21();
46      example.setVisible(true);
47  }
48 }
```

程序运行结果如图8-27所示。

程序分析如下：

第8行代码声明了表格对象jtbl。第9行代码创建了文本区域对象jtta。第10、11行代码设置了变量selectedRowid和selectedColumnid用来记录用户所选择的行索引和列索引。第16行代码定义了数组columnNames，存储表格的表头信息。第17行代码定义了数组rowData，存储表格的内容。第18行代码创建了表格对象jtbl，并指定了表格的内容和表头。对表格的行列要分别设置事件监听。第22行代码定义了对象

图8-27 例8-21程序运行结果

row，获取表格选择的模式。第24行代码调用addListSelectionListener方法为表格的行选择设置了ListSelectionEvent事件监听。第26～31行代码实现了ListSelectionListener接口的方法valueChanged(ListSelectionEvent e)，将用户所选择的行的索引以追加形式显示在jtta中。对表格的列选择设置事件监听与此类似。

如果表格中的内容发生了变化，这时候需要处理的事件是TableModelEvent，对应的接口是TableModelListener。更多JTable的事件处理方法，请大家查阅帮助文档自学。

8.4.5 Swing事件概述

Swing沿用了AWT的事件包，由于Swing中增加了许多新功能，所以在设计图形用户

界面时也增加了许多事件需要处理。在学习过程中,没有必要去花大量的时间熟悉类库中的每个事件,较好的学习方法是掌握 Java 的"事件源—事件监听者"模型,进而学会建立自己的事件类型和相应的监听器,类库中的事件当需要的时候查阅手册会用即可。

习 题 8

一、选择题

1. Java 语言中可以用来开发图形用户界面的技术有( )。
   A. AWT B. SWT C. Swing D. A、B 和 C
2. ( )是 Java 语言中最早用于编写图形用户界面应用程序的开发类库。
   A. AWT B. SWT C. Swing D. A、B 和 C
3. 在键盘事件中,键符按下又释放时调用的方法是( )。
   A. keyPressed() B. keyReleased()
   C. keyTyped() D. keyDown()
4. 键盘事件 KeyEvent 涉及的接口是 KeyListener,该接口相应的适配器是 KeyAdapter。接口 KeyListener 的方法是( )。
   A. keyPressed() B. keyReleased()
   C. keyTyped() D. A、B 和 C
5. 要判断 Shift 键是否按下,可使用的方法是( )。
   A. isShiftDown() B. isMetaDown()
   C. isKeyDown () D. isControlDown ()
6. 在 Java 语言中,AWT 组件中需要设置选项事件的有( )。
   A. Checkbox B. Choice C. List D. A、B 和 C
7. ( )布局可以设置将组件分别居左、居右或居中对齐显示。
   A. BorderLayout B. FlowLayout C. GridLayout D. CardLayout
8. Swing 中将容器分为不同的层次,底层容器可以是( )。
   A. JApplet B. JDialog C. JFrame D. A、B 和 C
9. Swing 中的信息选择对话框是( )。
   A. showConfirmDialog B. showInputDialog
   C. showOptionDialog D. showMessageDialog
10. JFrame 类有一个方法( ),可以将菜单条添加到窗口的顶端。
    A. setJMenuBar(JMenuBar bar) B. add(JMenuItem item)
    C. add(JMenu c) D. setText(String name)

二、填空题

1. 图形用户界面简称_____。
2. Java 语言自 JDK 1.1 之后,确定了"事件源——事件监听者"的模型。引发事件的对象称为_____,接收并处理事件的对象被称为_____。
3. 在 KeyEvent 类中,分别获取按下键位的键码、字符的方法是_____和_____。
4. Java 语言为 MouseListener、MouseMotionListener 提供的适配器类分别是_____

和_____。

5. JPasswordField 是专门用来输入密码的组件,位于 javax.swing.JPasswordField,该类的方法_____用来设置密码的显示字符。

6. Jtree 树常用的事件处理是树的选项事件_____,当单击树中某一结点的时候会触发这一事件。

三、简答题

1. 什么是图形用户界面?列举出图形用户界面中经常使用的组件。

2. 简述 Java 的事件处理机制。什么是事件源?什么是监听者?在 Java 的图形用户界面中,谁可以充当事件源?谁可以充当监听者?

3. 动作事件的事件源可以有哪些?如何响应动作事件?

4. 说明文本框与标签之间的区别。它们都可以引发什么事件?如何响应此事件?

5. MouseMotionEvent 事件和 MouseEvent 事件有什么不同?它们对应的接口各是什么?各有什么方法?

6. 什么是容器的布局?列举并简述 Java 中常用的几种布局策略。

四、编程题

1. 编写程序包含一个标签、一个文本框和一个按钮,当用户单击按钮时,程序把文本框中的内容复制到标签中。

2. 设计一个计算器,要求使用按钮、文本框、布局管理和标签等组件实现加、减、乘、除运算。

3. 编写图形界面的 Application 程序,该程序包含一个菜单,选择这个菜单的"退出"选项可以关闭 Application 的窗口并结束程序。

4. 根据本章所学的内容设计一个模拟的文字编辑器。

5. 使用 Swing 组件,编写一个密码验证程序。

6. 编写一个能动态改变树结点的程序。

第 9 章 输入输出流

设计程序时,经常需要输入和输出数据,比如从本机的键盘、磁盘文件甚至网络向程序输入数据,程序运行的结果,也会输出到显示屏幕、磁盘文件或网络中去,这些都会涉及数据的输入输出处理。

Java 通过数据流来实现程序相关的数据输入输出。本章主要介绍数据流的概念、应用及 java.io 包中与数据流相关的类,主要涉及字节流、字符流和与文件相关的处理,最后再介绍下串行化的概念和串行化的方法。

java.nio 包是 JDK 提供的新 API,为所有的原始类型提供(Buffer)缓存支持和字符集编码解码解决方案。这部分内容本章不作介绍,请读者参考相应的 JDK 文档。

9.1 I/O 流概述

9.1.1 数据流概念

数据流是一组有序的数据序列,分为数据输入流和数据输出流。对于程序来说,数据输入流对外设(包括文件、网络等)只能读,不能写;数据输出流对外设则只能写,不能读。

Java 通过输入和输出流完成程序数据的输入和输出。无论要传输数据的外设类型如何不同,对于程序来说,数据流的行为都是相同的,I/O 类将程序与操作系统的具体细节分离开来。如图 9-1 所示,假如键盘、磁盘文件或网络等通称为程序数据的输入源、而屏幕、磁盘文件或网络作为程序数据的输出端,Java 程序从输入源读取数据,也可以把数据输出到输出端。

图 9-1 数据输入流和输出流示意

9.1.2 Java 数据流介绍

java.io 包中主要定义了两种类型的数据流:字节流类和字符流类。字节流处理的数据是以字节为单位处理的,也是最基本的处理方式。字符流处理的数据是由 Java 虚拟机将字节转化为 Unicode 字符(长度为 2B)作为单位字符,采用了统一的编码标准,也更适合国际化。字节流可用于任何类型的对象,包括二进制对象,而字符流只能处理字符或者字符串,但其在某些场合提供更有效的方式,比如文本处理等。

1. 字节流类

字节流类都继承自两个抽象类:InputStream 和 OutputStream。不同的子类可对不同的外设进行处理,例如磁盘文件、网络连接等。

java.io 包中字节流大多是成对的,分别为输入字节流和输出字节流,例如,FileInputStream 是用来从文件中读出数据的,是输入流,而 FileOutputStream 是用来向文件中写数据的,是输出流。

在 java.io 包中,输入字节流各子类都继承自 InputStream,类层次结构如图 9-2 所示。

图 9-2　输入字节流类层次结构

InputStream 的子类功能描述见表 9-1。

表 9-1　InputStream 的子类功能描述

类　名	功　能　描　述
ByteArrayInputStream	与字节数组读取相关的输入流
FileInputStream	与文件读取相关的输入流
ObjectInputStream	对象输入流,用于串行化时对象的读取
PipedInputStream	管道输入流
StringInputStream	与字符串相关的输入流
SquenceInputStream	队列输入流,可以汇聚多个输入流至一个输入流
FilterInputStream	过滤输入流,有多个子类
BufferedInputStream	FilterInputStream 的子类,是带内部缓冲的过滤输入流
DataInputStream	FilterInputStream 的子类,是按基本数据类型读取数据的输入流
LineNumberInputStream	FilterInputStream 的子类,是能按行读取数据的过滤输入流
PushBackInputStream	FilterInputStream 的子类,可以将一个字节数据回送给数据源

在 java.io 包中,输出字节流各子类都继承自 OutputStream,类层次结构如图 9-3 所示。

图 9-3　输出字节流类层次输入结构

OutputStream 的子类功能描述见表 9-2。

表 9-2　OutputStream 的子类功能描述

类　　名	功　能　描　述
ByteArrayOutputStream	与字节数组写入相关的输出流
FileOutputStream	与文件写入相关的输出流
ObjectOutputStream	对象输出流,用于串行化时对象写处理
PipedOutputStream	管道输出流
FilterOutputStream	过滤输出流,有多个子类
BufferedOutputStream	FilterOutputStream 的子类,带内部缓冲的过滤输出流
DataOutputStream	FilterOutputStream 的子类,按基本数据类型写数据的输出流
PrintStream	FilterOutputStream 的子类,用于数据显示格式化输出结果的过滤输出流

2. 字符流类

与字节流的两个抽象类 InputStream 和 OutputStream 相对应,字符流的各个子类都继承自 Reader 和 Writer 两个抽象类。

在 java.io 包中,输入字符流各子类都继承自 Reader,类层次结构如图 9-4 所示。

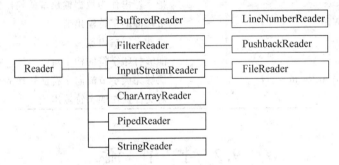

图 9-4　输入字符流类层次结构

Reader 的子类功能描述见表 9-3。

表 9-3　Reader 的各子类功能描述

类　　名	功　能　描　述
CharArrayReader	与字符数组读取相关的字符输入流
PipedReader	管道字符输入流
StringReader	把字符串作为数据源的字符输入流
BufferedReader	带缓冲的字符输入流
LineNumberReader	是 BufferedReader 的子类,能统计行数的字符输入流
FilterReader	过滤字符输入流
PushbackReader	能够使输入退回一个字符的输入流
InputStreamReader	能够完成字节流向字符流转换的输入流
FileReader	对文件操作的字符输入流

在 java.io 包中,输出字符流各子类都继承自 Writer,类层次结构如图 9-5 所示。
Writer 的子类功能描述见表 9-4。

图 9-5 输出字符流类层次结构

表 9-4 Writer 的子类功能描述

类　　名	功 能 描 述
CharArrayWriter	与字符数组读取关联的输出流
PipedWriter	管道字符输出流
StringWriter	把字符串作为数据输出端的输出流
BufferedWriter	带缓冲的字符输出流
FilterWriter	过滤字符输出流
PrintWriter	能够打印字符的输出流
OutputStreamReader	能够完成字节流向字符流转换的输出流
FileWriter	对文件操作的字符输出流

9.2 字 节 流

9.2.1 InputStream 和 OutputStream

1. InputStream

InputStream 是表示字节输入流的所有类的超类,是一个抽象类。该类不能实例化,具体针对不同数据源输入靠其子类来完成。其声明形式如下:

```
public abstract class InputStream extends Object implements Closeable
```

InputStream 继承自 Object 类,实现 Closeable 接口,该类的方法运行时如果出错,会产生 IOException 的异常。InputStream 的方法见表 9-5。

表 9-5 InputStream 的方法描述

方　　法	功 能 描 述
int available()	返回输入流下一个方法调用时可以不受阻塞地从此输入流读取(或跳过)的字节数
void close()	关闭输入流并释放与该流关联的所有系统资源
void mark(int readlimit)	在输入流中标记当前位置

续表

方法	功能描述
boolean markSupported()	测试输入流是否支持 mark 和 reset 方法
abstract int read()	从输入流中读取数据的下一个字节
int read(byte[] b)	从输入流中读取一定数量的字节,并将其存储在数组 b 中
int read(byte[] b, int off, int len)	将输入流中最多 len 个数据字节读入到 byte 数组
void reset()	将输入流重新定位到最后一次对其调用 mark 方法时的位置

2. OutputStream

OutputStream 是表示字节输出流的所有类的超类,是一个抽象类。该类不能实例化,具体针对不同数据输出靠其子类来完成。其声明形式如下:

`public abstract class OutputStream extends Object implements Closeable, Flushable`

OutputStream 继承自 Object 类,实现 Closeable 接口和 Flushable 接口,该类的方法运行时如果出错,会产生 IOException 的异常。OutputStream 的方法见表 9-6。

表 9-6 OutputStream 的方法描述

方法	功能描述
void close()	关闭输出流,并释放与此流有关的所有系统资源
void flush()	刷新此输出流,并强制写出所有缓冲的输出字节
void write(byte[] b)	将 b.length 个字节从指定的 byte 数组写入此输出流
void write(byte[] b, int off, int len)	将指定 byte 数组中从偏移位置 off 开始的 len 个字节写入输出流
abstract void write(int b)	将指定的字节数据写入到输出流

9.2.2 FileInputStream 和 FileOutputStream

1. FileInputStream

FileInputStream 继承自 InputStream,用来顺序读取本地文件。它的 3 个构造方法如下:

`FileInputStream(File file)`

此构造方法通过打开一个到实际文件的连接来创建一个 FileInputStream,该文件通过文件系统中的 File 对象 file 指定。

`FileInputStream(FileDescriptor fdObj)`

此构造方法以 FileDescriptor 对象作为参数,FileDescriptor 也是 java.io 包中的类,用来关联一个已打开的文件,或已打开的网络链接,或其他 I/O 连接。

`FileInputStream(String name)`

此构造方法通过打开一个到实际文件的连接来创建一个 FileInputStream,该文件通过文件系统中的路径名 name 指定。

注意：参数中所关联的文件如果不存在，则会产生 FileNotFoundException 的异常。

FileInputStream 继承和重写了 InputStream 的方法，不支持 mark 方法和 reset 方法，而且又增加了部分方法，见表 9-7。

表 9-7 FileInputStream 的方法描述

方 法	功 能 描 述
int available()	返回输入流下一个方法调用时可以不受阻塞地从此输入流读取（或跳过）的字节数
void close()	关闭此输入流并释放与该流关联的所有系统资源
protected void finalize()	确保不引用文件输入流时调用其 close 方法
FileChannel getChannel()	返回与此文件输入流有关的唯一 FileChannel 对象
int read()	从输入流中读取数据的下一个字节
int read(byte[] b)	从输入流中读取一定数量的字节，并将其存储在缓冲区数组 b 中
int read(byte[] b, int off, int len)	将输入流中最多 len 个数据字节读入数组 b
long skip(long n)	从输入流中跳过并丢弃 n 个字节的数据
FileDescriptor getFD()	返回表示到文件系统中实际文件的连接的 FileDescriptor 对象，该文件系统正被此 FileInputStream 使用

2. FileOutputStream

FileOutputStream 继承自 OutputStream，用来将数据写入到本地文件。它的 5 个构造方法如下：

`FileOutputStream(File file)`

此构造方法创建一个向指定 File 对象表示的文件中写入数据的文件输出流。

`FileOutputStream(File file, boolean append)`

此构造方法创建一个向指定 File 对象表示的文件中写入数据的文件输出流，如果 append 参数值为 true，则将字节写入文件末尾处，否则写入文件开始处。

`FileOutputStream(FileDescriptor fdObj)`

此构造方法创建一个向指定文件描述符处写入数据的输出文件流，该文件描述符表示一个到文件系统中的某个实际文件的现有连接。

`FileOutputStream(String name)`

此构造方法创建一个向具有指定名称的文件中写入数据的输出文件流。

`FileOutputStream(String name, boolean append)`

此构造方法创建一个向具有指定 name 的文件中写入数据的输出文件流，如果 append 参数值为 true，则将字节写入文件末尾处，否则写入文件开始处。

注意：参数中所关联的文件如果不存在，或不是常规文件比如是目录，则会产生 FileNotFoundException 的异常。

FileOutputStream 继承和重写了 OutputStream 的方法，而且又增加了部分方法，其方法见表9-8。

表9-8　FileOutputStream的方法描述

方　　法	功　能　描　述
void close()	关闭此输出流并释放与该流关联的所有系统资源
protected void finalize()	确保在不再引用文件输出流时调用其close方法
FileChannel getChannel()	返回与此文件输出流有关的唯一FileChannel对象
void write(byte[] b)	将b.length个字节从指定byte数组写入此文件输出流中
void write(byte[] b, int off, int len)	将指定byte数组中从偏移量off开始的len个字节写入此文件输出流
void write(int b)	将指定字节写入此文件输出流
FileDescriptor getFD()	返回与此流有关的文件描述符

【例9-1】 在C盘创建一个MyInput.txt的记事本文件,在其中写入一串字符"12345abcde",在C盘另创建一个MyOutput.txt的记事本文件。用FileInputStream和FileOutputStream类编写程序把MyInput.txt的数据读出来,并写入到MyOutput.txt中。

程序代码如下：

```
1     import java.io.*;
2     public class ReadWriteFile9_1
3     {
4         public static void main(String args[])
5         {
6             try
7             {
8                 int t;
9                 String tData="";
10                String readFileName="c:\\MyInput.txt";
11                FileInputStream in=new FileInputStream(readFileName);
12                System.out.println("读入文件名称为："+readFileName);
13                System.out.println("文件总字节数为："+in.available());
14                while((t=in.read())!=-1)
15                {
16                    tData+=(char)t;
17                }
18                System.out.println("读出文件内容为 ："+tData);
19                in.close();
20                String writeFileName="c:\\MyOutput.txt";
21                byte[] b;
22                FileOutputStream out=new FileOutputStream(writeFileName);
23                System.out.println("写入文件名称为："+writeFileName);
24                b=tData.getBytes();
25                out.write(b,0,b.length);
26                out.close();
```

```
27              }
28          catch(IOException e)
29          {
30              System.out.println("File Read or Write Error");
31          }
32      }
33  }
```

程序运行结果如下：

读入文件名称为：c:\MyInput.txt
文件总字节数为：10
读出文件内容为：12345abcde
写入文件名称为：c:\MyOutput.txt
当打开 MyOutput.txt 文件能看到,文件内容为：12345abcde。

程序分析如下：

本例实现了文件内容的复制,其中第 11 行代码创建文件输入流对象,并关联文件 c:\MyInput.txt;第 14 行代码用 read()方法从输入流读取一个字节;第 25 行代码把字节数组 b 的内容用 write(byte[] b, int off, int len)方法写到输出流。

9.2.3 RandomAccessFile

FileInputStream 和 FileOutputStream 是顺序访问流,对文件的读写操作必须从头开始,不能从中间的位置随意读取,且输入流只能读,不能写,输出流只能写,不能读。

RandomAccessFile 提供了"随机访问"文件的方式,即可以在文件中的任一位置开始读写,而且可以完成对同一个文件的读和写操作。

RandomAccessFile 类有两个构造方法如下：

`RandomAccessFile(File file, String mode)`

该构造方法创建从中读取和向其中写入(可选)的随机访问文件流,该文件由 File 参数指定,mode 指定访问的方式,r 表示读,w 表示写。

`RandomAccessFile(String name, String mode)`

该构造方法创建从中读取和向其中写入(可选)的随机访问文件流,该文件具有指定名称。
RandomAccessFile 类提供的部分方法见表 9-9,其他的方法可以参考 JDK 文档说明。

表 9-9 RandomAccessFile 的方法描述

方　　法	功　能　描　述
void close()	关闭随机访问文件流并释放与该流关联的所有系统资源
long length()	返回此文件的长度
int read()	从此文件中读取一个数据字节
int read(byte[] b, int off, int len)	将最多 len 个数据字节从此文件读入 byte 数组
char readChar()	从文件读取一个字符
void write(int b)	将指定字节写入此文件输出流
void writeChar(int v)	按双字节值将 char 写入该文件,先写高字节

【例 9-2】 在 C 盘创建一个 MyInput.txt 的记事本文件,在其中写入一串字符 "12345abcde",在 C 盘另创建一个 MyOutput.txt 的记事本文件。用 RandomAccessFile 类编写程序把 MyInput.txt 的数据从任意位置读出来,并写入 MyOutput.txt 中。

程序代码如下:

```
1    import java.io.RandomAccessFile;
2    import java.io.IOException;
3    public class RandomReadWriteFile9_2
4    {
5        public static void main(String args[])
6        {
7            try
8            {
9                int t;
10               String tData="";
11               String fileName1="c:\\MyInput.txt";
12               String fileName2="c:\\MyOutput.txt";
13               RandomAccessFile in=new RandomAccessFile(fileName1,"r");
14               RandomAccessFile out=new RandomAccessFile(fileName2,"rw");
15               System.out.println("读入文件名称为:"+fileName1);
16               in.seek(3);
17               while((t=in.read())!=-1)
18               {
19                   tData+=(char)t;
20               }
21               System.out.println("读出文件内容为 : "+tData);
22               in.close();
23               byte[] b;
24               System.out.println("写入文件名称为:"+fileName2);
25               b=tData.getBytes();
26               out.write(b,0,b.length);
27               out.close();
28           }
29           catch(IOException e)
30           {
31               System.out.println("File Read or Write Error");
32           }
33       }
34   }
```

程序运行结果如下:

读入文件名称为:c:\MyInput.txt
读出文件内容为:45abcde
写入文件名称为:c:\MyOutput.txt
打开 MyOutput.txt 文件能看到,文件内容为:45abcde。

程序分析如下：

第 13 行代码创建只读的 RandomAccessFile 对象，并关联文件 c:\MyInput.txt；第 14 行代码创建可读写的 RandomAccessFile 对象，并关联文件 c:\MyOutput.txt；第 16 代码行移动文件指针到 3 位置处；第 17 行代码从位置 3 开始读 c:\MyInput.txt 中的数据，即从字符 4 开始读；第 26 行代码把字节数组 b 的内容用 write(byte[] b, int off, int len)方法写到 c:\MyOutput.txt 中去。

9.2.4 BufferedInputStream 和 BufferedOutputStream

1. BufferedInputStream

BufferedInputStream 是增加了缓冲的输入流，用来连接别的输入流，通过缓冲区来提高性能。当内部缓冲区的数据读取完毕以后，其将自动地从数据源输入流中再次读取接下来的一批数据覆盖缓冲区，而缓冲区指针标记会重新指向缓冲区首部。默认的缓冲区大小为 512KB，也可以设置缓冲区的大小。

BufferedInputStream 的两个构造方法如下：

```
BufferedInputStream(InputStream in)
```

该构造方法创建一个 BufferedInputStream 并保存其参数，即输入流 in，以便将来使用。

```
BufferedInputStream(InputStream in, int size)
```

该构造方法创建具有指定缓冲区大小的 BufferedInputStream 并保存其参数，即输入流 in，以便将来使用。其中 size 是用来设定缓冲区大小，如果不指定缓冲区大小则取默认值 512KB。

BufferedInputStream 的方法见表 9-10。

表 9-10 BufferedInputStream 的方法描述

方 法	功 能 描 述
int available()	返回可以从此输入流读取（或跳过）、且不受此输入流接下来的方法调用阻塞的字节数
void close()	关闭此输入流并释放与该流关联的所有系统资源
int read()	参见 InputStream 的 read 方法
int read(byte[] b, int off, int len)	从此字节输入流中给定偏移量处开始将各字节读取到指定的 byte 数组中
long skip(long n)	参见 InputStream 的 skip 方法

2. BufferedOutputStream

BufferedOutputStream 是增加了缓冲区的输出流，用来连接别的输出流，其同样拥有一个内部缓冲区，当内部缓冲区被写满后，或本输出流刷新，内部缓冲区的数据就会写入所连接的输出流。

BufferedOutputStream 的两种构造方法如下：

```
BufferedOutputStream(OutputStream out)
```
该构造方法创建一个新的缓冲输出流,以将数据写入指定的底层输出流。

```
BufferedOutputStream(OutputStream out, int size)
```
该构造方法创建一个新的缓冲输出流,以将具有指定缓冲区大小的数据写入指定的底层输出流。其中 size 是用来设定缓冲区大小,如果不指定缓冲区大小则取默认值 512KB。
BufferedOutputStream 的方法见表 9-11。

表 9-11 BufferedOutputStream 的方法描述

方 法	功 能 描 述
void flush()	刷新此缓冲的输出流
void write(byte[] b, int off, int len)	将指定 byte 数组中从偏移量 off 开始的 len 个字节写入此缓冲的输出流
void write(int b)	将指定的字节写入此缓冲的输出流

【例 9-3】 在 C 盘创建一个 MyInput.txt 的记事本文件,在其中写入一串字符"12345abcde",在 C 盘另创建一个 MyOutput.txt 的记事本文件。用 BufferedInputStream 和 BufferedOutputStream 类编写程序把 MyInput.txt 的数据从任意位置读出来,并写入 MyOutput.txt 中。

程序代码如下:

```
1      import java.io.*;
2      import java.io.IOException;
3      public class BufferedReadWriteFile9_3
4      {
5       public static void main(String args[])
6       {
7        try
8        {
9          int t;
10         long pos;
11         String tData="";
12         String fileName1="c:\\MyInput.txt";
13         String fileName2="c:\\MyOutput.txt";
14         FileInputStream datain=new FileInputStream(fileName1);
15         BufferedInputStream in=new BufferedInputStream(datain,16);
16         FileOutputStream dataout=new FileOutputStream(fileName2);
17         BufferedOutputStream out=new BufferedOutputStream(dataout);
18         System.out.println("文件总字节长度为:"+in.available());
19         System.out.println("读取的第 1 个字节为:"+(char)(in.read()));
20         pos=5;
21         in.skip(pos);
```

```
22              System.out.println("读取的第"+pos+"个字节为:"+(char)(in.read()));
23              while((t=in.read())!=-1)
24              {
25                  tData+=(char)t;
26              }
27              byte[] b;
28              System.out.println("读出的文件内容为: "+tData);
29              b=tData.getBytes();
30              out.write(b,0,b.length);
31              out.flush();
32              datain.close();
33              dataout.close();
34          }
35          catch(IOException e)
36          {
37              System.out.println("File Read or Write Error");
38          }
39      }
40  }
```

程序运行结果如下：

文件总字节长度为：10
读取的第 1 个字节为：1
读取的第 5 个字节为：b
读出的文件内容为：cde
打开 MyOutput.txt 文件能看到，文件内容为：cde。

程序分析如下：

第 14 行代码用缓冲流接上文件输入流；第 17 行代码用缓冲流接上文件输出流；第 21 行代码从输入流准中跳过 5B 的内容；第 30 行代码把字节数组 b 的内容用 write(byte[] b, int off, int len)方法写到输出流中去；第 31 行代码缓冲区刷新。

9.2.5 ByteArrayInputStream 和 ByteArrayOutputStream

1. ByteArrayInputStream

ByteArrayInputStream 是把字节数组作为源的输入流，即把字节数组作为内部缓冲区。该类的两个构造方法如下：

```
ByteArrayInputStream(byte[] buf)
```

该构造方法创建一个 ByteArrayInputStream，使用 buf 作为其缓冲区数组。

```
ByteArrayInputStream(byte[] buf, int offset, int length)
```

该构造方法创建 ByteArrayInputStream，使用 buf 作为其缓冲区数组，offset 是整型偏移量，length 是一个整型长度。

ByteArrayInputStream 的方法见表 9-12。

表 9-12 ByteArrayInputStream 的方法描述

方　　法	功 能 描 述
int available()	返回可从此输入流读取(或跳过)的剩余字节数
void close()	关闭 ByteArrayInputStream
void mark(int readAheadLimit)	设置流中的当前标记位置
int read()	从此输入流中读取下一个数据字节
int read(byte[] b, int off, int len)	将最多 len 个数据字节从此输入流读入 byte 数组
void reset()	将缓冲区的位置重置为标记位置
long skip(long n)	从此输入流中跳过 n 个输入字节

2. ByteArrayOutputStream

与 ByteArrayInputStream 相对应，ByteArrayOutputStream 对象中同样有一个字节数组作为内部缓冲区，也是该输出流的数据输出端。其有两个构造方法如下：

`ByteArrayOutputStream()`

该方法创建一个新的 byte 数组输出流，默认的内部缓冲区的长度为 32B。

`ByteArrayOutputStream(int size)`

该方法创建一个新的 byte 数组输出流，它具有指定大小的缓冲区容量(以字节为单位)。

ByteArrayOutputStream 的部分方法见表 9-13，其他未列入的见 JDK 文档说明。

表 9-13 ByteArrayOutputStream 的方法描述

方　　法	功 能 描 述
int size()	返回缓冲区的当前大小
void close()	关闭 ByteArrayOutputStream 无效
byte[] toByteArray()	创建一个新分配的 byte 数组
void reset()	将此 byte 数组输出流的 count 字段重置为零，丢弃输出流中目前已累积的所有输出
void write(byte[] b, int off, int len)	将指定 byte 数组中从偏移量 off 开始的 len 个字节写入此 byte 数组输出流
void write(int b)	将指定的字节写入此 byte 数组输出流

【例 9-4】 ByteArrayInputStream 和 ByteArrayOutputStream 类的实现字节缓冲区操作举例。要求针对字节数组作为数据源和输出端，并能显示操作的基本信息。

程序代码如下：

```
1     import java.io.*;
2     public class ByteArrayInOutputStream9_4
3     {
4         public static void main(String args[])
```

```java
5      {
6          try
7          {
8              String tdata="";
9              byte a[]={1,2,3,4,5,6,7,8,9};
10             ByteArrayInputStream datain=new ByteArrayInputStream(a,3,6);
11             System.out.println("a 数组缓冲区数据长度为:"+a.length);
12             System.out.println("输入流中可用:"+datain.available());
13             System.out.println("当前位置的字节数据为 : "+datain.read());
14             byte[] b={1,2,3};
15             datain.read(b);
16             System.out.println("从输入流中读到 b 中的数据为:"+b[0]+","+b[1]+","+b[2]);
17             ByteArrayOutputStream dataout=new ByteArrayOutputStream(10);
18             System.out.println("缓冲区初始长度:"+dataout.size());
19             dataout.write('0');
20             dataout.write(b);
21             System.out.println("缓冲区长度:"+dataout.size());
22             byte[] tempbytearray=dataout.toByteArray();
23             System.out.println("toByteArray 的结果: ");
24             for(int j=0;j<tempbytearray.length;j++)
25             {
26                System.out.println(tempbytearray[j]);
27             }
28             datain.close();
29             dataout.close();
30         }
31         catch(IOException e)
32         {
33             e.printStackTrace();
34         }
35     }
36 }
```

程序运行结果如下：

a 数组缓冲区数据长度为:9
输入流中可用:6
当前位置的字节数据为 : 4
从输入流中读到 b 中的数据为:5,6,7
缓冲区初始长度:0
缓冲区长度:4
toByteArray 的结果:
48
5
6

程序分析如下：

第 7 行代码以 a 中位置从 3 起长度为 6 的数据作为内部缓冲区数据，生成字节数组输入流；第 14 行代码生成缓冲区大小为 10 的字节数组输出流；第 19 行代码获取缓冲区数据。

9.2.6 SequenceInputStream

SequenceInputStream 用来把多个输入流组成的集合作为数据源，其能够依次对多个输入流读取，直到最后一个输入流读完结束。其构造方法有两个，分别如下：

`SequenceInputStream(Enumeration streamEnum)`

该构造方法通过记住参数来初始化新创建的 SequenceInputStream，该参数必须是生成运行时类型为 InputStream 对象的 Enumeration 型参数。

`SequenceInputStream(InputStream s1, InputStream s2)`

该构造方法通过记住这两个参数来初始化新创建的 SequenceInputStream（将按顺序读取这两个参数，先读取 s1，然后读取 s2），以提供从此 SequenceInputStream 读取的字节。SequenceInputStream 的主要方法见表 9-14。

表 9-14 SequenceInputStream 的方法描述

方　　法	功　能　描　述
void close()	关闭输入流，并释放与此输入流关联的所有系统资源
int read()	从输入流中读取下一个数据字节
int read(byte[] b, int off, int len)	将最多 len 个数据字节从输入流读入 byte 数组

【例 9-5】 把两个 ByteArrayInputStream 输入流组合一起进行读取。

程序代码如下：

```
1    public class SequenceInput9_5
2    {
3        public static void main(String args[])
4        {
5            try
6            {
7                byte a[]={1,2,3,4,5};
8                byte b[]={6,7,8,9,10,11};
9                ByteArrayInputStream a1=new ByteArrayInputStream(a);
10               ByteArrayInputStream b1=new ByteArrayInputStream(b);
11               SequenceInputStream s1=new SequenceInputStream(a1,b1);
12               System.out.println("总的数据长度为:"+s1.available());
13               byte[] c={3,4,5};
14               s1.read(c);
15               System.out.println(c[0]+","+c[1]+","+c[2]);
16               s1.skip(3);
17               s1.read(c);
```

```
18            System.out.println(c[0]+","+c[1]+","+c[2]);
19            System.out.println("当前可用数据长度为："+s1.available());
20        }
21        catch(Exception e)
22        {
23            e.printStackTrace();
24        }
25    }
26 }
```

程序运行结果如下：

总的数据长度为：5
1,2,3
7,8,9
当前可用数据长度为：1

程序分析如下：

第 11 行代码汇集通过 a1 和 b1 字节数组输入流，创建序列输入流 s1；第 12 行代码输出序列输入流的可用数据长度；第 14 行代码把序列输入流按照写入 c 的长度个数据给 c 数组。注意，用 read 方法读取序列输入流时，如果第 1 个字节数组输入流中的数据读完，并不直接从第 2 个字节数组输入流继续读。但是用 skip 方法可以跳到第 2 个字节数组中再读，如第 16 行代码。

9.2.7 标准输入输出流

标准输入输出流主要完成程序与输入输出外设之间的交互，Java 通过系统类 System 定义的两个 static 类型的变量来实现该功能，主要有如下 3 种方式。

(1) static InputStream in 键盘的标准输入。
(2) static PrintStream out 屏幕的标准输出。
(3) static PrintStream error 通过屏幕输出标准错误。

1. System.in

System.in 用来完成键盘的标准输入，主要通过下面 3 种 read() 方法完成：
(1) int read() 从标准输入流读入 1B 的数据。
(2) int read(byte[] b) 从标准输入流读入数据进数组 b 中。
(3) int read(byte[] b, int off, int len) 从标准输入流读入数据进数组 b，存放位置在偏移量 off，存入长度最多 len 个字节。

2. System.out

System.out 用来完成屏幕输出，主要通过如下两种方法完成：

```
public void print(DataType i);
public void println(DataType i);
```

其中，DataType 是数据类型，支持 boolean、char、String、int、long 等多种类型，println 在输出时比 print 多输出一个换行符。

【例 9-6】 把从键盘输入的字符存入数组并显示出来。

程序代码如下：

```
1    import java.io.*;
2    public class SystemInOut 9_6
3    {
4        public static void main(String args[])
5        {
6            try
7            {
8                byte a[]=new byte[128];
9                System.out.print("输入字符: ");
10               int count=System.in.read(a);
11               for(int i=0;i<count;i++)
12               {
13                   System.out.print(a[i]);
14               }
15               System.out.println("");
16               for(int i=0;i<count;i++){
17                   System.out.println(a[i]);
18               }
19           }
20           catch(IOException e)
21           {
22             e.printStackTrace();
23           }
24       }
25   }
```

程序运行结果如下：

输入字符：abcd
97989910097
98
99
100

程序分析如下：

第 10 行代码接收从键盘输入的字符进入数组 a 中；第 12 行代码和第 14 行代码输出 a 数组的内容，区别是第 14 行代码的每输出一个数据就换行一次。

9.3 字 符 流

Reader 及 Writer 继承体系中的类与 InputStream 和 OutputStream 继承体系中相应类的作用基本相同，区别在于 Reader 及 Writer 是基于 16 位的 Unicode 编码字符进行读取和写入操作的。

9.3.1 Reader 和 Writer

1. Reader 类

Reader 类对应于字节流的 InputStream 类,是所有字符输入流的超类,其是一个抽象类。

该类的方法运行时如果出错,会产生一个 IOException 的异常。Reader 类的主要方法见表 9-15。

表 9-15 Reader 类的方法描述

方 法	功 能 描 述
abstract void close()	关闭该流并释放与之关联的所有资源
void mark(int readAheadLimit)	标记流中的当前位置
int read()	读取单个字符
int read(char[] cbuf)	将字符读入数组
boolean ready()	判断是否准备读取此流
void reset()	重置
long skip(long n)	跳过 n 个字符

2. Writer 类

Writer 类对应于字节流的 OutputStream 类,是所有字符输出流的超类,是一个抽象类。

Writer 类的方法运行时如果出错,会产生一个 IOException 的异常。Writer 类的主要方法见表 9-16。

表 9-16 Writer 类的方法描述

方 法	功 能 描 述
abstract void close()	关闭此流,但要先刷新
abstract void flush()	刷新该流的缓冲
Writer append(char c)	将指定字符添加到此 writer
void write(char[] cbuf)	写入字符数组
abstract void write(char[] cbuf, int off, int len)	写入字符数组的某一部分
void write(int c)	写入单个字符
void write(String str)	写入字符串

9.3.2 InputStreamReader 和 OutputStreamWriter

1. InputStreamReader

InputStreamReader 类用于将字节输入流转换为字符输入流,本身是字符输入流。其可以将字节形式的流转化为特定的平台上的字符表示,通常作为其他字符输入流的数据源。

该类有如下 4 个构造方法。

(1) InputStreamReader(InputStream in) 该构造方法创建一个使用默认字符集的 InputStreamReader。

(2) InputStreamReader(InputStream in, Charset cs)　该构造方法创建使用给定字符集的 InputStreamReader。

(3) InputStreamReader(InputStream in, CharsetDecoder dec)　该构造方法创建使用给定字符集解码器的 InputStreamReader。

(4) InputStreamReader(InputStream in, String charsetName)　该构造方法创建使用指定字符集的 InputStreamReader。

InputStreamReader 类的方法说明见表 9-17。

表 9-17　InputStreamReader 类的方法描述

方　　法	功　能　描　述
void close()	关闭该流并释放与之关联的所有资源
String getEncoding()	返回此流使用的字符编码的名称
int read()	读取单个字符
int read(char[] cbuf, int offset, int length)	将字符读入数组中的某一部分
boolean ready()	判断此流是否已经准备好用于读取

2. OutputStreamWriter

OutputStreamReader 类用于将字节输出流转换为字符输出流,本身是字符输出流。其可以将字节形式的流转化为特定的平台上的字符表示,其接收端是字符输出流。

OutputStreamReader 类有如下 4 个构造方法。

(1) OutputStreamWriter(OutputStream out)　该构造方法创建使用默认字符编码的 OutputStreamWriter。

(2) OutputStreamWriter(OutputStream out, Charset cs)　该构造方法创建使用给定字符集的 OutputStreamWriter。

(3) OutputStreamWriter(OutputStream out, CharsetEncoder enc)　该构造方法创建使用给定字符集编码器 OutputStreamWriter。

(4) OutputStreamWriter(OutputStream out, String charsetName)　该构造方法创建使用指定字符集的 OutputStreamWriter。

OutputStreamWriter 类的方法说明见表 9-18。

表 9-18　OutputStreamReader 类的方法描述

方　　法	功　能　描　述
void close()	关闭此流,但要先刷新
void flush()	刷新该流的缓冲
String getEncoding()	返回此流使用的字符编码的名称
void write(char[] cbuf, int off, int len)	写入字符数组的某一部分
void write(int c)	写入单个字符
void write(String str, int off, int len)	写入字符串的某一部分

【例 9-7】 InputStreamReader 和 OutputStreamWriter 类使用举例。

程序代码如下:

```java
1   import java.io.*;
2   public class InputReaderOutputWriter9_7
3   {
4       public static void main(String args[])
5       {
6           try
7           {
8               byte[] a={'1','2','3','4','5','6','7','8'};
9               InputStreamReader datain=new
                    InputStreamReader(new ByteArrayInputStream(a));
10              System.out.println("InputStreamReader 默认的编码方式为："+
                    datain.getEncoding());
11              char b[]=new char[8];
12              datain.read(b);
13              for(int i=0;i<b.length;i++)
14              {
15                  System.out.print(b[i]);
16              }
17              System.out.println("");
18              OutputStreamWriter dataout=new
                    OutputStreamWriter(new ByteArrayOutputStream());
19              System.out.println("OutputStreamWriter 默认的编码方式为："+
                    dataout.getEncoding());
20              dataout.write(b);
21              dataout.flush();
22              datain.close();
23              dataout.close();
24          }
25          catch(IOException e)
26          {
27              e.printStackTrace();
28          }
29      }
30  }
```

程序运行结果如下：

InputStreamReader 默认的编码方式为：GBK
12345678
OutputStreamWriter 默认的编码方式为：GBK

程序分析如下：

第9行代码创建一个字节数组输入流作为数据源的 InputStreamReader 对象；第12行代码读取数据到一个字符数组；第18行代码创建一个字节数组输出流作为接收端的 OutputStreamWriter 对象；第20行代码把字符数组写入到输出流中。

9.3.3 FileReader 和 FileWriter

1. FileReader

FileReader 是 InputStreamReader 的子类，以字符方式读取文件，与字节流的 FileInputStream 对应。其构造方法有如下 3 个：

`FileReader(File file)`

该构造方法在给定从中读取数据的 File 的情况下创建一个新 FileReader。

`FileReader(FileDescriptor fd)`

该构造方法在给定从中读取数据的 FileDescriptor 的情况下创建一个新 FileReader。

`FileReader(String fileName)`

该构造方法在给定从中读取数据的文件名的情况下创建一个新 FileReader。

FileReader 的方法都继承自 InputStreamReader，在此不再描述，可以参见表 9-15。

2. FileWriter

FileWriter 是 OutputStreamWriter 的子类，以字符方式写文件，与字节流的 FileOutputStream 对应。其构造方法有如下 5 个：

`FileWriter(File file)`

该构造方法根据给定的 File 对象构造一个 FileWriter 对象。

`FileWriter(File file, boolean append)`

该构造方法根据给定的 File 对象构造一个 FileWriter 对象。

`FileWriter(FileDescriptor fd)`

该构造方法构造与某个文件描述符相关联的 FileWriter 对象。

`FileWriter(String fileName)`

该构造方法根据给定的文件名构造一个 FileWriter 对象。

`FileWriter(String fileName, boolean append)`

该构造方法根据给定的文件名以及指示是否附加写入数据的 boolean 值来构造 FileWriter 对象。

FileWriter 的方法都继承自 OutputStreamWriter，在此不再描述，可以参见表 9-16。

9.3.4 StringReader 和 StringWriter

1. StringReader

StringReader 对象与一个字符串关联，以字符串作为数据源输入流，其构造方法如下：

`StringReader(String s)`

该构造方法创建一个新字符串输入流，s 作为输入数据源。

StringReader 的方法见表 9-19。

表 9-19 StringReader 类的方法描述

方　法	功　能　描　述
void close()	关闭该流,并释放与之关联的所有系统资源
void mark(int readAheadLimit)	标记流中的当前位置
boolean markSupported()	判断此流是否支持 mark() 操作以及支持哪一项操作
int read(char[] cbuf, int off, int len)	将字符读入数组的某一部分
int read()	读取单个字符
boolean ready()	判断此流是否已经准备好用于读取
void reset()	将该流重置为最新的标记,如果从未标记过,将其重置到该字符串的开头
long skip(long ns)	跳过流中指定数量的字符

2. StringWriter

StringWriter 有个内部字符缓冲区作为该字符串输出流的数据接收端。它的两个构造方法如下:

```
StringWriter()
```

该构造方法使用默认初始字符串缓冲区大小创建一个新字符串。

```
StringWriter(int initialSize)
```

该构造方法使用指定初始字符串缓冲区大小创建一个新字符串。
StringWriter 的主要方法见表 9-20。

表 9-20 StringWriter 类的方法描述

方　法	功　能　描　述
StringWriter append(char c)	将指定字符添加到此 writer
StringWriter append(CharSequence csq)	将指定的字符序列添加到此 writer
void close()	关闭 StringWriter 无效
void flush()	刷新该流的缓冲
StringBuffer getBuffer()	返回该字符串缓冲区本身
String toString()	以字符串的形式返回该缓冲区的当前值
void write(char[] cbuf, int off, int len)	写入字符数组的某一部分
void write(String str, int off, int len)	写入字符串的某一部分

【例 9-8】 StringReader 和 StringWriter 使用举例。完成对指定字符串任意位置的输入和输出。

程序代码如下:

```
1    import java.io.*;
2    public class StringReaderWriter9_8
```

```
3    {
4        public static void main(String args[])
5        {
6            try
7            {
8                String s="abcdefg";
9                StringReader stringin=new StringReader(s);
10               System.out.println("字符串输入流的第一个字符是："+(char)stringin.read());
11               stringin.mark(3);
12               stringin.skip(3);
13               System.out.println("向后跳跃 3 个位置的字符是："+(char)stringin.read());
14               stringin.reset();
15               System.out.println("回复到标记位置的字符："+(char)stringin.read());
16               StringWriter stringout=new StringWriter();
17               stringout.write(stringin.read());
18               System.out.println("stringout 中的字符是："+stringout.toString());
19               stringin.close();
20               stringout.close();
21           }
22           catch(IOException e)
23           {
24               e.printStackTrace();
25           }
26       }
27   }
```

程序运行结果如下：

字符串输入流的第一个字符是：a
向后跳跃 3 个位置的字符是：e
回复到标记位置的字符：b
stringout 的字符是：c

程序分析如下：

第 9 行代码创建字符串输入流，并关联上字符串 s 作为数据源；第 10 行代码读出位置 1 的字符；第 11 行代码把位置 2 标记号为 3；第 12 行代码向后跳 3 个位置；第 13 行代码输出位置 5 的字符 e；第 14 行代码恢复到标记位置；第 15 行代码输出标记号为 3 的位置 2 的字符数据；第 16 行代码创建字符串输出流；第 17 行代码把字符串输入流取一个字符输出到字符串输出流。

9.3.5 其他类型的字符流

除了以上介绍的字符输入输出流外，还有 CharArrayReader/CharArrayWriter，对应于字节输入输出流 CharArrayInputStream/CharArrayOutputStream，BufferedReader/BufferedWriter，对应 BufferedInputStream/BufferedOutputStream，它们用法基本相同，在此不再赘述。另

外字符流还有 LineNumberReader、PrintWriter 读者均可以参考 JDK 文档学习。

9.4 文件的处理

Java 对文件的处理主要包括文件信息的获取、文件属性的更改、文件目录操作和文件的创建和删除，Java 对文件的处理主要依靠 Java 的 File 类来实现。

Java 的 File 类能提供对文件及目录的操作，在操作时需要更改文件或操作目录的权限，否则会抛出 SecurityException 和 IOException 异常。

File 类有如下 4 个构造方法：

`File(File parent, String child)`

该构造方法根据 parent 抽象路径名和 child 路径名字符串创建一个新 File 实例。

`File(String pathname)`

该构造方法通过将给定路径名字符串转换为抽象路径名来创建一个新 File 实例。

`File(String parent, String child)`

该构造方法根据 parent 路径名字符串和 child 路径名字符串创建一个新 File 实例。

`File(URI uri)`

该构造方法通过将给定的 file：URI 转换为一个抽象路径名来创建一个新的 File 实例。

9.4.1 文件信息获取和属性更改

1. 获取文件的信息和更改文件属性

File 类的对象如果与文件直接关联，可以通过调用其方法获取文件属性信息并可以对文件属性进行修改。主要方法见表 9-21。

表 9-21 File 类的方法描述

方　　法	功　能　描　述
boolean canRead()	测试应用程序是否可以读取此抽象路径名表示的文件
boolean canWrite()	测试应用程序是否可以修改此抽象路径名表示的文件
boolean exists()	测试此抽象路径名表示的文件或目录是否存在
File getAbsoluteFile()	返回此抽象路径名的绝对路径名形式
String getAbsolutePath()	返回此抽象路径名的绝对路径名字符串
String getName()	返回由此抽象路径名表示的文件或目录的名称
String getParent()	返回此抽象路径名父目录的路径名字符串；如果此路径名没有指定父目录，则返回 null
String getPath()	将此抽象路径名转换为一个路径名字符串

续表

方　　法	功　能　描　述
boolean isHidden()	测试此抽象路径名指定的文件是否是一个隐藏文件
boolean setReadOnly()	标记抽象路径名指定的文件或目录,从而只能对其进行读操作
boolean setWritable(boolean writable)	设置此抽象路径名所有者写权限的一个便捷方法
boolean setWritable(boolean writable, boolean ownerOnly)	设置此抽象路径名的所有者或所有用户的写权限

2. 获取目录下的文件列表

Java 通过 list()方法获取目录下的文件列表,此时 File 对象关联的是目录而不是具体的某一个文件。list()方法有如下两种:

`String[] list()`

该 list()方法返回一个字符串数组,这些字符串指定此抽象路径名表示的目录中的文件和目录。

`String[] list(FilenameFilter filter)`

该 list()方法返回一个字符串数组,这些字符串指定此抽象路径名表示的目录中满足指定过滤器的文件和目录。其中参数是实现 FilenameFilter 接口类的对象。

FilenameFilter 接口只有一个抽象方法 accept()方法,该方法需要在实现类中具体实现,用来过滤文件,定义如下:

`boolean accept(File dir, String name)`

【例 9-9】 文件信息获取举例。通过 File 类的 list()方法获取文件夹下后缀名为 jar 的文件信息。

程序代码如下:

```
1       import java.io.*;
2       public class GetFileInfo9_9
3       {
4           public static void main(String args[])
5           {
6               String filename="c:\\Program Files\\Java\\jre6\\lib\\rt.jar";
7               String path="C:\\Program Files\\Java\\jdk1.6.0_25\\lib";
8               File file=new File(filename);
9               if(file.exists())
10              {
11                  System.out.println("文件"+file.getName()+"信息如下: ");
12                  System.out.println("绝对路径: "+file.getAbsolutePath());
13                  System.out.println("上级目录: "+file.getParent());
14                  System.out.println("是否可读: "+file.canRead());
15                  System.out.println("是否可写: "+file.canWrite());
16                  System.out.println("是否隐藏: "+file.isHidden());
```

```java
17        }
18        else
19        {
20           System.out.println("文件不存在");
21        }
22        File filepath=new File(path);
23        String[] fileFileList=filepath.list();
24        String[] fileFilterList=filepath.list(new Filter(".jar"));
25        System.out.println("没过滤的文件信息如下：");
26        if(fileFileList!=null)
27        {
28            for(int i=0;i<fileFileList.length;i++)
29                System.out.println(fileFileList[i]);
30        }
31        System.out.println("后缀为jar的文件信息如下：");
32        if(fileFilterList!=null)
33        {
34            for(int j=0;j<fileFilterList.length;j++)
35                System.out.println(fileFilterList[j]);
36        }
37    }
38 }
39 class Filter implements FilenameFilter
40 {
41    String s;
42    Filter(String s)
43    {
44    this.s=s;
45    }
46    public boolean accept(File dir ,String name)
47    {
48      if(name.endsWith(s))
49      return true;
50      else
51      return false;
52    }
53 }
```

程序输出结果如下：

文件rt.jar信息如下：
绝对路径：c:\Program Files\Java\jre6\lib\rt.jar
上级目录：c:\Program Files\Java\jre6\lib
是否可读：true
是否可写：true
是否隐藏：false

没过滤的文件信息如下:
```
ct.sym
dt.jar
htmlconverter.jar
ir.idl
jawt.lib
jconsole.jar
jvm.lib
orb.idl
tools.jar
visualvm
```
后缀为 jar 的文件信息如下:
```
dt.jar
htmlconverter.jar
jconsole.jar
tools.jar
```

程序分析如下:

第 8 行代码创建 File 对象,并于 filename 定义的文件关联;第 11~16 行代码获取文件的绝对路径、上级目录、是否可读等信息;第 22 行代码创建 File 对象,并于 path 所定义的目录路径相关联;第 23 行代码获取路径下的所有文件列表;第 24 行代码获取路径下的文件列表,但文件只显示经过过滤即后缀名为.jar 的文件;第 28、29 行代码输出所有文件列表名;第 34、35 行代码输出过滤的文件列表名,即后缀名为.jar 的文件名;第 39~53 行代码是定义 FilenameFilter 接口的实现类,在 accept()方法中,定义了过滤的内容。

9.4.2 文件和目录操作

文件和目录操作主要包括文件的创建、删除和目录的创建、删除。相关的方法见表 9-22。

表 9-22 File 的文件和目录操作方法描述

方　法	功 能 描 述
boolean createNewFile()	当且仅当不存在具有此抽象路径名指定名称的文件时,创建一个新的空文件
static File createTempFile(String prefix, String suffix)	在默认临时文件目录中创建一个空文件,使用给定前缀和后缀生成其名称
boolean delete()	删除此抽象路径名表示的文件或目录
boolean mkdir()	创建此抽象路径名指定的目录
boolean mkdirs()	创建此抽象路径名指定的目录,包括所有必需但不存在的父目录
boolean renameTo(File dest)	重新命名此抽象路径名表示的文件

【例 9-10】 文件和目录操作举例。使用 File 类的方法完成文件和目录的创建。
程序代码如下:

```
1    import java.io.*;
2    public class FilePathHandle9_10
3    {
4        public static void main(String args[])
5        {
6            try
7            {
8                File path=new File("c:\\myjava\\filepathhandle");
9                path.mkdirs();
10               File filename=new File(path,"mydata.txt");
11               filename.createNewFile();
12               FileWriter out=new FileWriter(filename);
13               out.write("abcdefg");
14               out.close();
15           }
16           catch(IOException e)
17           {
18               e.printStackTrace();
19           }
20       }
21   }
```

程序运行结果如下：

程序运行后，会在 C 盘根目录下创建 myjava 目录，然后在 myjava 目录下创建 filepathhandle 目录，并在此目录下创建文件 mydata.txt，最后在 mydata.txt 文件中写入一串字符"abcdefg"。

程序分析如下：

第 8 行代码创建 File 对象并与目录 c:\myjava\filepathhandle 关联；第 9 行代码创建目录 c:\myjava\filepathhandle；第 11 行代码在目录 c:\myjava\filepathhandle 下创建文件 mydata.txt；第 12～14 行代码在 mydata.txt 文件中写入一串字符"abcdefg"。

9.5 串 行 化

9.5.1 串行化的概念

在程序设计中，经常需要将一些基本类型如整型、字符型等的数据保存或进行网络传输。而在面向对象程序设计中，对象经常作为数据资源的一个单位，随着程序的结束而中止。有时候，可能需要将对象的状态保存下来，在需要的时候再恢复成原来的状态。

串行化是指将对象存储到介质（如文件、内存缓冲区等）中或是以二进制方式通过网络传输。之后可以通过反串行化从这些连续的字节数据重新构建一个与原始对象状态相同的对象。

在 Java 中串行化对象必须注意以下几点。

（1）该对象的类必须实现 Serializable 接口。

（2）该对象的串行化成员必须是非静态成员变量，即不能保存任何的成员方法和静态的成员变量，而且串行化保存的只是变量的值，对于变量的任何修饰符，都不能保存。而对于某些类型的对象，其状态是瞬时的，这样的对象是无法保存其状态的，例如一个 Thread 对象，或一个 FileInputStream 对象，对于这些字段，必须用 transient 关键字标明。

（3）要串行化一个对象，必须与一定的对象输入输出流联系起来，通过对象输出流将对象状态保存下来，再通过对象输入流将对象状态恢复。

9.5.2 串行化的方法

Java 提供了对象串行化的支持，在 java.io 包中，定义了一些接口和类作为对象串行化的方法。

1. Serializable 接口

需要串行化的对象所定义的类可以通过实现 java.io.Serializable 接口以启用其序列化功能。未实现此接口的类将无法使其任何状态序列化或反序列化。可序列化类的所有子类型本身都是可序列化的。序列化接口 java.io.Serializable 没有方法或字段，仅用于标识可序列化的语义。

2. ObjectInput 和 ObjectOutput 接口

ObjectInput 和 ObjectOutput 接口继承自 DataInput 和 DataOutput 接口，并且支持对象串行化。这两个接口定义的方法 readObjec() 和 WriteObject() 能完成序列化的对象数据读取和保存。

3. ObjectInputStream 和 ObjectOutputStream 类

ObjectInputStream 与 ObjectOutputStream 类继承了 InputStream 和 OutputStream 类，实现了 ObjectInput 和 ObjectOutput 接口。不但能向流中读取和写入基本数据类型的数据，还能向对象数据流读取和写入对象。

当 ObjectInputStream 与 ObjectOutputStream 类的对象读或写一个对象时，该对象必须实现 Serializable 接口。

除了默认的串行化方式外，如果需要定制串行化，就要在实现 Serializable 接口的自定义类中重写 readObjec() 和 WriteObject() 方法。

【例 9-11】 对象串行化举例。把所定义的 Student 类的对象保存起来，然后进行读取。

程序代码如下：

```
1    import java.io.*;
2    class Student implements Serializable
3    {
4        String sno;
5        String sname;
6        int age;
7        float score;
8        Student(String sno,String sname,int age,float score)
9        {
10           this.sno=sno;
11           this.sname=sname;
```

```
12              this.age=age;
13              this.score=score;
14          }
15  }
16  public class ObjectSerial9_11
17  {
18      public static void main(String args[])
19      {
20          try
21          {
22              Student stu=new Student("101006102","li si",19,98);
23              FileOutputStream fileout=new FileOutputStream("c:\\object.txt");
24              ObjectOutputStream objectout=new ObjectOutputStream(fileout);
25              objectout.writeObject(stu);
26              objectout.close();
27              FileInputStream filein=new FileInputStream("c:\\object.txt");
28              ObjectInputStream objectin=new ObjectInputStream(filein);
29              stu=(Student)objectin.readObject();
30              objectin.close();
31              System.out.println(stu.sno+","+stu.sname+","+stu.age+","+
                    stu.score);
32          }
33          catch(Exception e)
34          {
35              e.printStackTrace();
36          }
37      }
38  }
```

程序运行结果如下：

101006102,li si,19,98.0

程序分析如下：

第1~15行代码定义了一个 Serializable 接口的实现类,该类的对象则能被串行化;第23、24行代码定义了一个 ObjectOutputStream 对象,该对象又通过 FileOutputStream 输出流和文件 c:\object.txt 关联;第25行代码把 stu 对象写入到文件中;第27、28行代码定义了一个 ObjectInputStream 对象,该对象又通过 FileInputStream 输入流和文件 c:\object.txt 关联;第29行代码从文件中读出对象 stu;第31行代码输出 stu 对象的字段内容。

习 题 9

一、选择题

1. 下列( )不是 FilterInputStream 的子类。

　　A. BufferedInputStream　　　　　　B. DataInputStream

  C. LineNumberInputStream   D. StringInputStream

2. 下列实例对象( )可作为类 InputStreamReader(InputStream in)中的参数。
  A. java.lang.String   B. java.io.File
  C. java.io.FileOutputStream   D. java.io.BufferedReader

3. 下列不可以作为 FileInputStream 的构造方法参数的是( )。
  A. String   B. File
  C. ByteArrayInputStream   D. FileDescriptor

二、填空题

1. 类 System 的 3 个成员域＿＿＿＿、＿＿＿＿、＿＿＿＿分别指向标准输入流、标准输出流和标准错误输出流。

2. 在 java.io 包中,实现文件的随机访问的类是＿＿＿＿。

3. 在 java.io 包中,输出字节流各子类都继承自＿＿＿＿。

4. BufferedInputStream 是增加了缓冲的输入流,用来连接别的输入流,其默认的缓冲区大小是＿＿＿＿。

5. Java 通过 File 类的＿＿＿＿方法获取目录下的文件列表,此时 File 对象关联的是目录而不是具体的某一个文件。

6. 在 Java 中串行化对象时,该对象的类必须实现＿＿＿＿接口。

三、编程题

1. 编写程序,使用 FileInputStream 和 FileOutputStream 完成对某个 bmp 图片文件的复制。

2. 编写程序,把某个目录下所有的.txt 文件的内容读出来写进一个.txt 文件中。

3. 设计一个工人类,用于表示姓名、工资号、工资金额,并串行化给类。编写程序完成对象的存储和读取。

第10章 多 线 程

现代操作系统通常都支持多线程。多线程技术是 Java 平台的一个重要技术优势。基于 Java 多线程技术可以在应用程序中创建多个可执行代码单元,让 CPU 同时执行这些代码单元。当然,多线程编程的难度要大大高于普通编程,有很多陷阱会导致执行结果不正确,且代码难于调试,错误的出现是随机的。对于有 Bug 的代码,并不是每次运行都会出错。本章将详细介绍 Java 多线程编程的方法和技巧,包括线程的基本概念、线程的创建和生命周期、线程同步等知识。

10.1 线程的概念

线程是程序运行的基本单元。当操作系统在执行一个程序时,会在系统中创建一个进程,而在这个进程中,必须至少创建一个线程(该线程被称为主线程)来作为此程序运行的入口点。因此,在操作系统中运行的任何程序都至少拥有一个线程,当然也可以创建多个线程来共同完成复杂的任务。

进程和线程是现代操作系统中两个必不可少的运行模型。在操作系统中可以有多个进程,这些进程包括系统进程(由操作系统内部创建的进程)和用户进程(由用户程序创建的进程);一个进程中可以有一个或多个线程。进程是操作系统分配资源的基本单位,不同的进程之间拥有不同的资源及内存地址空间。由同一进程创建的多个线程共享该进程的资源,在相同的内存空间内运行的。

多个线程在操作系统的管理下并发执行,从而大大提高了程序的运行效率。虽然从宏观上看是多个线程同时执行,但实际上能同时执行的最大线程数取决于 CPU 的核心数。对于单核心 CPU,在同一时刻只能运行一个线程,因此操作系统会让多个线程轮流占有 CPU,这种方式称为线程调度。由于操作系统分配给每个线程的时间片非常短,切换很频繁,使人感受不到线程切换产生的停顿感。

10.1.1 多线程编程的优势

通过多线程技术,将代码划分为一个个相互独立的执行单元,在操作系统调度下并行执行,可获得如下优势。

1. 充分利用 CPU 资源

现在主流的 CPU 都是多核心。如果采用单线程编程,则程序运行时只会使用一个 CPU 核心。而多线程程序会充分利用所有的 CPU 核心进行运算,有效提高程序的运行速度。

2. 简化异步事件的处理

在进行"服务器—客户端"编程时,若采用单线程来处理,当监听线程接收到一个客户端请求后,开始读取客户端发来的数据,读取结束后,read()方法处于阻塞状态,无法处理其他请求。若使用非阻塞的 Socket 连接和异步 I/O,则难于控制,易出错。若服务器端采用多线程编程,为每个客户端建立一个线程,监听这些线程处理相关请求,此种模式最易实现。

3. 使 GUI 更有效率

使用单线程处理 GUI 事件,必须使用循环对随时可能发生的 GUI 事件进行扫描,在循环内部除了扫描 GUI 事件外,还要执行其他的程序代码。若这些代码太长,则 GUI 事件会被"冻结",直到这些代码被执行完为止。现代的 GUI 框架(如 SWING、AWT 和 SWT)中都使用了一个单独的事件分派线程(Event Dispatch Thread,EDT)来对 GUI 事件进行扫描,可有效降低事件处理的复杂性。

10.1.2 多线程编程的难点

多个线程并行执行时,针对某些资源的访问可能存在竞争关系,也可能需要配合才能完成复杂的计算任务,因此多线程编程具有如下难点。

1. 访问共享资源

有时多个线程会访问同一资源,若不做任何限制,让多个线程以任意的调度顺序对该资源进行任意的读写操作,则可能出现丢失修改、读脏数据等错误。因此,多线程访问共享资源时,必须通过加锁来实现互斥访问。若加锁方式不正确,则可能造成死锁,使程序无法继续运行。

2. 线程间协作

有时多个线程必须相互配合才能完成复杂的计算任务。当某个线程运行了一部分代码后,必须等待其他线程的计算结果才能继续运行。线程通过传递消息的方式将自己的状态告知其他线程,收到消息的线程根据实际情况决定是继续等待还是开始运行。若同步方式不正确,可能导致最终的计算结果不正确。

3. 调试程序

由于操作系统调度的随机性,每次多线程程序的运行顺序都不一致。若程序有 Bug,并不是每次运行都会导致错误的结果,某些调度顺序可能会得到正确的结果。在调试程序时,有可能该 Bug 一直都无法重现,大大增加了调试程序的难度。

10.2 线程的实现

本节将对 Java 线程做基本的介绍,包括如何创建线程,线程的各种状态,线程的优先级等相关知识。

10.2.1 创建 Java 线程

在 Java 中创建线程有两种方法:继承 Thread 类或实现 Runnable 接口。

1. 继承 Thread 类创建线程

创建并启动线程步骤如下:

(1) 通过继承 Thread 类的方式定义自己的线程类。

(2) 重载 run()方法,在 run()方法中实现线程的功能。

(3) 用自定义的线程类创建一个对象。

(4) 调用该对象的 start() 方法启动线程。

需要特别注意的是,尽管线程的功能在 run() 方法中实现,但不要直接调用该方法,而应该调用 start() 方法,start() 方法会启动一个新的线程并执行 run() 方法。若直接调用 run() 方法,该方法只会在当前线程内执行,而不会启动新线程。

【例 10-1】 通过继承 Thread 类的方式定义一个能打印字母的线程类,要求该类通过构造方法接收一个大写字母,在运行时每行打印该字母 20 次,共打印 100 行。创建并运行 3 个该线程的实例。

程序代码如下:

```
1   class ThreadPrintChar extends Thread            //自定义线程类
2   {
3       private char c;                              //私有属性,用于存放打印字符
4
5       ThreadPrintChar(char c)                      //构造方法
6       {
7           super();
8           this.c=c;
9       }
10
11      public void run()                            //重载 run() 方法
12      {
13          for(int i=0; i<100; i++)
14          {
15              for(int j=0; j<20; j++)
16              {
17                  System.out.print(c);
18                  System.out.print(" ");
19              }
20              System.out.println();
21          }
22      }
23  }
24  public class PrintChar10_1
25  {
26      public static void main(String[] args)
27      {
28          Thread t1=new ThreadPrintChar('T');
29          Thread t2=new ThreadPrintChar('W');
30          Thread t3=new ThreadPrintChar('C');
31          t1.start();
32          t2.start();
33          t3.start();
34      }
35  }
```

程序运行结果如图 10-1 所示。

图 10-1 例 10-1 的运行结果片段

程序分析如下：

第 1~23 行代码通过继承 Thread 类的方式定义一个线程类 ThreadPrintChar，第 11~22 行代码在该类中重载 run()方法，线程的主要功能在 run()方法中实现。第 13 行代码定义了一个可重复 100 次的循环，用于将字符打印 100 行。第 15 行代码定义了一个可重复 20 次的循环，用于在每行打印字符 20 次。第 18 行代码在每个字符的后面打印一个空格，使运行结果更美观。第 24~35 行代码是主程序，创建 3 个 ThreadPrintChar 类的实例，在构造方法中分别传递字符 T、W 和 C，然后通过 start()方法启动每一个线程。图 10-1 是程序执行结果的一个片段，完整的执行结果有 300 行。如图 10-1 所示，执行结果并不是很规则的每行 20 个字符，而是有些行字符多些，有些行字符少些，有些字符后面没有空格。这就是多线程程序的特点，在线程执行过程中，随时都会被切换出 CPU，然后另一个线程被调入 CPU 执行。本例中程序的运行结果是不确定的，因为每一次执行过程，线程切换的时机都不同。因此，运行该程序想再次得到与图 10-1 完全一致的结果几乎是不可能的。

2. 实现 Runnable 接口创建线程

创建并启动线程步骤如下：

（1）通过实现 Runnable 接口的方式定义自己的线程类。
（2）重载 run()方法，在 run()方法中实现线程的功能。
（3）用自定义的线程类创建一个对象。
（4）用 Thread 类创建一个对象，将(3)创建的对象传给 Thread 类的构造方法。
（5）调用 Thread 对象的 start()方法启动线程。

若要用 Runnable 接口实现例 10-1，只须做如下修改：

（1）将第 1 行代码改为：

```
class ThreadPrintChar implements Runnable
```

（2）将第 28~30 行代码改为：

```
Thread t1=new Thread(new ThreadPrintChar('T'));
Thread t2=new Thread(new ThreadPrintChar('W'));
Thread t3=new Thread(new ThreadPrintChar('C'));
```

若自定义的线程类需要继承其他类来实现某些功能，则必须通过实现 Runnable 接口的方式来实现，因为 Java 不允许多重继承。

10.2.2 Java 线程的状态

在 Java 中线程有 6 种状态。线程在生命周期中总是在这 6 种状态之间进行转换。图 10-2 展示了线程的状态转换关系。若要查看线程的当前状态，可以调用 getState() 方法。

图 10-2 线程状态转换

1. 新建状态（New）

当使用 New 操作符创建一个线程对象时，该线程处于新建状态。此时它只是一个普通的对象，并不具备线程的特点。在此状态下，可对该对象进行一些初始化设置，为将来作为线程运行做准备。

2. 可执行状态（Runnable）

调用 start() 方法后线程就处于可执行状态。该状态只说明线程可以被执行，而不是说它正在 CPU 中执行。大多数处于 Runnable 状态的线程都位于等待队列中，等待操作系统的调度。在 Java 中并没有为正在 CPU 中执行的线程单独设置一个状态，它们仍然是 Runnable 状态。当线程开始执行后，并不会一直占有 CPU，操作系统会将它切换到其他状态，从而给其他线程一个执行的机会。

3. 阻塞状态（Blocked）

当线程想要获得一个锁，而这个锁被其他线程占有，则该线程进入阻塞状态。当其他线程释放了锁，而调度机制又允许此线程获得该锁，则线程就从阻塞状态转换为可执行状态。

4. 等待状态（Waiting）

为实现同步，线程执行时需要检测一些条件，只有条件得到满足才能继续执行。若条件未得到满足，则线程进入等待状态。当其他线程完成某些任务后，会发出一个信号唤醒处于等待状态的线程，这些线程再重新检测条件是否得到了满足。

5．计时等待状态（Timed Waiting）

某些方法拥有计时参数,调用这些方法可使线程进入计时等待状态。当计时结束,线程变更为可执行状态。调用 Thread.sleep(time)方法可使线程进入计时等待状态。应注意,sleep()是静态方法,必须通过 Thread 类直接调用,参数是等待的时长,以毫秒为单位。

6．终止状态（Terminated）

当 run()方法终结后,该线程就进入终止状态。run()方法的终结包括自然终结和异常终结。自然终结是指 run()方法的最后一行代码执行完毕正常结束,异常终结是指在执行过程中因出现异常而结束。

10.2.3　Java 线程的优先级

Java 中每个线程都拥有优先级。默认情况下,线程的优先级继承自创建它的那个线程。可以使用 setPriority()方法来提高或降低一个线程的优先级。在 Thread 类中预定义了 3 个优先级常量:

MIN_PRIORITY：线程的最低优先级,其值为整数 1；
NORM_PRIORITY：线程默认优先级,其值为整数 5；
MAX_PRIORITY：线程的最高优先级,其值为整数 10。

在设置线程优先级时,可以使用上述常量,也可指定一个[1～10]范围内的整数作为优先级。需要注意的是,Java 中线程优先级高度依赖操作系统的具体实现,在不同的操作系统中,Java 处理线程优先级的方式并不一样。例如,在 Windows 系统中,操作系统本身只支持整数[1～7]作为优先级,因此,Java 线程的优先级[1～10]会被映射到[1～7]的范围内,即某些不同的 Java 优先级会被映射为相同的 Windows 优先级。在 Linux 系统中,Sun 公司的虚拟机会忽略优先级设置,所有线程的优先级都相同。

操作系统进行线程调度时,会优先选择级别高的线程,因此对优先级的使用应特别谨慎,设置不当将导致某些线程永远得不到运行。另外,绝对不要让程序结果的正确性依赖于优先级的设置。若无特殊情况,不要修改线程的默认优先级。

10.2.4　守护线程

守护线程(Daemon Thread)是指运行在后台为其他线程提供服务的线程,此类线程并不属于程序中不可或缺的部分。因此,当所有的非守护线程结束后,程序结束并终结所有守护线程。反过来讲,只要任何非守护线程还在运行,程序就不会终止。计时器(Timer)线程是典型的守护线程,它的存在就是为其他线程提供计时服务,该线程本身并无明确的终止条件,当主线程结束后,作为守护线程,它会被自动终止。需要注意,绝对不要在守护线程中访问文件或数据库等持久化资源,因为守护线程可以在任意时刻被终止,有可能对持久化资源造成错误的修改。调用 setDaemon(true)方法可以将一个线程设置为守护线程。

在例 10-1 中第 31 行代码之后增加如下语句:

```
t1.setDaemon(true);
t2.setDaemon(true);
t3.setDaemon(true);
```

将t1、t2、t3设置为守护线程,运行后会发现程序很快结束,打印显示的内容一般不会超过50行。因为只有主程序这唯一的非守护线程存在,而该线程在t3启动后结束,导致整个程序结束,3个守护线程在尚未运行完毕的情况下被强行终结。

10.2.5 终止另一个线程

在早期的Java版本中提供了stop()方法强行终止一个线程。由于可能造成数据不一致,该方法已废弃。现在无法强行终止一个线程,只能向该线程发消息,请求它终止。收到消息后,线程可自行决定是立刻终止还是继续运行。

若线程t1想要终止线程t2,则应调用t2的interrupt()方法,向t2发送消息。

每个线程都有一个内部状态,称为中断状态(interrupted status),该状态的初始值为false。当调用了interrupt()方法后,该状态被设置为true。若线程t2同意t1的终止请求,只需在run()方法中调用isInterrupted()方法检测该状态,若为true则自我终结。代码结构如下:

```
public void run()
{
    while (!Thread.currentThread().isInterrupted())
                                    //状态为true则跳出循环,线程结束
    {
        //实现线程的功能
    }
}
```

若线程t2处于阻塞状态或计时等待状态,执行t2.interrupt()会抛出InterruptedException异常。因此,对于可能进入阻塞状态的线程,还必须捕捉该异常才能正确处理终止请求。完整的处理终止请求的代码结构如下:

```
public void run()
{
    try
    {
        ⋮
        while (!Thread.currentThread().isInterrupted() && 其他条件)
        {
            //实现线程的功能
        }
    }
    catch(InterruptedException e)
    {
        //做一些异常处理工作
    }
    finally
    {
        //做一些线程结束前的清理工作
```

}
}

【例 10-2】 自定义一个线程类,要求打印 26 个字母 A~Z,相邻两个字母的打印时间间隔为 1s。在主程序中启动该线程,于 8s 后终止该线程。

程序代码如下:

```
1    class PrintAtoZ extends Thread
2    {
3        private char c='A';
4        public void run()
5        {
6            try
7            {
8                while(!Thread.currentThread().isInterrupted() && c<='Z')
9                {
10                   System.out.print(c+" ");
11                   c++;
12                   Thread.sleep(1000);
13               }
14           }catch (InterruptedException e)
15           {
16           }finally
17           {
18               System.out.println("\n线程终止!~");
19           }
20       }
21   }
22
23   public class ThreadInterrupt10_2
24   {
25       public static void main(String[] args) throws Exception
26       {
27           Thread t1=new PrintAtoZ();
28           t1.start();
29           Thread.sleep(8000);
30           t1.interrupt();
31       }
32   }
```

程序运行结果如图 10-3 所示。

程序分析如下:

第 4~20 行代码为线程的 run()方法,打印显示 A~Z 这 26 个字母,且可以被终止。第

图 10-3 例 10-2 的运行结果

8行代码通过循环打印字母,循环条件中检测中断状态,并限制字母不能超过 Z。第 10 行代码打印显示一个字母。第 11 行代码将 c 的值设置为下一个字母。第 12 行代码调用 sleep() 方法使线程休眠 1s。第 14、15 行代码处理 InterruptedException 异常,catch 块内无任何代码,即不需要对异常做任何处理。第 16~19 行代码为 finally 块,在线程结束后打印显示提示信息。第 28 行代码启动线程 t1,第 29 行代码使主线程休眠 8s,在此期间线程 t1 保持运行,不断地打印显示字母。第 30 行代码要求线程 t1 终止,线程 t1 响应该请求,立刻终止。由图 10-3 可见,最终结果只打印显示了 8 个字母。若将第 30 行代码删除,则最终结果会打印显示完整的 26 个字母。

10.3 线 程 同 步

默认情况下,操作系统对线程进行随机调度,线程的执行顺序无法预先知晓。当访问共享资源或完成某些复杂任务时,线程随机执行会导致结果不正确。在某些情况下,必须使线程有序执行,这种方式称为线程同步。

10.3.1 同步访问共享资源

当多个线程对共享数据进行修改时,若操作系统在某些特定阶段进行线程切换,则会导致对数据的错误修改。

【例 10-3】 开启两个线程,对长度为 2 的整型数组 a 进行修改,初始状态下 a[0]＝4000,a[1]＝4000。线程 1 每次从 a[0]减去一个值,并将该值加到 a[1]上。线程 2 每次从 a[1]减去一个值,并将该值加到 a[0]上。在主程序中对数组 a 进行求和,检验 a[0]＋a[1] 是否等于 8000。

程序代码如下:

```
1      import java.util.Random;
2
3      class TransferData extends Thread
4      {
5          private int[] data=null;
6          private int i, j;
7          public TransferData(int[] a, int type)
8          {
9              data=a;
10             if(type==1)
11             {
12                 i=0;
13                 j=1;
14             }else
15             {
16                 i=1;
17                 j=0;
18             }
```

```
19          }
20
21          public void run()
22          {
23              Random rand=new Random();
24              while(true)
25              {
26                  int x=rand.nextInt(10)+1;
27                  data[i]-=x;
28                  data[j]+=x;
29                  try
30                  {
31                      Thread.sleep(rand.nextInt(5)+1);
32                  } catch (InterruptedException e)
33                  {
34                  }
35              }
36          }
37  }
38
39  public class CheckDataError10_3
40  {
41      public static void main(String[] args) throws Exception
42      {
43          int[] a={4000, 4000};
44          new TransferData(a, 1).start();
45          new TransferData(a, 2).start();
46          for(int i=1; i<=Integer.MAX_VALUE; i++)
47          {
48              System.out.println(i+": a[0]+a[1]="+(a[0]+a[1]));
49              Thread.sleep(500);
50          }
51      }
52  }
```

程序运行结果如图 10-4 所示。

程序分析如下：

第 3~37 行代码定义了一个线程类，在数组 data 内的两个元素之间转移数据，既能把 data[0] 的数据转移给 data[1]，也能把 data[1] 的数据转移给 data[0]。具体怎样转移，取决于构造方法中的 type 参数。由第 10~18 行代码可知，若 type=1，则 i=0,j=1，第 27、28 行代码就会将 data[0] 的值减少并增加给 data[1]；反之则 i=1,j=0，第 27、28 行代码就会将 data[1] 的值减少并增加给 data[0]。第 26 行代码设定每次转移的数值为 [1~10] 之间的随机整数。第 31 行代码设定线程每次

图 10-4 例 10-3 的执行结果

操作后休眠 1~5ms。第 41~51 行代码为 main 方法。第 44 行代码启动第一个线程,将数组 a 传递给该线程,并将该线程的 type 参数设定为 1,即将 a[0] 中的数据转移给 a[1]。第 45 行代码启动第二个线程,将数组 a 传递给该线程,并将该线程的 type 参数设定为 2,即将 a[1] 中的数据转移给 a[0]。数组 a 同时传递给两个线程,是线程间的共享数据。第 46~50 行代码对 a[0] 和 a[1] 求和并打印显示,检验二者之和是否为 8000。由于代码中未采用任何同步机制,由图 10-4 中可知,数组 a 的数据出现了错误。由于线程中代码为死循环,此程序并不会自行结束,需在 Eclipse 中对其强行终止。

之所以会出现错误,是因为操作系统在进行线程调度时只保证原子操作的完整执行。在 Java 中对基本数据类型(不包括 long 和 double)进行赋值或返回的操作是原子操作,其他 Java 语句均可转化为多条原子指令。因此,线程调度很可能发生在 Java 语句执行到一半的时刻。例如,Java 语句 data[0]+=x 可转化为如下 3 条原子指令:

(1) 将 data[0] 的值读入寄存器。
(2) 将寄存器的值增加 x。
(3) 将寄存器的值写回到 data[0] 中。

若操作系统按照如下序列进行线程调度,则有可能产生如图 10-4 显示的结果。
假设程序运行一段时间后,a[0]=3950,a[1]=4050
(1) 线程 1 将 a[0] 的值减 3,修改为 3947。
(2) 线程 1 将 a[1] 的值 4050 读入寄存器。
(3) 线程 1 将寄存器的值加 3,修改为 4053。

------------操作系统进行线程切换---------------

(4) 线程 2 将 a[1] 的值 4050 读入寄存器。
(5) 线程 2 将寄存器的值减 10,修改为 4040。

------------操作系统进行线程切换---------------

(6) 线程 1 将寄存器的值写回到 a[1],此时 a[1] 的值为 4053。线程 1 转移数据操作完成。

------------操作系统进行线程切换---------------

(7) 线程 2 将寄存器的值写回 a[1],此时 a[1] 的值为 4040。
(8) 线程 2 对 a[0] 的值加 10,修改为 3957。线程 2 转移数据操作完成。
此时主程序对 a[0] 和 a[1] 进行求和,可得 3957+4040=7997。

可通过对象加锁的方式避免此类错误,只有获得锁的线程才可以访问共享对象,未获得锁的线程将进入阻塞状态,直到其他线程释放锁。Java 提供了 synchronized 关键字为对象加锁。若在例 10-3 中对数组 data 加锁,只有获得锁的线程才能修改数据,则可实现同步访问,不会破坏数组 a 的数据。只需将例 10-3 中第 26~28 行代码替换为如下代码:

```
synchronized(data)                        //为数组 data 加锁
{
    int x=rand.nextInt(10)+1;
    data[i]-=x;
```

```
        data[j]+=x;
    }
```

synchronized 关键字也可用于修饰方法，可对该方法所属的对象进行加锁。例 10-3 中可将数组 a 封装为类，在类的内部实现转移数据及求和的方法，并用 synchronized 关键字修饰这些方法。

```
class MyData
{
    private int[] data={4000,4000};
    private Random rand=new Random();
    public synchronized void TransferData(int type)
    {
        int x=rand.nextInt(10)+1;
        if(type==1)
        {
            data[0]-=x;
            data[1]+=x;
        }else{
            data[1]-=x;
            data[0]+=x;
        }
    }
    public synchronized int getTotal()
    {
        return data[0]+data[1];
    }
}
```

对数据的转移操作与求和操作被封装在 MyData 类中并用 synchronized 关键字进行修饰。在线程中调用 TransferData() 方法转移数据，在主程序中调用 getTotal() 方法计算数组的和，即可实现同步访问。

Java 5.0 中提供了 ReentrantLock 类，既可实现 synchronized 关键字提供的基本加锁功能，还可提供更灵活的同步控制。该对象提供了 lock() 和 unlock() 方法实现加锁和解锁功能。对于内部数据很复杂的类，若每次方法调用都将整个对象锁住，将严重影响程序的并发性。若定义多个 ReentrantLock 对象，将数据分别上锁，调用不同的方法时获取不同的锁，可有效提高程序的并发性。

10.3.2 协作完成任务

当多个线程需要相互协作完成任务时，可使用条件对象（Condition Object）进行控制，条件得到满足的线程可以执行，条件未得到满足的线程进入等待状态，当条件改变后，唤醒所有等待该条件的线程，重新对条件进行检测。

调用 ReentrantLock 对象的 newCondition() 方法可得到 Condition 对象，即条件对象。线程运行时若发现条件未满足，可调用条件 Condition 对象的 await() 方法进入等待状态。

若其他线程改变了条件,可调用 Condition 对象的 signalAll()方法唤醒所有等待此条件的线程。

【例 10-4】 整型数组元素 a[0]初值为 0,开启 3 个线程,对 a[0]的值进行修改,每次增加 1~50 的整数。当 0<=a[0]<100 时,由 Thread-0 负责修改;当 100<=a[0]<200 时,由 Thread-1 负责修改;当 200<=a[0]<300 时,由 Thread-2 负责修改。3 个线程相互协作,有序地将 a[0]的值修改为一个大于或等于 300 的整数。

程序代码如下:

```
1    import java.util.Random;
2    import java.util.concurrent.locks.*;
3
4    class SynObject
5    {
6        public static ReentrantLock lock=new ReentrantLock();
7        public static Condition cond=lock.newCondition();
8    }
9    class AddNum extends Thread
10   {
11       private int[] a=null;
12       private int max;
13       private Random rand=new Random();
14       public AddNum(int[] a, int max)
15       {
16           this.a=a;
17           this.max=max;
18       }
19       public void run()
20       {
21           while(true)
22           {
23               SynObject.lock.lock();
24               try
25               {
26                   while(a[0]<max-100)
27                       SynObject.cond.await();
28                   a[0]+=rand.nextInt(50);
29                   SynObject.cond.signalAll();
30                   System.out.println(getName()+" 将 a[0]的值设置为:"+a[0]);
31                   if(a[0]>=max)
32                       break;
33               }catch (Exception e)
34               {
35               }finally
36               {
37                   SynObject.lock.unlock();
```

```
38              }
39          }
40      }
41  }
42  public class ThreadCooperation10_4
43  {
44      public static void main(String[] args)
45      {
46          int[] a={0};
47          Thread t0=new AddNum(a, 100);
48          Thread t1=new AddNum(a, 200);
49          Thread t2=new AddNum(a, 300);
50          t2.start();
51          t1.start();
52          t0.start();
53      }
54  }
```

程序运行结果如图 10-5 所示。

图 10-5 例 10-4 的运行结果

程序分析如下：

第 4~8 行代码定义的 SynObject 类含有两个公有静态成员，一个是锁，一个是由该锁创建的条件对象，用于对线程同步。第 9~41 行代码定义了一个线程类，可对数组元素 a[0] 的值进行增加。第 14~18 行代码为构造方法，其中参数 max 的含义是，当 max-100<=a[0]<max 时，不断对 a[0] 的值进行增加；若 a[0]>=max，则线程结束。第 21 行代码定义一个死循环，在循环内通过 break 语句结束。第 23 行代码使用 lock 对象加锁，因为接下来要对共享数据 a[0] 进行访问。第 37 行代码表示解锁，该语句必须写在 finally 块中，以保证解锁操作一定会进行，否则可能造成死锁。第 26、27 行代码通过循环对 a[0] 的值不断进行测试，若 a[0]<max-100 则执行条件对象的 await() 方法使线程进入等待状态。例如，创建线程时设置 max=300，则当 a[0]<200 时此线程不工作，当其他线程将 a[0] 的值修改为大于等于 200 时，此线程进入可执行状态。第 28 行代码对 a[0] 的值进行增加。第 29 行代码唤醒所有因调用 awati() 方法进入等待状态的线程，使那些线程可重新检测 a[0] 的值是否满足自己的运行条件。此行代码非常关键，若不写则其他线程将永远等待。第 30 行代码打印显示

一条信息证明此线程在运行。第31、32行代码设置此线程的结束条件。第44~53行代码是main()方法,首先定义数组a,然后创建3个线程实例,t0负责在0~100范围内修改a[0]的值,t1负责在100~200范围内修改a[0]的值,t2负责在200~300范围内修改a[0]的值。注意,在第50~52行代码中,线程的启动顺序是t2、t1、t0,如图10-5所示。尽管线程t2第一个启动,但它在最后执行,因为初始状态下a[0]的值不符合它的运行条件。整个执行序列严格按照t0、t1、t2进行,并未因为操作系统随机调度而发生随机运行的情况。

使用ReentrantLock和Condition对象还可实现更多复杂的同步操作,如两个线程交替运行等。对其熟练掌握并灵活运用方可编写出高效的多线程程序。

习 题 10

一、选择题

1. 调用( )方法可启动线程。
   A. start()　　　　B. run()　　　　C. begin()　　　　D. go()
2. 调用sleep()方法可使线程进入( )状态。
   A. Waiting　　　B. Timed waiting　C. Blocked　　　D. Terminated
3. 定义线程类必须重载( )方法。
   A. start()　　　　B. run()　　　　C. begin()　　　　D. go()
4. 调用( )方法可请求线程终止。
   A. stop()　　　　B. isInterrupted()　C. over()　　　D. interrupt()
5. 若所有非守护线程均已结束,则程序( )。
   A. 抛出异常　　　　　　　　　　　B. 结束
   C. 继续运行守护线程　　　　　　　D. 导致系统崩溃
6. Java中线程共有( )种状态。
   A. 4　　　　　　B. 5　　　　　　C. 6　　　　　　D. 7
7. ( )是操作系统分配资源的基本单位。
   A. 进程　　　　　B. 线程　　　　　C. 函数　　　　　D. 对象
8. Java中线程的最高优先级为整数( )。
   A. 7　　　　　　B. 8　　　　　　C. 9　　　　　　D. 10
9. 调用( )方法可将线程设置为守护线程。
   A. setDaemon(true)　　　　　　　B. setDaemon(false)
   C. makeDaemon(true)　　　　　　D. makeDaemon(false)
10. 下列说法正确的是( )。
    A. 自定义线程类后,必须重载start()方法实现线程的功能
    B. 通过stop()方法终止一个线程不会给程序造成任何破坏
    C. 多线程访问共享数据时,若不加锁则必然对数据造成破坏
    D. 调用Condition对象的awati()方法可使线程进入等待状态

二、编程题

1. 创建两个线程,打印10000以内的数字,一个打印1,3,5…,一个打印2,4,6…。

2. 编写一个 Swing 程序，单击"开始"按钮可在 JPanel 上画一条直线。创建一个线程完成画线功能，画线速度为每 100ms 增加 5 个像素的长度。单击"停止"按钮终止画线过程。

3. 编写一个程序模拟机关枪射击过程。"射击"线程负责消耗子弹，每次扣动扳机随机发射 4～8 发子弹（若弹夹内剩余子弹不足 4 发，则将剩余子弹射出）。"装弹"线程负责为机关枪更换弹夹，弹夹容量为 30，必须在子弹打光之后才能更换弹夹。"机关枪"对象为二者的共享数据。程序运行结果如图 10-6 所示。

图 10-6　第 3 题要求的程序运行结果

第 11 章　访问数据库

Java 是一门通用、高效的编程语言，广泛应用于各种大型系统的开发，著名的电子商务网站淘宝网就在后台使用了 Java 技术。对于各种商务系统、信息系统的开发，数据库的使用是必不可少的，海量的数据必须存储在数据库系统中才能实现快速而灵活的访问。因此，Java 提供了一系列对象和接口来帮助程序员方便地访问数据库，本章将详细介绍如何使用 Java 语言对数据库进行操作。

11.1　数据库简介

学习数据库编程，首先要对数据库基本概念有一定的了解。目前世界上应用最广泛的数据库是关系型数据库，本节将介绍与之相关的一些知识。

11.1.1　关系型数据库系统概述

关系型数据库是建立在关系模型基础上的一类数据库，它有着坚实的理论基础，借助于集合、代数等数学概念和方法来处理数据库中的数据。现实世界中各种实体及实体之间的联系均用关系模型来表示。数据库并不能直接访问，必须通过数据库管理系统来处理数据库中的信息。

数据库管理系统(DBMS)是一种操纵和管理数据库的大型软件，用于建立、使用和维护数据库。它对数据库进行统一的管理和控制，以保证数据库的安全性和完整性。用户通过 DBMS 访问数据库中的数据，数据库管理员也通过 DBMS 进行数据库的维护。它可使多个应用程序和用户用不同的方法在同时或不同时刻去创建、修改和查询数据库。对于关系型数据库，DBMS 提供了 SQL 语言来对数据库进行操作。SQL 语言功能十分强大，可以进行关系模式的定义，数据内容的增加、修改、删除和查询等操作。因此，熟练掌握 SQL 语言对数据库编程十分重要。

如图 11-1 所示，在关系型数据库中，数据都是以二维表的形式存放的，比如学生表 S，课程表 C，学生选课表 SC 等。表中每一行数据称为一条记录，每条记录都应该有一个唯一

Sn	Sname	Sgender
01	刘翔	男
02	姚明	男
03	丁俊晖	男
04	邓亚萍	女
05	李娜	女

学生表S

Cn	Cname
01	语文
02	数学
03	英语

课程表C

Sn	Cn	score
01	01	80
01	02	90
01	03	99
02	01	70
02	02	60
03	03	34
05	02	89
05	03	92

学生选课表SC

图 11-1　数据库表

的标识,称为主键。例如,在学生表 S 中,每一名学生的学号 Sn 都必须不同,因此,学号 Sn 可以作为学生表 S 的主键。

数据都有相应的类型,常见数据类型见表 11-1。

表 11-1 数据库常见数据类型

关　键　字	说　　　明
INTEGER	整型,用于表示整数
DECIMAL[(M[,D])]	浮点数,M 表示总位数,D 表示小数点后位数
CHAR(M)	固定长度字符串,M 表示字符串的长度
VARCHAR(M)	可变长度字符串,M 表示字符串的最大长度

SQL 语言最常用的功能有 5 个:创建数据表、插入数据、查询数据、修改数据、删除数据。下面结合图 11-1 给出它们的具体实现。

1. 创建数据表

创建图 11-1 中学生表 S 的 SQL 语句如下:

`CREATE TABLE S (Sn CHAR(2), Sname VARCHAR(20), Sgender CHAR(1), PRIMARY KEY (Sn))`

CREATE 关键字负责创建表或者视图。TABLE S 表示创建一个名为 S 的表。在表名 S 后面的括号内定义了表中每一列的属性。第一列是学号,用 Sn 表示,由图 11-1 可知,学号的格式为 01、02、03 等,因此,该列的数据类型为固定长度字符串,长度为 2,用 CHAR(2) 来定义。第二列是学生姓名,可以是两个汉字,也可以是 3 个汉字甚至更多,因此其类型为可变长度字符串。第三列是性别,只能取值"男"或"女",因此用 CHAR(1) 来定义。最后,PRIMARY KEY (Sn) 定义 Sn 为表 S 的主键。

2. 插入数据

在表 S 中插入第一条数据的 SQL 语句如下:

`INSERT INTO S VALUES('01', '刘翔', '男');`

INSERT 关键字可以向数据表中插入记录,INTO S 表示向表 S 中插入数据,VALUES 关键字后跟要插入的内容,其顺序一定要和表头保持一致,即首先是学号,然后是姓名,最后是性别。

3. 查询数据

(1) 单表查询。找出所有男生信息的 SQL 语句如下:

`SELECT * FROM S WHERE Sgender='男'`

SELECT 关键字用于在表中查询数据。星号(*)表示所有的列都出现在查询结果中,也可以通过列名来指定某些列出现在查询结果中。FROM S 表示在表 S 中进行查询。WHERE 子句表示查询的条件,要找出所有男生的信息,因此查询条件设置为 Sgender='男'。

(2) 多表连接查询。找出英语课成绩在 90 分以上学生姓名的 SQL 语句如下:

`SELECT Sname FROM`

```
S LEFT JOIN SC ON S.Sn=SC.Sn LEFT JOIN C ON SC.Cn=C.Cn
WHERE C.Cname='英语' AND SC.score>90
```

在多表连接查询中,FROM 子句后跟有多个表,表与表之间用 LEFT JOIN 连接,用 ON 关键字指定连接条件。最后使用 WHERE 子句设置查询条件。

4. 修改数据

将 01 号课程的课程名修改为"JAVA 程序设计"的 SQL 语句如下：

```
UPDATE C SET Cname='JAVA 程序设计' WHERE Cn='01';
```

UPDATE 关键字用于修改数据,SET 关键字用于设置要修改的内容,WHERE 子句用于设置条件,只有符合条件的记录才会被修改。

5. 删除数据

删除所有女生信息的 SQL 语句如下：

```
DELETE FROM S WHERE Sgender='女'
```

DELETE 关键字可以删除表中数据,FROM S 表示从表 S 中删除,WHERE 子句用于设置条件,只有符合条件的记录才会被删除。

SQL 语言内容很多,此处只介绍最基本的内容,更全面更详细的知识请参考数据库相关书籍。

11.1.2 MySQL 数据库简介

目前,世界上有很多优秀的数据库管理系统,如美国微软公司的 SQL Server 数据库,IBM 公司的 DB2 数据库,甲骨文公司的 Oracle 数据库等。以上这些都是商用数据库,体积庞大,功能复杂,不适合初学者,因此本书选择 MySQL 数据库进行讲解。

MySQL 是一个跨平台的开源关系型数据库,广泛地应用在中小型网站中。由于其体积小、速度快、总体拥有成本低,且开放源代码,许多中小型网站都选择 MySQL 作为后台数据库。它最早由 MySQL AB 公司开发,后来被 Oracle 公司收购,提供有企业版、社区版等多个版本。其中社区版包含了 DBMS 的绝大部分功能,并且不收取任何费用,可以自由使用,非常适合用于学习 SQL 编程。

MySQL 数据库具有如下特点。

1. 开放性

MySQL 数据库可运行在多个平台上,包括 Windows、Mac OS、Linux 等主流操作系统平台。

2. 多语言支持

MySQL 几乎为所有的主流编程语言提供了 API,包括 C 语言、C++、Java、Perl、PHP、Python 等。

3. 国际化

MySQL 支持多种不同的字符集,包括 ISO-8859-1、BIG5、UTF-8 等。它还支持不同字符集的排序,并能够自定义排序方式。

在官方网站 http://www.mysql.com/downloads/mysql 可以下载 MySQL 安装程序,

目前主流版本是 MySQL 5.5。如图 11-2 所示,选择基于 32 位 Windows 操作系统的 MSI 格式的安装包。该网站必须登录才能下载,首次访问需进行注册。

图 11-2　下载 MySQL 数据库

下载完毕后,双击运行 mysql-5.5.28-win32.msi 开始安装。选择典型安装(Typical),只将最常用的功能安装到系统中。安装结束后,需要对数据库进行配置,有两种配置方式可以选择,如图 11-3 所示。

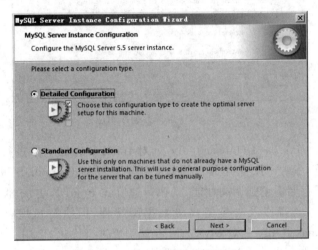

图 11-3　选择数据库配置方式

选择第一项 Detailed Configuration,即详细配置模式,对 MySQL 数据库的主要参数进行手动设置,而非采用系统默认设置。单击 Next 按钮,进入服务器类型选择界面,如图 11-4 所示。

图 11-4　选择服务器类型

服务器类型是指安装数据库的计算机的具体用途，MySQL 据此调整所占用的资源。选第 1 项 Developer Machine，即计算机主要用于程序的开发和调试，MySQL 只会占用少量系统资源。单击 Next 按钮，进入数据库用途选择界面，如图 11-5 所示。

图 11-5　选择数据库用途

选第 2 项 Transactional Database Only，针对 InnoDB 存储引擎进行优化，适用于事务型的 Web 应用程序。MySQL 常用的存储引擎有两个，分别是 InnoDB 和 MyISAM，二者各有优劣。MyISAM 存储引擎强调高性能，其执行速度比 InnoDB 更快，但不提供事务支持；而 InnoDB 提供事务支持以及外键等高级数据库特性，但执行速度稍慢。第 3 项 Non-Transactional Database Only 针对 MyISAM 存储引擎进行优化，适用于监控类和数据分析类程序。第 1 项 Multifunctional Database 则在两个存储引擎之间进行均衡优化，适用范围较广。单击 Next 按钮，进入到存储引擎设置界面。MySQL 默认的存储引擎是 InnoDB，此处不做任何修改。单击 Next 按钮，进入并发连接数设置界面，如图 11-6 所示。

图 11-6　设置并发连接数

选第 3 项 Manual Setting 手动设置并发连接数，设置为 10。第 1 项 Decision Support (DSS)/OLAP 适用于 OLAP 系统。联机分析处理（OLAP，On-Line Analytical Processing）

· 248 ·

是一套以多维度方式分析数据,能弹性地提供积存(Roll-up)、下钻(Drill-down)和枢纽分析(Pivot)等操作,呈现集成性决策信息的方法,多用于决策支持系统、商务智能或数据仓库。其主要功能在于方便大规模数据分析及统计计算,对决策提供参考和支持。这类系统重在分析,不需要过多的并发数,MySQL 默认提供 20 个并发连接。联机交易处理(Online Transaction Processing,OLTP)是指通过信息系统、计算机网络及数据库,以联机交易的方式处理一般实时性的作业数据,其基本特征是顾客的原始数据可以立即传送到服务器进行处理,并在很短的时间内给出处理结果,在线订票系统、网银系统、教务系统等都属于 OLTP。此类系统需要高并发,MySQL 默认提供 500 个并发连接。单击 Next 按钮,进入网络及 SQL 模式设置界面,如图 11-7 所示。

图 11-7　网络及 SQL 模式设置

开启 TCP/IP 网络连接,允许计算机通过网络访问数据库,默认端口号 3306。开启 SQL 严格模式,数据更加规范。单击 Next 按钮,进入字符集选择界面,如图 11-8 所示。

图 11-8　选择字符集

选第 2 项 Best Support For Multilingualism,其含义为使用 UTF-8 字符集。字符集是字符在计算机内部的二进制编码方式。常用的中文字符集是 GBK,它支持简体中文字符、繁体中文字符、日文字符、韩文字符等多种东亚语言。若系统主要面向国内用户,GBK 字符集可以满足需求。若系统面向全球用户,要支持全球各国语言,则应使用 UTF-8 字符集。UTF-8 使用 3 个字节表示一个汉字,与 GBK 字符集相比会占用更多的存储空间。随着存储器价格越来越低,UTF-8 字符集的优点将越来越突出。

单击 Next 按钮,进入安装方式设置界面,选中 Install As Windows Service,将其作为一个服务安装,之后可通过 Windows 的服务管理器对其进行管理,默认开机自动启动,便于使用。

单击 Next 按钮,进入账号设置界面。MySQL 管理员账号为 root,可在此设置密码。之后可通过 root 账号登录系统,再创建其他账号。

单击 Next 按钮,进入执行设置界面。之前的各种设置,均为预设置,在此单击 Execute 按钮后,系统才进行实际配置。如图 11-9 所示,系统配置成功。

图 11-9 MySQL 配置成功

进入 Windows 开始菜单,找到 MySQL 程序组,运行 MySQL 5.5 Command Line Client,该程序是 MySQL 的命令行客户端,用来对数据库进行管理。该程序使用 root 账号连接 MySQL 数据库,在图 11-10 中①处输入密码后,显示出当前正在运行的数据库实例的一些信息,包括连接的 id 以及 MySQL 的版本。在图 11-1 中②处出现"mysql>"样式的命令提示符,可在此处输入命令对数据库进行管理和使用。

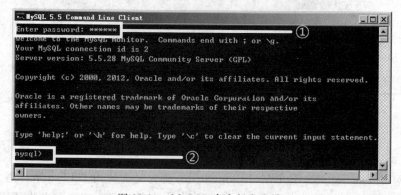

图 11-10 MySQL 命令行客户端

11.1.3 MySQL Workbench 简介

使用 MySQL 自带的命令行客户端对数据库进行管理,所有命令必须通过键盘输入,执行结果以字符表格的形式显示,若表格比较复杂,则显示效果很差,另外它对中文的支持也不完善。因此,官方又单独开发了名为 MySQL Workbench 的基于图形界面的管理工具,如图 11-11 所示。

图 11-11　MySQL Workbench

MySQL Workbench 设计为多区域显示,左侧区域显示数据库的相关信息,中部区域可执行 SQL 语句,右侧区域列出了 SQL 语句的基本语法,方便用户在使用时查询。

MySQL Workbench 还有很多高级功能,可以对数据库进行配置,提供了可视化工具创建 EER 图,并根据设计好的 EER 图自动生成数据库表。

MySQL Workbench 用微软的.NET 技术编写,因此在计算机中必须安装如下两个软件包作为运行环境:

(1) Microsoft .NET Framework 4.0;

(2) Microsoft Visual C++ 2010 Redistributable Package (x86)。

11.2　使用 JDBC 进行数据库编程

JDBC(Java DataBase Connectivity,Java 数据库联接)是一种用于执行 SQL 语句的 Java API,可以为多种关系数据库提供统一访问。它由一组用 Java 语言编写的类和接口组成。JDBC 为数据库开发人员提供了一个标准的 API,据此可以构建更高级的工具和接口,使数据库开发人员能够用纯 Java 语言编写数据库应用程序。

11.2.1 JDBC 架构简介

JDBC 的首个版本于 1996 年发布,目前最新版本是 JDBC 4.0。JDBC 之所以被设计为一组接口而不是类库,主要是因为不同的数据库之间差异巨大,无法做到用同一组类库访问所有的数据库。数据库开发商必须根据 JDBC 接口编写驱动程序。

参看图 11-12 所示的 JDBC 架构可知,Java 中只包含 JDBC 接口,并不能直接访问数据库,必须与数据库开发商编写的驱动程序配合使用。在官方网站 http://www.mysql.com/downloads/connector/j/ 可以下载 MySQL 数据库的驱动程序,该驱动是个 JAR 格式的压缩包,必须放入类路径下才可以正常使用。

11.2.2 使用 JDBC 访问数据库

使用 JDBC 访问数据库,首先创建到数据库的连接,然后加载数据库驱动程序,最后通过 JDBC 接口进行相关操作。

图 11-12　JDBC 架构

1. 数据库 URL 连接

JDBC 数据库 URL 连接的语法如下:

jdbc:[数据库连接协议][数据库地址:端口号]/数据库名

MySQL 数据库连接协议是 mysql;访问本机数据库地址为 localhost,访问远程数据库需指定远程主机的 IP 或域名;默认情况下 MySQL 的端口号是 3306;数据库名必须指定已存在的数据库。假设已使用 MySQL Workbench 在本机创建了名为 test 的数据库,则连接到该数据库的 URL 为 jdbc:mysql://localhost:3306/test。

2. 安装数据库驱动程序

在 Eclipse 中导入 MySQL 驱动的步骤如下:

(1) 从官方网站下载驱动程序,文件名为 mysql-connector-java-5.1.22-bin.jar。

(2) 在项目名上右击,选择 Properties,弹出如图 11-13 所示的对话框。

(3) 在左侧树状导航中单击 Java Build Path 结点,在右侧单击 Libraries 选项卡,显示当前项目中可用类库,目前只有 Java 6 基本类库。

(4) 单击 Add External JARs 按钮,选择 MySQL 的驱动程序,单击"打开"按钮,该类库出现在列表中,如图 11-14 所示。

(5) 在图 11-13 所示对话框中单击 OK 按钮,操作结束。如图 11-15 所示,在项目中多了一栏 Referenced Libraries,其含义是引用的外部类库,MySQL 数据库驱动就位于该栏目下,说明数据库驱动添加成功。

3. 启动数据库服务器

从 Windows 的"开始"菜单进入"控制面板"从中找到"管理工具"|"服务"工具并双击,在弹出的"服务"对话框中找到 MySQL 服务并右击,从弹出的快捷菜单中选择"启动服务"选项。

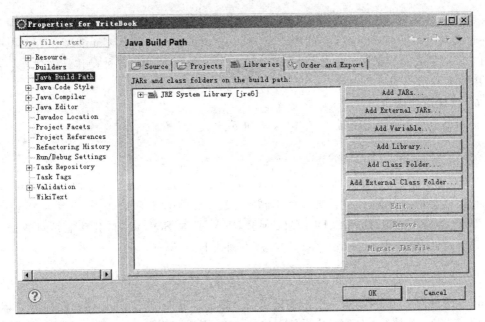

图 11-13　在 Eclipse 中添加外部工具包

图 11-14　添加 MySQL 驱动

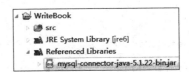

图 11-15　MySQL 驱动导入成功

4．注册 JDBC 驱动程序

DriverManager 类是 JDBC 的管理层，作用于用户和驱动程序之间。它跟踪可用的驱动程序，并在数据库和相应 JDBC 驱动设置程序之间建立连接。因此，数据库驱动程序必须在 DriverManager 中注册才能使用。注册数据库驱动程序语句如下：

```
Class.forName("数据库驱动完整类名");
```

MySQL 数据库的驱动程序类是 com.mysql.jdbc.Driver，因此，注册 MySQL 数据库驱动程序的语句如下：

```
Class.forName("com.mysql.jdbc.Driver");
```

上述代码并未出现 DriverManager 类，只是通过 Class 类的 forName()方法创建了 com.mysql.jdbc.Driver 类的一个实例，在 Driver 类中有一段静态代码，在加载时可完成向 DriverManager 的注册。

Java 6 支持的 JDBC 4.0 提供了一些新特性，借助于 Java SE Service Provider 机制，开发人员不再需要使用像 Class.forName()这样的代码显式地加载 JDBC 驱动程序，就能注册 JDBC 驱动程序。

5．创建数据库连接

建立数据库连接的语句如下：

```
Connection conn=DriverManager.getConnection(url, username, password);
```

通过调用 DriverManager 类的静态方法 getConnection(),得到 Connection 接口的一个实例。该对象表示数据库的连接,通过该连接可以对数据库进行各种操作。创建连接需要 url、用户名和密码。

6. 创建命令语句

通过数据库连接可创建命令语句,代码如下:

```
Statement stat=conn.createStatement();
```

JDBC 将 SQL 语句分为两类,一类是查询语句,另一类是修改语句。使用 Statement 对象执行不同类型的 SQL 语句需要调用不同的方法。

对于 INSETT、UPDATE、DELETE 或 CREATE 等 SQL 语句,其功能是对数据库或者表进行修改,应调用 executeUpdate 方法,举例如下:

```
int count=stat.executeUpdate("DELETE  FROM s WHERE Sn=' 01' ");
```

该方法返回一个整数,表示受影响记录的条数。若执行 DELETE 语句删除 3 条记录,则返回值为 3。若执行 CREATE 语句创建一个表,则返回值为 0。

对于 SELECT 语句,其功能是对数据库进行查询,应调用 executeQuery() 方法,举例如下:

```
ResultSet rs=stat.executeQuery("SELECT * FROM s")
```

该方法返回一个结果集 ResultSet 对象。

7. 遍历结果集

ResultSet 对象表示查询结果。该对象可被想象成一个二维表,使用 next() 方法移动其内部游标实现逐行访问。若 next() 方法返回 true,则表示当前行数据可读取,反之则表示游标当前位置无数据。针对每一行,可以按列获取内容。遍历结果集的代码结构如下:

```
while (rs.next())
{
    //按列读取当前记录的数据
}
```

特别注意,在初始状态下,ResultSet 内部游标位于第一行数据之前,无法读取任何数据。必须首先调用 next() 方法,使游标移动至第一行,方可读取数据。

读取数据时,应该根据数据类型调用不同的方法。举例如下:

```
String isbn=rs.getString(1);          //取得第 1 列的数据,数据类型为字符串
double price=rs.getDouble(2);         //取得第 2 列的数据,数据类型为双精度浮点数
```

上述代码通过指定列序号来读取内容。与数组下标不同,列序号从 1 开始。通过列名也可读取数据,举例如下:

```
String name=rs.getString("Sname");    //读取名为 Sname 列的数据,数据类型为字符串
int age=rs.getInt ("Sage");           //读取名为 maxPrice 列的数据,数据类型为整数
```

【例 11-1】 使用 root 账号(密码为 123456)连接位于本机的 test 数据库,在图 11-1 所示的 3 个表中,查询英语课超过 90 分的学生姓名和成绩。

程序代码如下:

```
1     import java.sql.*;
2
3     public class QueryStuScore11_1
4     {
5         public static void main(String[] args) throws Exception
6         {
7             String user="root";
8             String password="123456";
9             String url="jdbc:mysql://localhost:3306/test";
10            Class.forName("com.mysql.jdbc.Driver");      //Java 6中此句可省略不写
11            Connection conn=DriverManager.getConnection(url, user, password);
12            Statement stat=conn.createStatement();
13            String sql="SELECT sname, score FROM s LEFT JOIN sc ON s.sn=
                  sc.Sn LEFT JOIN c ON sc.cn=c.cn WHERE c.cname='英语' AND sc.score>90";
14            ResultSet rs=stat.executeQuery(sql);
15            String stu_name;
16            int english_score;
17            while(rs.next())
18            {
19                stu_name=rs.getString("sname");
20                english_score=rs.getInt("score");
21                System.out.println(stu_name+"\t"+english_score);
22            }
23        }
24    }
```

程序运行结果如图 11-16 所示。

程序分析如下:

图 11-16 例 11-1 运行结果

第 5 行代码将所有异常抛出给虚拟机,这种做法不严谨,正确的异常处理方式在例 11-3 中介绍。第 7~9 行代码定义了连接数据库的 3 个参数。第 10 行代码注册数据库驱动程序,在 Java 6 或更高版本中,此行代码可省略不写。第 11 行代码创建数据库连接。第 12 行代码创建命令语句。第 13 行代码根据例题要求写出 SQL 语句。第 14 行代码执行 SQL 语句,得到结果集。第 17~22 行代码对结果集进行遍历,打印显示查询结果。

【例 11-2】 使用 root 账号(密码为 123456)连接位于本机的 test 数据库,创建名为 Greetings 的表,该表只有一个字段 message,类型为变长字符串。向该表中存入两条记录 "Hello"和"World",再读取这两条记录拼接为一个句子打印显示。要求保证此程序可重复运行。

程序代码如下:

```java
1    import java.sql.*;
2
3    public class HelloWorld11_2
4    {
5        public static void main(String[] args) throws Exception
6        {
7            String user="root";
8            String password="123456";
9            String url="jdbc:mysql://localhost:3306/test";
10           Class.forName("com.mysql.jdbc.Driver");       //Java 6 中此句可省略不写
11           Connection conn=DriverManager.getConnection(url, user, password);
12           Statement stat=conn.createStatement();
13           stat.executeUpdate("CREATE TABLE Greetings (Message CHAR(20))");
14           stat.executeUpdate("INSERT INTO Greetings VALUES ('Hello')");
15           stat.executeUpdate("INSERT INTO Greetings VALUES ('World')");
16           ResultSet rs=stat.executeQuery("SELECT * FROM Greetings");
17           StringBuilder builder=new StringBuilder();
18           String word=null;
19           rs.next();
20           word=rs.getString(1);
21           builder.append(word);
22           builder.append(", ");
23           rs.next();
24           word=rs.getString(1);
25           builder.append(word);
26           builder.append(" !~");
27           System.out.println(builder.toString());
28           stat.executeUpdate("DROP TABLE Greetings");
29       }
30   }
```

程序运行结果如图 11-17 所示。

程序分析如下：

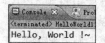

第 5 行代码将所有异常抛出给虚拟机，这种做法不严谨， 图 11-17 例 11-2 运行结果
正确的异常处理方式在例 11-3 中介绍。第 7～12 行代码连接
到数据库并创建命令语句对象。第 13～15 行代码创建表并插入数据。第 16～27 行代码查询 Greetings 表，并将查询结果拼接为句子。由例题要求可知表中只有两行记录，因此在取得查询结果时无须使用 while 循环。第 28 行代码销毁 Greetings 表。由于例题要求此程序可重复运行，所以若不销毁该表，再次运行此程序会在第 13 行代码处抛出异常，因为数据库中表名不允许重复。

8. 执行不确定的 SQL 语句

若要执行的 SQL 语句不确定，可能是 SELECT 语句，也可能是 UPDATE 语句，应调用 Statement 对象的如下方法：

```
boolean execute(String sqlStatement)
```

该方法返回一个布尔值,若返回值为 true,则表示执行 SQL 语句可得到一个结果集,说明该 SQL 语句是 SELECT 语句。若返回值为 false,则表示执行 SQL 语句后,无结果集返回,只能得到一个整数,该整数的含义为受影响的记录条数。调用 execute()方法后,还应调用如下两个方法取得 SQL 语句的执行结果:

```
ResultSet  getResultSet()           //取得 SQL 执行后的结果集
int  getUpdateCount()               //取得 SQL 执行后的受到影响的记录的条数
```

若事先未调用 execute()方法,则 getResultSet()的返回值是 null,getUpdateCount()的返回值是-1。

每个 Statement 对象可执行多次 SQL 语句。但是,每个 Statement 对象只能有一个可用的结果集,当执行了新的 SQL 语句产生了新的结果集后,之前的结果集将无法使用。若要同时保持多个可用的结果集,则必须创建多个 Statement 对象。同一个 Connection 对象可创建多个 Statement 对象,无须打开多个数据库连接。

9. 关闭对象

当 ResultSet、Statement 和 Connection 等对象使用完毕后,应立刻调用 close()方法将其关闭。因为这些对象通常会用到一些大型数据结构,比较占用系统资源,应尽早释放这些资源,而不是等待垃圾收集器来处理。

close()方法不仅能关闭对象自身,还能关闭此对象创建的其他对象。例如,调用了 Statement 对象的 close()方法,则由该 Statement 对象创建的 ResultSet 对象也随之关闭。若调用了 Connection 对象的 close()方法,那么由它创建的所有 Statement 对象也都随之关闭。

10. 异常处理

在访问数据库的过程中可能产生 SQLException 异常,程序的其他代码也可能产生异常,程序员有义务对异常进行处理。若异常处理不当,有可能使得 JDBC 对象无法关闭,造成系统资源浪费。正确的异常处理代码结构如下:

```
try
{
    Connection conn=…;
    try
    {
        Statement stat=conn.createStatement();
        ResultSet result=stat.executeQuery(queryString);
        //处理查询结果
    }
    finally
    {
        conn.close();
    }
}
catch (Exception e)
```

```
        {
            //处理异常
        }
```

异常首先被内层的 try 捕获,进入 finally 代码块关闭 Connection 对象,由其创建的其他对象也随之关闭,系统资源得到释放。此处不对异常进行任何处理,将其继续向外抛出,被外层的 try 捕获,进入 catch 代码块对异常进行处理。

11. 元数据(metadata)

除了查询表中的数据之外,JDBC 还可查询表结构信息、数据库信息等数据,这类信息称为元数据,即关于数据的数据,例如数据库中共有多少个表,每个表中共有几个字段,每个字段的名字是什么,等等。

```
DatabaseMetaData database=conn.getMetaData();    //conn 是一个 Connection 对象
ResultSetMetaData table=rs.getMetaData();        //rs 是一个 ResultSet 对象
```

调用 Connection 对象的 getMetaData()方法,返回一个 DatabaseMetaData 对象,可取得数据库的元数据。调用 ResultSet 对象的 getMetaData()方法,返回一个 ResultSetMetaData 对象,可取得表的元数据。

【例 11-3】 使用 root 账号(密码为 123456)连接位于本机的 test 数据库,打印显示该数据库中的全部表结构,接收并执行用户输入的指令。若用户输入 SELECT 语句,则打印显示查询结果;若用户输入 INSERT、UPDATE 或 DELETE 语句,则打印显示受影响的记录条数;若用户输入 exit 指令,则程序正常结束;若用户输入非法指令,则结束程序并打印显示捕捉到的异常。

程序代码如下:

```
1    import java.sql.Connection;
2    import java.sql.DatabaseMetaData;
3    import java.sql.DriverManager;
4    import java.sql.ResultSet;
5    import java.sql.ResultSetMetaData;
6    import java.sql.Statement;
7    import java.util.Scanner;
8
9    public class ExUserSQL11_3
10   {
11       public static void main(String[] args)
12       {
13           String user="root";
14           String password="123456";
15           String url="jdbc:mysql://localhost:3306/test";
16           try
17           {
18               Class.forName("com.mysql.jdbc.Driver");  //Java 6 中此句可省略不写
19               Connection conn=DriverManager.getConnection(url, user, password);
20               System.out.println("已连接到 test 数据库,包含有如下的数据表: ");
```

```
21          try
22          {
23              Statement stat=conn.createStatement();
24              DatabaseMetaData database=conn.getMetaData();
25              ResultSet tables=database.getTables(null, null, null,
                new String[]{"TABLE"});
26              ResultSetMetaData columns=null;
27              ResultSet rs=null;
28              String table_name=null;
29              StringBuilder table_model=new StringBuilder();
30              while(tables.next())
31              {
32                  table_name=tables.getString(3).toUpperCase();
33                  rs=stat.executeQuery("SELECT * FROM "+table_name);
34                  columns=rs.getMetaData();
35                  table_model.append(table_name);
36                  table_model.append('(');
37                  table_model.append(columns.getColumnName(1));
38                  for(int i=2; i<=columns.getColumnCount(); i++)
39                  {
40                      table_model.append(", ");
41                      table_model.append(columns.getColumnName(i));
42                  }
43                  table_model.append(");");
44                  System.out.println(table_model.toString());
45                  table_model.delete(0, table_model.length());
46              }
47              System.out.println("\n请输入 SQL 语句,或输入 exit 结束程序: ");
48              Scanner scanner=new Scanner(System.in);
49              String command_line=scanner.nextLine();
50              while(command_line.toLowerCase().equals("exit")==false)
51              {
52                  boolean flag=stat.execute(command_line);
53                  if(flag==false)
54                  {
55                      int n=stat.getUpdateCount();
56                      System.out.println("数据库中受到影响的记录为"+n+" 条。");
57                  }else
58                  {
59                      rs=stat.getResultSet();
60                      columns=rs.getMetaData();
61                      int count=columns.getColumnCount();
62                      for(int i=1; i<=count; i++)
```

```
63                            {
64                                System.out.print(columns.getColumnLabel(i)+"\t");
65                            }
66                            System.out.println();
67                            while(rs.next())
68                            {
69                                for(int i=1; i<=count; i++)
70                                {
71                                    System.out.print(rs.getObject(i)+"\t");
72                                }
73                                System.out.println();
74                            }
75                        }
76                        System.out.println("\n请输入下一条指令：");
77                        command_line=scanner.nextLine();
78                    }
79                    System.out.println("程序结束,谢谢使用!~");
80                }
81                finally
82                {
83                    conn.close();
84                }
85            } catch (Exception e)
86            {
87                String exception=e.getClass().getSimpleName();
88                System.out.println("发生 "+exception+" 异常,程序结束...");
89            }
90        }
91    }
```

程序运行结果如图 11-18 所示。

图 11-18　例 11-3 的执行结果

程序分析如下：

第 17～85 行代码位于外层的 try 语句块中，捕捉异常后跳转至第 85～89 行代码的 catch 块中处理。第 22～80 行代码位于内层的 try 语句块中，捕捉异常后不做处理，跳转至第 81～84 行代码的 finally 块中关闭数据库资源。第 24 行代码获取数据库的元数据，第 25 行代码从元数据中获取存放所有表名的 ResultSet 对象。第 30～46 行代码遍历该结果集，针对每个表执行一次查询，并从查询结果中获取该表的元数据，从而获取该表中每一个字段的名字，利用 StringBuilder 对象将表名及字段名拼接为一行字符串打印显示。第 48、49 行代码从控制台接收用户输入的命令。第 50～78 行代码通过 while 循环不断接收并执行用户输入的命令，直到用户输入"exit"退出循环。第 52 行代码执行用户输入的 SQL 命令。第 53 行代码判断 SQL 命令的类型，若不是查询语句，则执行第 55、56 行代码，打印显示受影响的记录行数；反之则执行第 58～75 行代码，将查询结果打印显示。

11.2.3 JDBC 高级特性

除了基本功能外，JDBC 中还有一些高级特性，为程序的编写提供了更好的安全性和便利性。

1. 预编译 SQL 语句

JDBC 中 Statement 对象执行 SQL 语句时，每次都是先编译后执行，若一条语句执行 5 次则需编译 5 次。若 SQL 语句结构固定，每次执行时只需提供不同的参数，则应使用 PreparedStatement 对象来执行。例如，查询学生基本信息的功能，其 SQL 语句结构可能为

```
select * from student where id=?
```

此查询中 SQL 语句基本结构是固定的，每次只需在问号的位置提供不同的学号，就能查询不同的学生信息。使用 PreparedStatement 对象执行此类语句时，会预先对 SQL 语句进行编译后存放在数据库缓冲池中，每次执行只需提供不同的参数即可查询出不同的结果，而无须多次编译。所以对于结构固定且多次执行的 SQL 语句，使用 PreparedStatement 对象将会大大降低运行时间，特别是在大型的数据库中，它可有效加快数据库的访问速度。

PreparedStatement 对象的另一个优势是安全性。无论用户传递何种形式的参数，它都不会改变预编译 SQL 语句的逻辑结构，可以有效地避免 SQL 注入攻击。SQL 注入攻击指的是，黑客通过系统提供的正常途径输入一些信息，但这些信息都是精心设计的，系统中的 SQL 语句接收到这些字符串后，其结构会发生变化，从而导致功能发生变化，使得黑客可以绕过某些验证或得到某些机密信息。

表 11-2 用户表 USERS

id	name	password
1	andy	123456
2	tom	5201314
3	jack	abc123

假设某网站存放账户信息的表结构与表 11-2 相同，并且其登录验证逻辑，根据输入的用户名和密码，通过 SQL 语句查询该用户的 ID，若查询结果存在，则证明用户名和密码输入正确，允许登录，反之则说明输入的用户名和密码不正确，拒绝登录。例 11-4 模拟了这一过程，该验证逻辑存在 SQL 注入漏洞，输入特殊的用户名会绕过验证。

【例 11-4】 使用 root 账号(密码为 123456)连接位于本机的 test 数据库,根据表 11-2 中存放的信息,使用存在 SQL 注入漏洞的逻辑来判断用户的登录信息是否正确。若正确,则打印显示"用户名和密码存在,登录成功!";反之则打印显示"用户名不存在或密码错误,登录失败!"。

程序代码如下:

```
1    import java.sql.*;
2    import java.util.Scanner;
3
4    public class UserLogin11_4
5    {
6        public static void main(String[] args)
7        {
8            String user="root";
9            String password="123456";
10           String url="jdbc:mysql://localhost:3306/test";
11           try
12           {
13               Class.forName("com.mysql.jdbc.Driver"); //Java 6 中此句可省略不写
14               Connection conn=DriverManager.getConnection(url, user, password);
15               try
16               {
17                   Scanner sc=new Scanner(System.in);
18                   System.out.println("请输入用户名和密码: ");
19                   System.out.print("用户名: ");
20                   user=sc.nextLine();
21                   System.out.print("密码: ");
22                   password=sc.nextLine();
23                   String sql="select id from users where name=";
24                   sql=sql+"'"+user+"' and password=";
25                   sql=sql+"'"+password+"'";
26                   Statement stat=conn.createStatement();
27                   ResultSet rs=stat.executeQuery(sql);
28                   if(rs.next()==true)
29                   {                                    //如果查询结果存在
30                       System.out.println("用户名和密码存在,登录成功!");
31                   }else
32                   {                                    //若查询结果为空
33                       System.out.println("用户名不存在或密码错误,登录失败!");
34                   }
35               } finally
36               {
37                   conn.close();
38               }
```

```
39                } catch (Exception e)
40                {
41                    e.printStackTrace();
42                }
43            }
44        }
```

程序运行结果如图 11-19 所示。

(a) 登录成功　　　　　　(b) 登录失败　　　　　　(c) SQL注入

图 11-19　例 11-4 的执行结果

程序分析如下：

第 19、20 行代码从控制台接收用户名并存放在 user 变量中。第 21、22 行代码从控制台接收密码并存放在 password 变量中。第 23～25 将用户名和密码拼接为一条查询语句。第 27 行代码执行该查询。第 28～34 行代码根据查询结果进行判断，若查询结果存在，则登录成功；反之则登录失败。

图 11-19(a)展示了登录成功的结果，图 11-19(b)展示了登录失败的结果，图 11-19(c)展示了 SQL 注入的结果，即输入的用户名和密码并不存在于表 11-2 中，但仍然登录成功。若某网站登录系统按照例 11-4 来设计，则黑客可以通过 SQL 注入技术，轻松绕过登录验证，取得会员权限并访问相关内容。

之所以产生上述结果，是因为 "' or 1=1 #" 这一精心设计的用户名与程序中的 SQL 语句拼接后，改变了原有 SQL 语句的逻辑，从而导致验证功能失效。

若输入的是普通的用户名和密码，比如 "tom" 和 "5201314"，则经过拼接的 SQL 语句为

```
select id from users where name='tom' and password='5201314'
                          ‾‾‾‾‾‾‾‾‾‾‾      ‾‾‾‾‾‾‾‾‾‾‾‾‾‾‾‾‾‾‾
                             条件 1              条件 2
                               条件之间是 and 关系
```

在上述 SQL 语句中，where 子句后有 2 个条件，条件 1 是用户名信息，条件 2 是密码信息，这两个条件之间是 and 关系，只有同时满足这两个条件，查询结果才不为空，从而验证用户名和密码的正确性。

若将 "'or 1=1 #" 作为用户名输入，密码输入任意字符串，比如 "111" 时，则经过拼接的 SQL 语句为

```
select id from users where name=''  or  1=1  #' and password='111'
                           ‾‾‾‾‾‾‾     ‾‾‾‾‾    ‾‾‾‾‾‾‾‾‾‾‾‾‾‾‾‾‾‾
                            条件 1     条件 2          注释
                          条件之间是 or 关系
```

在上述 SQL 语句中,条件 1 是用户名信息,经过拼接后的结果是一个空字符串(两个单引号,中间无任何内容)。条件 2 是"1=1",该表达式永远为 true。其余内容都跟在井号(#)后面,在 MySQL 数据库中,井号(#)后面的内容是注释,在执行时被直接忽略掉。因此密码输入任意一个字符串都是可以的,因为它处于注释当中,不会被执行。最后,条件 1 和条件 2 是 or 的关系,而条件 2 永远为 true,因此,整个 where 子句的结果永远为 true。于是,该语句的执行结果是将数据库中所有用户的 id 都检索出来了。而验证逻辑只是简单地判断查询结果集是否为空,只要结果集不为空,就认为验证通过。所以,上述代码就能够绕过验证机制从而登录系统。

由此可见,SQL 注入之所以可以成功,关键就在于 SQL 语句的逻辑结构被改变了。使用 PreparedStatement 对象可以避免这种情况。在例 11-4 中,如下代码负责 SQL 语句的拼接和执行:

```
String sql="select id from users where name=";
sql=sql+"'"+name+"' and password=";
sql=sql+"'"+password+"'";
Statement stat=conn.createStatement();
ResultSet rs=stat.executeQuery(sql);
```

若将其替换为

```
String sql="select id from users where name=? and password=?";
PreparedStatement stat=conn.prepareStatement(sql);
stat.setString(1, name);
stat.setString(2, password);
ResultSet rs=stat.executeQuery();
```

则 SQL 注入会失效,因为 PreparedStatement 对象会将 SQL 语句进行预编译,保证其结构不发生变化。在预编译 SQL 语句时,未知的参数用问号(?)代替。当参数确定后,可通过该对象的 setString()方法传递给 SQL 语句。参数可以有多个,因此需要通过序号来为指定的参数赋值。第一个参数的序号为 1,第二个参数的序号为 2,以此类推。

2. 增强的结果集

默认情况下,结果集的功能非常简单,其内部游标只能前进,不能后退,并且其内容是不可修改的。有些情况下,用户需要自由地在结果集内进行定位,比如先定位到第 10 条记录,再定位到第 3 条记录;或者需要对数据库进行更新,比如查询出某人的月薪为 3000 元,然后为其加薪 500 元,将月薪修改为 3500 元。在创建 Statement 对象时提供相应的参数可使结果集具有自由滚动和更新数据的能力。举例如下:

```
//conn 为 Connection 对象
Statement stat=conn.createStatement(type, concurrency);
PreparedStatement stat=conn.prepareStatement(command, type, concurrency);
```

其中,type 和 concurrency 参数的取值均是 ResultSet 类中事先定义好的常量,详情见表 11-3 和表 11-4。

表 11-3　ResultSet 中定义的 type 的取值

取值	含义
TYPE_FORWARD_ONLY	游标单向滚动,只能前进,不能后退(默认值)
TYPE_SCROLL_INSENSITIVE	游标双向滚动,但不及时更新,如果数据库里的数据修改过,并不在 ResultSet 中反映出来
TYPE_SCROLL_SENSITIVE	游标双向滚动,并及时跟踪数据库的更新,以便更改 ResultSet 中的数据

表 11-4　ResultSet 中定义的 concurrency 的取值

取值	含义
CONCUR_READ_ONLY	不能利用结果集来更新数据库(默认值)
CONCUR_UPDATABLE	可以利用结果集来更新数据库

可通过如下语句得到既能双向滚动,又能对数据库进行更新的结果集:

```
Statement stat=conn.createStatement(
    ResultSet.TYPE_SCROLL_INSENSITIVE, ResultSet.CONCUR_UPDATABLE);
ResultSet rs=stat.executeQuery(query);
```

可通过如下语句移动游标:

```
rs.previous()              //向后滚动 1 条记录
rs.relative(n)             //如果 n 为正整数,则向前滚动 n 条记录;反之则向后滚动
rs.absolute(n)             //绝对定位到第 n 条记录
rs.first()                 //滚动到第一条记录
rs.last()                  //滚动到最后一条记录
rs.beforeFirst()           //滚动到第一条记录之前,不指向任何记录
rs.afterLast()             //滚动到最后一条记录之后,不指向任何记录
```

应用举例:

(1) 将表 11-2 中第 3 行记录的密码改为"hello",代码如下:

```
...
rs.absolute(3);                              //绝对定位到第 3 条记录
rs.updateString("password ", "hello ");      //将该记录的 password 字段更新为"hello"
rs.updateRow();                              //提交更新
...
```

(2) 在表 11-2 中插入一条记录(4, lucy, 9527),代码如下:

```
...
//假设当前游标位于第 2 条记录
rs.moveToInsertRow();                //将游标移动到"插入行"的位置
rs.updateInt(1, 4);                  //将第一个字段的值设置为 4
rs.updateString(2, "lucy");          //将第二个字段的值设置为"lucy"
rs.updateString(3, "9527");          //将第三个字段的值设置为"9527"
rs.insertRow();                      //将新记录插入表中
rs.moveToCurrentRow();               //将游标回归到原位置,本例中为第 2 条记录
```

⋮

(3) 删除表 11-2 中最后一条记录：

⋮
```
rs.last();
rs.deleteRow();
```
⋮

3. 事务

事务(Transaction)是数据库管理系统中的一个逻辑单位，由一个有限的数据库操作序列构成。事务具有原子性、一致性、隔离性、持续性。若事务顺利执行完毕，就可通过 commit()方法提交。若事务执行过程中发生异常，则通过 rollback()方法回滚，系统将事务中已完成的操作全部撤销，回滚到事务开始前的状态。

在 JDBC 中，默认情况下事务是自动提交的，即每条 SQL 语句单独构成一个事务，执行完毕后立即将结果提交到数据库。若要将多条语句组成一个事务，必须调用 Connection 对象的 setAutoCommit(false)方法，将自动提交修改为手动提交。事务结束后，调用 Connection 对象的 commit()方法将结果提交到数据库。若事务执行过程中发生异常，则需在处理异常的 catch 块中调用 Connection 对象的 rollback()方法，回滚到初始状态。

事务编程的一般结构如下：

```
Connection conn=null;
try {
    Class.forName("com.mysql.jdbc.Driver");
    conn=DriverManager.getConnection(mysql_url, name, password);
    conn.setAutoCommit(false);
    Statement stat=conn.createStatement();
    stat.executeUpdate(command_1);              //更新语句 1
    stat.executeUpdate(command_2);              //更新语句 2
    ...
    stat.executeUpdate(command_n);              //更新语句 n
    conn.commit();
}
catch (Exception ex) {
    ex.printStackTrace();
    try {
        conn.rollback();
    }
    catch (Exception e) {
        e.printStackTrace();
    }
}
```

4. 行集

增强的结果集功能已十分完善，但仍有一个严重的缺点，即在整个操作过程中必须一直占用数据库的连接，这使得结果集缺乏足够的灵活性，并且许多操作都在数据库服务器完成,没有充分利用客户机的计算资源。行集(RowSet)继承了 ResultSet 接口,却又无须一直占用数据库连接,在某些情况下比结果集更适用。

行集(RowSet)具有如下特点。

(1) RowSet 扩展了 ResultSet 接口,既能使用 ResultSet 中所有功能,又添加了新功能。

(2) 在默认情况下 RowSet 对象都是可滚动和可更新的。

(3) 大部分 RowSet 是非连接的,可以离线操作数据。

(4) RowSet 接口添加了对 JavaBeans 组件模型的 JDBC API 支持,可作为 JavaBeans 组件使用在可视化 Bean 开发环境中。

(5) 某些 RowSet 是可以序列化的。

JDBC 中提供了 5 种 RowSet。

(1) CachedRowSet:它是最常用的一种 RowSet。其他 3 种 RowSet(WebRowSet、FilteredRowSet 和 JoinRowSet)都是直接或间接继承于它并进行了扩展。它提供了对数据库的离线操作,可以将数据读取到内存中进行增删改查,再同步到数据源。CachedRowSet 是可滚动的、可更新的、可序列化,可作为 JavaBeans 在网络间传输。支持事件监听,分页等特性。CachedRowSet 对象通常包含取自结果集的多个行,但是也可包含任何取自表格式文件(如电子表格)的行。

(2) WebRowSet:继承自 CachedRowSet,并可以将 WebRowSet 写到 XML 文件中,也可以用符合规范的 XML 文件来填充 WebRowSet。

(3) FilteredRowSet:通过设置 Predicate(在 javax.sql.rowset 包中),提供数据过滤的功能。可以根据不同的条件对 RowSet 中的数据进行筛选和过滤。

(4) JoinRowSet:提供类似 SQL JOIN 的功能,将不同的 RowSet 中的数据组合起来。目前在 Java 6 中只支持内联接(Inner Join)。

(5) JdbcRowSet:对 ResultSet 的一个封装,使其能够作为 JavaBeans 被使用,是唯一一个保持数据库连接的 RowSet。JdbcRowSet 对象是连接的 RowSet 对象,也就是说,它必须使用 JDBC 驱动程序来持续维持它与数据源的连接。

目前 MySQL 官方提供的驱动程序中,并不包含 RowSet 的具体实现。因此,只能使用 Sun 公司提供的参考实现,完整类名为 com.sun.rowset.CachedRowSetImpl。

【例 11-5】 使用 root 账号(密码为 123456)连接位于本机的 test 数据库,使用 CachedRowSet 修改图 11-1 中学生选课表 SC 的成绩列,为所有低于 90 分的课程增加 10 分。程序本身不产生任何输出,通过 MySQL Workbench 查看执行后数据库的变化。

程序代码如下:

```
1        import java.sql.*;
2        import javax.sql.rowset.CachedRowSet;
3        import com.sun.rowset.CachedRowSetImpl;
4
5        public class UpdateScore11_5
6        {
7            public static void main(String[] args)
8            {
9                String user="root";
```

```java
10          String password="123456";
11          String url="jdbc:mysql://localhost:3306/test";
12          try
13          {
14              Class.forName("com.mysql.jdbc.Driver"); //Java 6 中此句可省略不写
15              Connection conn=DriverManager.getConnection(url, user, password);
16              try
17              {
18                  CachedRowSet rs=new CachedRowSetImpl();
19                  rs.setCommand("select * from sc");
20                  rs.execute(conn);
21                  conn.close();
22                  while(rs.next())
23                  {
24                      int score=rs.getInt(3);
25                      if(score<90)
26                      {
27                          rs.updateInt(3, score+10);
28                          rs.updateRow();
29                      }
30                  }
31                  conn=DriverManager.getConnection(url, user, password);
32                  conn.setAutoCommit(false);
33                  rs.acceptChanges(conn);
34              } finally
35              {
36                  conn.close();
37              }
38          } catch (Exception e)
39          {
40              e.printStackTrace();
41          }
42      }
43  }
```

程序运行结果如图 11-20 所示。

程序分析如下：

图 11-20 并非程序运行时显示的内容，而是程序运行前后，通过 MySQL Workbench 对表 SC 进行查询的结果。第 18 行代码创建一个 RowSet 对象，与结果集不同，RowSet 对象直接通过 new 操作符创建，而非通过查询返回。第 19 行代码为 RowSet 对象设置 SQL 语句，第 20 行代码通过数据库连接 conn 执行该语句。SQL 语句执行完毕，RowSet 将查询结果保存后，则不再需要数据库连接。在第 21 行代码显式地关闭 conn 对象，并不影响 RowSet 的使用。第 22～30 行代码对行集进行遍历，读取成绩信息，若低于 90 分，则增加 10 分后存入数据库。特别注意第 28 行代码，每次修改数据后，都要调用 updateRow()方

法,否则修改无效。在无连接状态下对结果集更新完毕后,于第 31 行代码处获取一个新的数据库连接,并于第 32 行代码处将该连接的提交方式设为手动。第 33 行代码通过该连接将行集中更新的内容提交到数据库。若无第 32 行代码,则提交过程中会抛出异常。

(a) 程序运行前表SC的数据

(b) 程序运行后表SC的数据

图 11-20　例 11-5 运行后数据库的变化

习　题　11

一、选择题

1. 数据库管理系统的英文缩写是(　　)。
   A. DBMS　　　　B. DBS　　　　C. SQL　　　　D. DB
2. 数据库管理系统通过(　　)对数据库进行操作。
   A. C 语言　　　B. SQL 语言　　C. 汇编语言　　D. PV 原语
3. 在数据库中插入一条记录使用(　　)关键字。
   A. SELECT　　　B. UPDATE　　 C. INSERT　　　D. CREATE
4. 下列选项中(　　)数据库是开源免费的。
   A. ORACLE　　　　　　　　　　B. SQL Server 2000
   C. SYBASE　　　　　　　　　　D. MySQL
5. 以下关于 JDBC 的说法正确的是(　　)。
   A. JDBC 只是一组接口,具体的实现要数据库开发商提供
   B. JDBC 只能访问免费开源数据库,而不能访问大型商业数据库
   C. JDBC 是微软公司开发的
   D. JDBC 效率极其低下,是一种古老的、过时的数据库访问技术
6. 显示地加载 MySQL 数据库驱动程序的代码是(　　)。
   A. MySQL. initDriver("com. mysql. jdbc. Driver");
   B. Class. forName("com. mysql. jdbc. Driver");
   C. Class. forName("oracle. mysql. odbc. Driver");
   D. MySQL. initDriver("oracle. mysql. odbc. Driver ");
7. 下列选项中(　　)不属于 JDBC 里的接口。
   A. Statement　　B. ResultSet　　C. SqlQuery　　D. Connection
8. 在初始状态下,ResultSet 的内部游标位于(　　)。

A. 第一行　　　B. 最后一行　　　C. 随机的某一行　　D. 第一行之前

9. Statement 的 executeUpdate 方法不能执行（　　）。

  A. SELECT 语句　　B. INSERT 语句　　C. UPDATE 语句　　D. DELETE 语句

10. 简捷地关闭某个 JDBC 连接及其创建的对象的方法是（　　）。

  A. 依次调用每一个对象的 close() 方法

  B. 在 finally 代码块中调用 Connection 对象的 close() 方法

  C. 在任意位置调用 Connection 对象的 close() 方法

  D. 在 finally 代码块中调用 ResultSet 对象的 close() 方法

11. metadata（　　）。

  A. 是 MySQL 数据库中的一个特殊的表

  B. 是 JDBC 中的一个类，用于数据的缓存

  C. 又称元数据，它是"关于数据的数据"

  D. 是一些不重要的数据的统称，可以被随意修改或删除

12. 下列选项中（　　）不是 PreparedStatement 的优点。

  A. 对 SQL 语句进行预编译，执行速度快

  B. 绝不会改变 SQL 语句的逻辑结构

  C. 可以防止 SQL 注入攻击

  D. 永远不会抛出异常

13. 如果想让 ResultSet 中的游标能够自由滚动，并且能够及时地反映出数据库的变化，应该将其 type 参数设置为（　　）。

  A. TYPE_FORWARD_ONLY　　　　　　B. TYPE_SCROLL_INSENSITIVE

  C. TYPE_SCROLL_SENSITIVE　　　　　D. CONCUR_UPDATABLE

14. RowSet 相对于 ResultSet 的优势是（　　）。

  A. 可以自由地滚动游标　　　　　　B. 可以更新数据库的内容

  C. 可以删除数据库的内容　　　　　D. 不必长期占用数据库连接

15. 事务执行完毕后，调用（　　）可以将执行结果提交给数据库。

  A. commit() 方法　　B. rollback() 方法　　C. update() 方法　　D. change() 方法

二、简答题

1. 写一条 SQL 语句，在图 11-1 所示的表中查询语文成绩高于 85 分的学生的姓名和性别。

2. 写一条 SQL 语句，在图 11-1 所示的表中查询所有男生的数学课平均成绩。

3. 在 IP 为 202.196.166.121 的计算机上装有 MySQL 服务器，其使用的端口号为 3306，请写出连接到该数据库服务器的 URL。

三、编程题

1. 编写一个完整的 Java 程序，在图 11-1 所示的表中查询出选修了数学课的学生的姓名和数学成绩。

2. 编写一个完整的 Java 程序，根据用户输入的学生姓名，在图 11-1 所示的表中查询出该学生的所有课程名以及成绩。必须使用 PreparedStatement 对象来执行 SQL 语句。

第12章 网络程序设计

随着计算机网络的发展与普及,基于网络运行环境的应用软件开发显得尤其重要。网络程序设计指的是以网络通信为基础的高级语言程序开发,而网络通信指的是位于网络中的两台计算机之间的信息交互过程。Java 语言作为一门基于网络的编程语言,为网络程序设计提供了较好的支持;Java 丰富的网络相关类库资源屏蔽了底层的通信细节,使开发者开发网络应用程序更加高效、快捷。Java 主要通过 java.net 包中定义的一些类和接口来完成网络通信的功能。

本章将首先介绍网络的基本概念,然后介绍基于 URL 的网络通信,最后介绍 Java 提供的基于 TCP 和 UDP 两种协议的 Socket 应用。

12.1 网络的基本概念

12.1.1 IP 地址与端口号

IP 地址是每个连接互联网的计算机拥有的一个全球唯一的标识符。目前 IP 地址的版本有 IPv4 和 IPv6 两种。本书主要以 IPv4 地址作为对象来描述。IPv4 版本的 IP 地址是 32 位二进制位数值,为了表示方便,通常把 32 位二进制分成 4 组,每组 8 位,用十进制表示,每组的十进制数值范围为 0~255,例如 202.196.1.100。通常为了记忆的方便,用域名来表示主机标识,DNS 服务器再把域名解析成 IP 地址,为底层通信提供服务。

本章用到的特殊 IP 地址 127.0.0.1(对应的主机名为 localhost)被用作本地环回地址。一般来说,该 IP 地址代表本地主机,如果调试时没有网络环境,通过访问 IP 地址 127.0.0.1 或本机域名 localhost,可以让本主机和自身构成一个虚拟的网络,从而完成网络测试。

IP 地址能保证在计算机网络中通过它找到所对应的主机,但在实际的网络应用中,网络通信是在两个网络应用程序之间进行的,例如双方用 QQ 聊天。不同应用程序之间的通信靠相对应的端口号来完成,也就是说在网络通信中,IP 地址能保证找到主机,但找到应用程序要靠主机所提供的端口号来完成。

主机能分配的端口有多个,通常用 16 位的二进制来标识,也即允许有 64K 个端口号。端口号分为两类,一类是由因特网指派名字和号码公司 ICANN 负责分配给一些常用应用程序的固定使用的熟知端口号,十进制数值大小一般为 0~1023。一些常用的应用程序对应的端口如表 12-1 所示。

表 12-1 常用应用程序对应的端口

应用程序名称	FTP	HTTP	SMTP	DNS	SNMP	TELNET	TFTP
固定端口号	21	80	25	53	161	23	69

另一类是等级端口一般端口,用来随时分配给请求通信的客户程序。

12.1.2 Java 中 IP 地址及端口号表示

Java 程序设计中,用类 InetAddress 表示 IP 地址,该类具有一个缓存,用于存储成功及不成功的主机名解析。InetAddress 类没有构造方法,它提供了一系列的静态方法生成 InetAddress 对象,其主要的方法见表 12-2。

表 12-2 InetAddress 类的方法描述

方　　法	功　能　描　述
byte[] getAddress()	返回此 InetAddress 对象的原始 IP 地址
static InetAddress[] getAllByName(String host)	在给定主机名的情况下,根据系统上配置的名称服务返回其 IP 地址所组成的数组
static InetAddress getByAddress(byte[] addr)	在给定原始 IP 地址的情况下,返回 InetAddress 对象
static InetAddress getByAddress(String host, byte[] addr)	根据提供的主机名和 IP 地址创建 InetAddress
static InetAddress getByName(String host)	在给定主机名的情况下确定主机的 IP 地址
String getCanonicalHostName()	获取此 IP 地址的完全限定域名
static InetAddress getLocalHost()	返回本地主机
String getHostAddress()	返回 IP 地址字符串(以文本表现形式)
String getHostName()	获取此 IP 地址的主机名
boolean isReachable(int timeout)	测试是否可以达到该地址

类 InetSocketAddress 可以用于表示 IP 地址和端口号,该类实现 IP 套接字地址的方法有两种：一种是 IP 地址＋端口号;另一种是主机名＋端口号,在此情况下,将会对主机名进行解析。

InetSocketAddress 类有如下 3 个构造方法：

`InetSocketAddress(InetAddress addr, int port)`

该构造方法根据 IP 地址和端口号创建套接字地址。

`InetSocketAddress(int port)`

该构造方法创建套接字地址,其中 IP 地址为通配符地址,端口号为指定值。

`InetSocketAddress(String hostname, int port)`

该构造方法根据主机名和端口号创建套接字地址。

InetSocketAddress 类的方法见表 12-3。

表 12-3 InetSocketAddress 类的方法描述

方　　法	功　能　描　述
InetAddress getAddress()	返回此 InetAddress 对象的原始 IP 地址
static InetAddress[] getAllByName(String host)	在给定主机名的情况下,根据系统上配置的名称服务返回其 IP 地址所组成的数组

续表

方 法	功 能 描 述
static InetAddress getByAddress(byte[] addr)	在给定原 IP 地址的情况下,返回 InetAddress 对象
static InetAddress getByAddress(String host, byte[] addr)	根据提供的主机名和 IP 地址创 InetAddress

【例 12-1】 InetAddress 对象和 InetSocketAddress 对象使用举例。

程序代码如下:

```
1     import java.net.*;
2     public class InetAddress12_1
3     {
4         public static void main(String args[])
5         {
6             try
7             {
8                 InetAddress ip1=InetAddress.getLocalHost();
9                 byte[] b=ip1.getAddress();
10                InetAddress ip2=InetAddress.getByAddress("HOST",b);
11                System.out.println("ip1 的名称为: "+ip1.getHostName());
12                System.out.println("ip1 的 ip 地址为 : "+ip1.getHostAddress());
13                System.out.println("ip2 的名称为: "+ip2.getHostName());
14                System.out.println("ip2 的 ip 地址为 : "+ip2.getHostAddress());
15                InetSocketAddress ip=new InetSocketAddress(ip1,8080);
16                System.out.println("InetSocketAddress 对象的 ip 地址加端口号为: "+
                   ip.getAddress());
17                System.out.println("InetSocketAddress 对象的端口号为: "+ip.getPort());
18             }
19             catch(Exception e)
20             {
21                 e.printStackTrace();
22             }
23         }
24     }
```

程序运行结果如下:

ip1 的名称为: china-7255549eb
ip1 的 ip 地址为: 192.168.1.100
ip2 的名称为: HOST
ip2 的 ip 地址为 : 192.168.1.100
InetSocketAddress 对象的 ip 地址为: china-7255549eb/192.168.1.100
InetSocketAddress 对象的端口号为: 8080

注意: 程序运行的主机不同,名称和 IP 地址可能会不一致。

程序分析如下:

第 8 行代码返回本地主机的 InetAddress 对象；第 9 行代码取出本地主机的 IP 地址；第 10 行代码基于本地 IP 地址和 HOST 主机名创建 InetAddress 对象；第 15 行代码基于本地 IP 和端口号 8080 创建 InetSocketAddress 对象。

12.1.3 客户服务器工作模式

网络通信需要通信双方来协调完成，通常把主动提出网络通信请求的一方称为客户端，而被动等待其他主机提出请求才作出相应的一方称为服务器端。服务器端运行服务程序循环等待并监听有无客户端向其提出通信请求，如果有客户端向其提出请求连接，则立刻作出响应。因此服务器端也可以理解成提供服务的一端，而客户端为使用服务器端提供的服务。

由于服务器端一直处于监听状态，可以响应多个客户端向其提出的通信请求，这就是多客户服务器工作模式。而一旦服务器端接收了客户端的通信连接请求作出响应后，双方都可以向对方发送数据信息，也可以接收对方的数据信息。

12.1.4 TCP 与 UDP 通信

网络通信过程中，双方要做到有条不紊地交换数据，就必须遵守双方事先约定好的规则。这些规则规定了数据格式和事件的顺序，这就是协议的概念。

在网络中协议是针对通信双方对等实体的，对等实体主要指双方的对等层。层是网络体系结构划分的一个概念，国际标准化组织 ISO 制定了 OSI 标准，该标准将计算机网络分成 7 层，即应用层、表示层、会话层、传输层、网络层、数据链路层和物理层。而 TCP/IP 体系结构分成 4 层分别是应用层、传输层、网络层和网络接口层。

TCP 和 UDP 是网络体系结构中传输层的两个协议，能够提供两个主机的两个应用进程之间的通信。TCP 协议提供面向连接的可靠的数据传输服务，在双方传送数据之前需先建立连接，数据传递结束后需释放连接。TCP 不提供广播或多播服务。由于 TCP 提供可靠的连接服务，会增加开销，因此适合于对双方通信质量要求较高，但实时性不强的场合，比如交互式通信。UDP 协议提供面向无连接的基于数据报交互的数据传输服务，通信双方在通信前不用建立连接，发送方根据对方的 IP 等地址信息和要发送的数据，封装成数据包发送给对方，接收方收到数据报后不需要回复。UDP 协议虽然不提供可靠的通信服务，但减少了开销，适合对通信质量要求不很高，但对实时性要求较高的场合，比如网络多媒体传输。

为了满足不同场合的通信要求，Java 针对 TCP 和 UDP 协议提供了相应的类库支持，在 12.3 节和 12.4 节将分别介绍。

12.2 URL 的使用

12.2.1 URL 的表示

URL(Uniform Resource Locater，统一资源定位符)，能表示网络中资源的位置，这个资源可以是一个文件或目录，也可以是一个数据库。在计算机网络中知道资源的 URL 地址，就可以对其进行访问。常见的网址就是一个典型的 URL。

URL 通常由 4 个部分构成,常见格式如下:

传输协议://主机名:端口号/文件名

其中传输协议指的是获取资源的方式如 HTTP、FTP。主机名指的是资源所在的计算机,可以是 IP 地址,也可以是主机域名,例如 127.0.0.1、www.zzia.edu.cn。端口号对应不同的网络服务如 HTTP 服务的默认端口号是 80,文件名是资源文件的完整路径,这个完整路径应该是相对于服务器所指定访问的默认根目录的相对路径。

12.2.2 URL 类

Java 提供了一个用来表示 URL 的 URL 类,也位于 java.net 包中,其声明如下:

public final class URL extends Object implements Serializable

URL 类有如下 6 个构造方法:

URL(String spec)

该构造方法根据 String 表示形式的资源地址创建 URL 对象。
例如:

URL urladderss=new URL("http://127.0.0.1:80/news/page1.html");
URL(String protocol,String host,int port,String file)

该构造方法根据指定 protocol、host、port 号和 file 创建 URL 对象。

URL(String protocol, String host,int port,String file,URLStreamHandler handler)

该构造方法根据指定的 protocol、host、port 号、file 和 handler 创建 URL 对象。

URL(String protocol, String host,String file)

该构造方法根据指定的 protocol 名称、host 名称和 file 名称创建 URL。

URL(URL context,String spec)

该构造方法通过在指定的上下文中对给定的 spec 进行解析创建 URL。
例如:

URL urladderss1=new URL(http://127.0.0.1:80/news/);
URL urladdress2=new URL(urladdress1,"page1.html");
URL(URL context, String spec,URLStreamHandler handler)

该构造方法通过指定的上下文中用指定的处理程序对给定 spec 进行解析来创建 URL。

使用 URL 构造方法创建对象时,如果参数有错误会产生 MalfromedURLException 的异常信息,因此在编程时需要对该异常进行捕获。

可以通过 URL 对象方法获取 URL 的各个部分属性,主要的方法见表 12-4。

表 12-4　URL 类的方法描述

方　法	功　能　描　述
int getDefaultPort()	获取与此 URL 关联协议的默认端口号
String getFile()	获取此 URL 的文件名
String getHost()	获取此 URL 的主机名(如果适用)
String getPath()	获取此 URL 的路径部分
int getPort()	获取此 URL 的端口号
String getProtocol()	获取此 URL 的协议名称
URLConnection openConnection()	返回一个 URLConnection 对象,它表示到 URL 所引用的远程对象的连接
InputStream openStream()	打开到此 URL 的连接并返回一个用于从该连接读入的 InputStream

【例 12-2】　URL 类使用举例。

程序代码如下：

```
1     import java.net.*;
2     import java.io.*;
3     public class URL12_2
4     {
5         public static void main(String args[])
6         {
7             try
8             {
9                 URL urladd=new URL("http://www.oracle.com/technetwork/java/index.html");
10                System.out.println(urladd.getAuthority());
11                System.out.println(urladd.getDefaultPort());
12                System.out.println(urladd.getFile());
13                System.out.println(urladd.getHost());
14                System.out.println(urladd.getPath());
15                System.out.println(urladd.getProtocol());
16                BufferedReader readurl=new BufferedReader(new InputStreamReader(urladd.openStream()));
17                String content="";
18                String line="";
19                while((line=readurl.readLine())!=null)
20                {
21                    content+=line;
22                }
23                readurl.close();
24                FileWriter outfile=new FileWriter("c:\\output.html");
25                outfile.write(content);
```

```
26                    outfile.close();
27               }
28               catch(Exception e)
29               {
30                    e.printStackTrace();
31               }
32         }
33  }
```

程序运行结果如下：

```
www.oracle.com
80
/technetwork/java/index.html
www.oracle.com
/technetwork/java/index.html
http
```

在 C 盘根目录下打开 output.html 文件，保存内容 http://www.oracle.com/technetwork/java/index.html 页面的内容，但图片、Flash 和声音等资源不会保存。

程序分析如下：

第 9 行代码创建 URL 对象，该对象关联 http://www.oracle.com/technetwork/java/index.html；第 10～15 行代码输出 URL 的相关信息；第 16 行代码通过 URL 的 openStream() 方法返回一个 InputStream 对象，该对象与指定的 URL 关联，然后通过 BufferedReader 和 InputStreamReader 进行读取；第 19～21 行代码从 URL 资源文件读取文本内容；第 24～25 行代码把读出来的文本内容写入到文件 c:\output.html 中。

12.2.3 通过 URLConnection 实现双向通信

通过 URL 对象的 openStream() 方法只能实现对资源信息的读取，URL 对象的 openConnection 方法可以获得一个 URLConnection 对象，该对象不仅可以从资源中读取数据，还可以向资源中写入数据。

例如：

```
URL urladd=new URL(http://www.sina.com);
URLConnection con=urladd.openConnection();
```

建立了连接以后就可以用 URLConncetion 对象的 getInputSteam() 方法用于获取与 URL 对象代表的资源关联的 InputStream 对象，利用该对象可以从 URL 端读取数据。

例如：

```
BufferedReader brin=new BufferedReader(new InputStreamReader(con.getInputSteam()));
int c=brin.read();
```

用 URLConncetion 对象的 getOutputSteam() 方法可以用于获取与 URL 对象代表的资源关联的 OutputStream 对象，用该对象可以向 URL 资源写数据。

例如：

```
BufferedWriter brout=new BufferedWriter(new
OutputStreamWriter(con.getOutputSteam()));
brout.write(c);
```

12.3 基于 TCP 的网络通信

在 12.1 节曾提到，TCP 通信是一个可靠的面向连接的网络通信，通信双方的应用程序在发送和接收数据之前需要先建立连接。通常，把主动提出连接请求的一端称为客户端，被动监听的一端称为服务器端，如果跟服务器同时通信的客户端不止一个，则称为多客户端。本节从单客户服务器通信和多客户服务器通信两种情况进行分别介绍。

12.3.1 客户端与服务器端通信

Java 在实现 TCP 通信过程中，应用程序双方通过 Java 封装的 Socket 套接字进行网络连接和数据传输。Socket 套接字类似于上层程序和底层网络的一个接口，上层应用程序通过 Socket 套接字完成和对方应用程序的连接、数据发送和接收。

1. 客户端通信流程

客户端指的是主动向对方提出连接请求的一端，客户端通信的流程如下。

(1) 创建 Socket 套接字。客户端通过 Socket 类创建套接字，该类常用的构造方法如下：

```
Socket()
```

该构造方法创建的对象可以通过 Socket 的 bind() 方法完成指定 IP 和端口信息的绑定。

```
Socket(InetAddress address, int port)
```

该构造方法创建一个流套接字并将其连接到指定 IP 地址的指定端口号，例如：

```
InetAddress ip=InetAddress.getByName("202.196.1.1");
Socket sock=new Socket(ip,"80");
Socket(InetAddress address, int port, InetAddress localAddr, int localPort)
```

该构造方法创建一个套接字并将其连接到指定远程地址上的指定远程端口。

```
Socket(String host, int port)
```

该构造方法创建一个流套接字并将其连接到指定主机上的指定端口号。

```
Socket(String host, int port, InetAddress localAddr, int localPort)
```

该构造方法创建一个套接字并将其连接到指定远程主机上的指定远程端口。

(2) 通过 Socket 套接字向服务器端提出连接请求。客户端通过调用 Socket 对象的 connect() 方法向服务器端提出请求。

(3) 通过 Socket 套接字和服务器端建立输入输出流。客户端通过调用 Socket 对象的 getInputStream() 和 getOutputStream() 方法获取输入和输出流。

（4）按照协议向套接字进行读和写操作。通过第（3）步所获取到的输入输出流完成数据的读写操作。

（5）关闭套接字。通过调用 Socket 对象的 close() 方法关闭套接字。

Socket 类提供的方法见表 12-5。

表 12-5 Socket 类的方法描述

方 法	功 能 描 述
void bind(SocketAddress bindpoint)	将套接字绑定到本地地址
void close()	关闭此套接字
void connect(SocketAddress endpoint)	将此套接字连接到服务器
void connect(SocketAddress endpoint, int timeout)	将此套接字连接到服务器，并指定一个超时值
InetAddress getInetAddress()	返回套接字连接的地址
InputStream getInputStream()	返回此套接字的输入流
int getLocalPort()	返回此套接字绑定到的本地端口
int getReceiveBufferSize()	获取此 Socket 的 SO_RCVBUF 选项的值，该值是平台在 Socket 上输入时使用的缓冲区大小
boolean isBound()	返回套接字的绑定状态
boolean isClosed()	返回套接字的关闭状态
boolean isConnected()	返回套接字的连接状态
void setReceiveBufferSize(int size)	将此 Socket 的 SO_RCVBUF 选项设置为指定的值
void setSendBufferSize(int size)	将此 Socket 的 SO_SNDBUF 选项设置为指定的值
void setSoTimeout(int timeout)	启用/禁用带有指定超时值的 SO_TIMEOUT，以毫秒为单位
void shutdownOutput()	禁用此套接字的输出流

2. 服务器端通信

服务器端指的是等待监听被动响应客户端通信的一方，服务器端通信的流程如下：

（1）创建套接字。服务器端通过 ServerSocket 创建套接字，该类的构造方法如下：

`ServerSocket()`

该构造方法创建非绑定服务器套接字，然后再通过其 bind() 方法绑定到相应的服务器。

`ServerSocket(int port)`

该构造方法创建绑定到特定端口的服务器套接字。

`ServerSocket(int port, int backlog)`

该构造方法利用指定的 backlog 创建服务器套接字并将其绑定到指定的本地端口号。

```
ServerSocket(int port, int backlog, InetAddress bindAddr)
```
该构造方法使用指定的端口、侦听 backlog 和要绑定到的本地 IP 地址创建服务器。

(2) 使服务器端套接字处于监听状态。服务器通过 ServerSocket 对象的 accept()方法对网络进行监听。

(3) 为套接字创建输入和输出流。通过 accept()方法监听到客户端的连接请求并实现连接后,再通过其 getInputStream()和 getOutputStream()方法获取输入和输出流。

(4) 按照协议向套接字进行读和写操作。通过第(3)步所获取到的输入输出流完成数据的读写操作。

(5) 关闭套接字。通过调用 ServerSocket 对象的 close()方法关闭套接字。

ServerSocket 类提供的方法见表 12-6。

表 12-6 ServerSocket 类的方法描述

方 法	功 能 描 述
Socket accept()	侦听并接收到此套接字的连接
void bind(SocketAddress endpoint)	将 ServerSocket 绑定到特定地址(IP 地址和端口号)
void bind(SocketAddress endpoint, int backlog)	将 ServerSocket 绑定到特定地址(IP 地址和端口号)
void close()	关闭此套接字
InetAddress getLocalSocketAddress()	返回此套接字绑定的端点的地址,如果尚未绑定则返回 null
int getReceiveBufferSize()	获取此 ServerSocket 的 SO_RCVBUF 选项的值,该值是将用于从此 ServerSocket 接收的套接字的建议缓冲区大小
boolean isBound()	返回 ServerSocket 的绑定状态
boolean isClosed()	返回 ServerSocket 的关闭状态
void setReceiveBufferSize(int size)	为从此 ServerSocket 接收的套接字的 SO_RCVBUF 选项设置默认建议值
void setSoTimeout(int timeout)	通过指定超时值启用/禁 SO_TIMEOUT,以毫秒为单位

客户端与服务器端通信的基本流程如图 12-1 所示。服务器端首先创建 SeverSocket 对象,然后调用 accept()方法监听客户端的连接请求,如果在设置的等待时间内接收到请求则和客户端创建连接,然后通过 getInputStream()和 getOutputStream()方法获取输入输出流,通过输入输出流进行读写操作,通信完毕后关闭套接字。客户端首先创建 Socket 对象,然后调用 connect()方法向服务器端请求连接,如果在设置的规定时间内连接成功后,通过 getInputStream()和 getOutputStream()方法获取输入输出流,通过输入输出流进行读写操作,通信完毕后关闭套接字。

【例 12-3】 简单的客户服务器程序举例。程序分客户端和服务器端程序,两个程序之间能互相通信,并能输出套接字的一些基本信息。

客户端程序代码如下:

```
1    import java.io.*;
2    import java.net.*;
```

图 12-1 客户服务器通信流程图

```
3    public class Client12_3
4    {
5        public static void main(String[] args)
6        {
7            try {
8                Socket sc=new Socket("127.0.0.1", 9999);
9                sc.setSoTimeout(10000);
10               InetSocketAddress ipport=new InetSocketAddress("127.0.0.1", 9999);
11               sc.connect(ipport);
12               System.out.println("是否已建立连接："+sc.isConnected());
13               System.out.println("接收缓冲区的默认大小:"+sc.getReceiveBufferSize());
14               System.out.println("发送缓冲区的默认大小: "+sc.getSendBufferSize());
15               PrintWriter out=new PrintWriter(sc.getOutputStream(), true);
16               BufferedReader in=new BufferedReader(new
                 InputStreamReader(sc.getInputStream()));
17               for(int i=1;i<4;i++)
18               {
19                   String msg="";
20                   out.println("客户端发送"+i);
21                   out.flush();
22                   System.out.println("客户端发送"+i);
23                   msg=in.readLine();
24                   if (msg !=null)
25                       System.out.println(">>"+msg);
26               }
27               out.println("END");
28               sc.shutdownOutput();
29               sc.shutdownInput();
30               System.out.println("输入流是否已关闭："+sc.isInputShutdown());
31               System.out.println("输出流是否已关闭："+sc.isOutputShutdown());
32               sc.close();
33           }
```

```
34              catch (Exception e)
35              {
36                  e.printStackTrace();
37              }
38          }
39      }
```

客户端运行结果如下：

是否已建立连接：true
接收缓冲区的默认大小：8192
发送缓冲区的默认大小：8192
客户端发送 1
>>服务器响应：客户端发送 1
客户端发送 2
>>服务器响应：客户端发送 2
客户端发送 3
>>服务器响应：客户端发送 3
输入流是否已关闭：true
输出流是否已关闭：true

客户端程序分析如下：

第 8 行代码创建 Socket 对象，该套接字对象向本机(127.0.0.1)的 9999 端口提出连接请求，如果是另一台主机，则需要设另外主机的 IP 地址；第 9 行代码设置最长等待接收数据时间为 10 秒；第 12～14 行代码输出 Socket 对象的常用属性；第 15 行代码获取 Socket 对象的输入流，并封装成 BufferedReader；第 16 行代码获取 Socket 对象的输出流，并封装成 PrintWriter；第 17～26 行代码向服务器端发送信息；第 28～30 行代码关闭输入输出流；第 30～31 行代码显示输入输出流的状态。

服务器端程序代码如下：

```
1   import java.io.*;
2   import java.net.*;
3   public class ExServer12_3
4   {
5       public static void main(String args[])
6       {
7           try
8           {
9               ServerSocket soc=new ServerSocket(9999);
10              soc.setReceiveBufferSize(1024);
11              soc.setSoTimeout(10000);
12              System.out.println("服务器端接收缓冲区大小为："+
                    soc.getReceiveBufferSize());
13              System.out.println("启动服务器成功,等待端口号 9999");
14              Socket client=soc.accept();
15              System.out.println("连接成功!来自"+client.toString());
```

```
16              BufferedReader in=new BufferedReader(new
                InputStreamReader(client.getInputStream()));
17              PrintWriter out=new PrintWriter(client.getOutputStream(), true);
18              while(true)
19              {
20                  String str="";
21                  str=in.readLine();
22                  if(str!="")
23                  System.out.println(str);
24                  if(str.equals("END")||client.isClosed())
25                  {
26                      System.out.println("客户已退出");
27                      break;
28                  }
29                  out.println("服务器响应: "+str);
30                  out.flush();
31              }
32              System.out.println("服务已经关闭 ");
33              soc.close();
34              client.close();
35          }
36          catch(Exception e)
37          {
38              e.printStackTrace();
39          }
40      }
41  }
```

服务器端程序运行结果如下：

服务器端接收缓冲区大小为: 1024
启动服务器成功,等待端口号 9999
连接成功!来自 Socket[addr=/127.0.0.1,port=1860,localport=9999]
客户端发送 1
客户端发送 2
客户端发送 3
END
客户已退出
服务已经关闭

服务器端程序分析如下：

第 9 行创建 ServerSocket 对象,该对象与端口 9999 绑定;第 10 行设置接收缓冲区的大小;第 11 行设置等待请求的最长时间;第 14 行通过 accept()方法等待连接请求;第 16 行获取 Socket 对象的输入流,并封装成 BufferedReader;第 17 行获取 Socket 对象的输出流,并封装成 PrintWriter;第 19～31 行通过输入输出流,进行读写操作。

12.3.2 多客户端通信

多客户端通信指的是多个客户端程序与服务器端进行网络通信,网络应用中这种方式很多,比如常见的网络聊天工具,用户端作为客户端有多个,而只有一个服务器端提供服务。为使服务器程序能够同时为多个客户端提供服务,需要利用多线程机制来完成。服务器端程序首先创建 ServerSocket 对象,然后循环通过 accept() 方法监听,每监听到一个客户端连接,则为其创建一个独立的线程并与其保持通信。

【例 12-4】 基于例 12-3 修改的多客户服务器程序。程序分客户端和服务器端程序,客户端程序可以多次运行,从而启动多个客户端,都可以和服务器端通信。

本例中客户端程序沿用例 12-3 的客户端程序,服务器端程序代码如下:

```
1    import java.io.*;
2    import java.net.*;
3    public class ExMulServer12_4
4    {
5        public static void main(String args[])
6        {
7            try
8            {
9                int clientNumber=1;
10               Socket socket;
11               ServerSocket server=new ServerSocket(9999);
12               System.out.println("服务器端程序已启动");
13               while(true)
14               {
15                   System.out.println("等待下一个连接");
16                   socket=server.accept();
17                   System.out.println("客户"+clientNumber+"连接成功,其IP地址是:"+socket.getInetAddress());
18                   new ServerThread(socket,clientNumber);
19                   clientNumber++;
20               }
21           }
22           catch(Exception e)
23           {
24               e.printStackTrace();
25           }
26       }
27   }
28   class ServerThread extends Thread{
29   private Socket socket;
30   private int clientNumber;
31   ServerThread(Socket socket,int clientNumber)
32   {
```

```java
33          this.socket=socket;
34          this.clientNumber=clientNumber;
35          start();
36      }
37      public void run()
38      {
39          try
40          {
41              BufferedReader in=new BufferedReader(new
                InputStreamReader(socket.getInputStream()));
42              PrintWriter out=new PrintWriter(socket.getOutputStream(),true);
43              while(true)
44              {
45                  String str="";
46                  str=in.readLine();
47                  if(str!="")
48                  System.out.println(clientNumber+str);
49                  if(str.equals("END")||socket.isClosed())
50                  {
51                      System.out.println("客户端"+clientNumber+"已退出");
52                      break;
53                  }
54                  out.println("服务器对客户端"+clientNumber+"响应："+str);
55                  out.flush();
56              }
57              System.out.println("对客户端"+clientNumber+"服务已经关闭 ");
58              socket.close();
59          }
60          catch(Exception e)
61          {
62              e.printStackTrace();
63          }
64      }
65  }
```

假设客户端程序运行两次,服务器端程序运行结果如下：

服务器端程序已启动
等待下一个连接
客户1连接成功,其IP地址是：/127.0.0.1
1客户端发送1
1客户端发送2
1客户端发送3
1END
客户端1已退出
对客户端1服务已经关闭

客户 2 连接成功,其 IP 地址是:/127.0.0.1
等待下一个连接
2 客户端发送 1
2 客户端发送 2
2 客户端发送 3
2END
客户端 2 已退出
对客户端 2 服务已经关闭

服务器端程序分析如下:

第 10 行代码创建 ServerSocket 对象,并与端口 9999 绑定;第 12~15 行代码循环地监听客户端连接;第 16 行代码创建 ServerThread 线程,该线程针对监听到的客户端连接;第 35 行代码启动线程;第 41、42 行代码创建输入输出流;第 43~56 行代码同客户端进行数据传输。

12.4 基于 UDP 的网络通信

12.4.1 UDP 数据报文包

UDP 提供的是一种面向无连接的不可靠的数据报服务,通信双方只通过发送数据报交换数据,数据报中封装有地址信息、数据等。java.net 包中提供了 DatagramSocket 类来实现数据报功能,它有如下 6 个构造方法:

```
DatagramPacket(byte[] buf, int length)
```

该构造方法构造数据报,用来接收长度为 length 的数据包。

```
DatagramPacket(byte[] buf, int length, InetAddress address, int port)
```

该构造方法构造数据报,用来将长度为 length 的包发送到指定主机上的指定端口号。例如:

```
byte[] buf=new byte[16];
InetAddress ip=InetAddress.getByName("localhost");
DatagramPacket dataPacket=new DatagramPacket(buf,buf.length,ip,8000);
```

该例创建了一个 DatagramPacket 对象,该对象以字节数组 buf 作为发送缓冲区,数据报发送的目的主机的 IP 地址为主机名 localhost 的主机也即本机,端口号为 8000。

```
DatagramPacket(byte[] buf, int offset, int length)
```

该构造方法构造数据报,用来接收长度为 length 的包,在缓冲区中指定了偏移量。

```
DatagramPacket(byte[] buf, int offset, int length, InetAddress address, int port)
```

该构造方法构造数据报,用来将长度为 length 偏移量为 offset 的包发送到指定主机上的指定端口号。

```
DatagramPacket(byte[] buf, int offset, int length, SocketAddress address)
```

该构造方法构造数据报,用来将长度为 length 偏移量为 offset 的包发送到指定主机上的指定端口号。

```
DatagramPacket(byte[] buf, int length, SocketAddress address)
```

该构造方法构造数据报,用来将长度为 length 的包发送到指定主机上的指定端口号。

从以上的 6 个构造方法可以看出,有 4 个构造方法指定了数据报发送目的主机的地址和端口号信息,但也有 2 个构造方法没有指定地址信息,则需要调用 DatagramPacket 的方法来设置目的主机的地址信息,DatagramPacket 的方法见表 12-7。

表 12-7 DatagramPacket 类的方法描述

方法	功能描述
InetAddress getAddress()	返回某台机器的 IP 地址,此数据报将要发往该机器或者是从该机器接收到的
byte[] getData()	返回数据缓冲区
int getLength()	返回将要发送或接收到的数据的长度
int getSocketAddress()	获取要将此包发送到的或发出此数据报的远程主机的 SocketAddress(通常为 IP 地址+端口号)
void setAddress(InetAddress iaddr)	设置要将此数据报发往的那台机器的 IP 地址
void setData(byte[] buf)	为数据包设置数据缓冲区
void setData(byte[] buf, int offset, int length)	为数据包设置数据缓冲区
void setLength(int length)	为数据包设置长度
void setPort(int iport)	设置要将此数据报发往的远程主机上的端口号
void setSocketAddress(SocketAddress address)	设置要将此数据报发往的远程主机的 SocketAddress(通常为 IP 地址+端口号)

12.4.2 UDP 通信

TCP 通信需要服务器和客户端创建套接字对象,服务器端创建 ServerSocket,客户端需要创建 Socket 对象,双方的网络通信主要靠套接字对象来完成的。UDP 通信需要通信的客户端和服务器端创建 DatagramSocket 对象来收发数据报。

DatagramSocket 类的构造方法有如下 5 个:

```
DatagramSocket()
```

该构造方法构造数据报套接字并将其绑定到本地主机上任何可用的端口。

```
protected DatagramSocket(DatagramSocketImpl impl)
```

该构造方法创建带有指定 DatagramSocketImpl 的未绑定数据报套接字。

```
DatagramSocket(int port)
```

该构造方法创建数据报套接字并将其绑定到本地主机上的指定端口。

`DatagramSocket(int port, InetAddress laddr)`

该构造方法创建数据报套接字,将其绑定到指定的本地地址。

`DatagramSocket(SocketAddress bindaddr)`

该构造方法创建数据报套接字,将其绑定到指定的本地套接字地址。

创建了 DatagramSocket 对象以后,可以调用其 receive()方法在特定端口接收数据报,调用 send()方法发送数据报,DatagramSocket 类的主要方法见表 12-8。

表 12-8 DatagramSocket 类的方法描述

方　　法	功　能　描　述
void bind(SocketAddress addr)	将此 DatagramSocket 绑定到特定的地址和端口
void close()	关闭此数据报套接字
void connect(InetAddress address, int port)	将套接字连接到此套接字的远程地址
void connect(SocketAddress addr)	将此套接字连接到远程套接字地址(IP 地址+端口号)
void disconnect()	断开套接字的连接
InetAddress getInetAddress()	返回此套接字连接的地址
InetAddress getLocalAddress()	获取套接字绑定的本地地址
int getLocalSocketAddress()	返回此套接字绑定的端点地址,如未绑定返回 null
int getPort()	返回此套接字的端口
int getReceiveBufferSize()	获取此 DatagramSocket 的 SO_RCVBUF 选项的值,该值是平台在 DatagramSocket 上输入时使用的缓冲区大小
int getSendBufferSize()	获取此 DatagramSocket 的 SO_SNDBUF 选项的值,该值是平台在 DatagramSocket 上输出时使用的缓冲区大小
int getSoTimeout()	获取 SO_TIMEOUT 的设置
boolean isClosed()	返回是否关闭了套接字
boolean isConnected()	返回套接字的连接状态
void receive(DatagramPacket p)	从此套接字接收数据报包
void send(DatagramPacket p)	从此套接字发送数据报包
void setReceiveBufferSize(int size)	将此 DatagramSocket 的 SO_RCVBUF 选项设置为指定的值
void setSendBufferSize(int size)	将此 DatagramSocket 的 SO_SNDBUF 选项设置为指定的值
void setSoTimeout(int timeout)	启用/禁用带有指定超时值的 SO_TIMEOUT,以毫秒为单位

【例 12-5】 UDP 通信举例。

客户端程序代码如下:

```
1    import java.io.*;
2    import java.net.*;
```

```
3   public class UDPClient12_5
4   {
5       public static void main(String[] args)
6       {
7           try
8           {
9               DatagramSocket clientsocket=new DatagramSocket(9000);
10              byte[] sendbuf=new byte[1024];
11              DatagramPacket sendpacket=new
                    DatagramPacket(sendbuf,sendbuf.length);
12              InetSocketAddress serveraddr=new
                    InetSocketAddress("127.0.0.1",8000);
13              sendpacket.setSocketAddress(serveraddr);
14              String sendstring="client ip:"+clientsocket.getLocalAddress().
15                  getHostAddress()+"port:"+clientsocket.getLocalPort();
16              byte[] senddata=sendstring.getBytes();
17              sendpacket.setData(senddata);
18              clientsocket.send(sendpacket);
19              byte[] recbuf=new byte[1024];
20              DatagramPacket recpacket=new
                    DatagramPacket(recbuf,recbuf.length);
21              clientsocket.receive(recpacket);
22              byte[] recdata=recpacket.getData();
23              System.out.println("从服务器端回来信息如下：");
24              for(int i=0;i<recpacket.getLength();i++)
25              {
26                  System.out.print((char)recdata[i]);
27              }
28              System.out.println();
29              clientsocket.close();
30          }
31          catch(Exception e)
32          {
33              e.printStackTrace();
34          }
35      }
36  }
```

客户端程序运行结果如下：

从服务器端回来信息如下：
echo from:0.0.0.0port:8000

客户端程序分析如下：

第9行代码创建 DatagramSocket 对象,并绑定本地端口9000；第11行代码创建发送数据报;第13行代码给发送数据报设置目的主机的IP地址和端口号;第17行代码给发送数据报设置数据;第18行代码把数据报发送给目的主机;第21行代码接收数据报。

服务器端程序代码如下:

```java
1    import java.io.*;
2    import java.net.*;
3    public class ExUDPServer12_5
4    {
5        public static void main(String[] args)
6        {
7            try
8            {
9                DatagramSocket datasocket=new DatagramSocket(8000);
10               System.out.println("UDP通信服务器端程序已启动…");
11               System.out.println("绑定的端口号: "+datasocket.getLocalPort());
12               System.out.println("接收缓冲区默认大小:
                 "+datasocket.getReceiveBufferSize());
13               System.out.println("发送缓冲区默认大小:
                 "+datasocket.getSendBufferSize());
14               byte[] buf=new byte[1024];
15               DatagramPacket datapacket=new DatagramPacket(buf,buf.length);
16               while(true)
17               {
18                   datasocket.receive(datapacket);
19                   InetSocketAddress receivesourceaddr=
                     (InetSocketAddress)datapacket.getSocketAddress();
20                   System.out.println("接收的数据源IP地址是:
                     "+receivesourceaddr.getAddress().getHostAddress()
                     +"端口号是: "+receivesourceaddr.getAddress().getLocalHost());
21                   byte[] recdata=datapacket.getData();
22                   System.out.println("收到的数据是: ");
23                   for(int i=0;i<datapacket.getLength();i++)
24                   {
25                       System.out.print((char)recdata[i]);
26                   }
27                   System.out.println();
28                   String echostring="echo from:"+
                     datasocket.getLocalAddress().getHostAddress()+"port:"+
                     datasocket.getLocalPort();
29                   byte[] senddata=echostring.getBytes();
30                   DatagramPacket echopacket=new
                     DatagramPacket(senddata,senddata.length);
31                   echopacket.setSocketAddress(receivesourceaddr);
32                   echopacket.setData(senddata);
33                   datasocket.send(echopacket);
```

```
34              }
35          }
36          catch(Exception e)
37          {
38              e.printStackTrace();
39          }
40      }
41  }
```

服务器端程序运行结果如下：

UDP 通信服务器端程序已启动…
绑定的端口号：8000
接收缓冲区默认大小：8192
发送缓冲区默认大小：8192
接收的数据源 IP 地址是：127.0.0.1 端口号是：china-7255549eb/192.168.1.100
收到的数据是：
client ip:0.0.0.0 port:9000

服务器端程序分析如下：

第 9 行创建 DatagramSocket 对象，并关联端口 8000；第 18 行接收数据报；第 23～26 行显示接收数据报中的数据信息；第 31 行设置发送数据报中的地址信息；第 32 行设置发送数据报中的数据信息；第 33 行向目的主机发送数据报。

习　题　12

一、选择题

1. 以下各类中没有构造方法的是(　　)。
   A. InetAddress　　　　　　　　　　B. InetSocketAddress
   C. Socket　　　　　　　　　　　　D. DatagramPacket
2. java.net.Socket 类用来获取 Socket 输入流的方法是(　　)。
   A. getLocalPort　　　　　　　　　B. getInputStream
   C. getStream　　　　　　　　　　D. getInetAddress
3. 下列 URL 地址(　　)是非法的。
   A. http://202.196.1.1:80/index.html　　B. http://202.196.1.1:8080/
   C. ftp://202.196.1.1:36/　　　　　　D. ftp://202.196.1.1:-30/
4. 下列(　　)不是 java.net.ServerSocket 的方法。
   A. close　　　　　　　　　　　　B. accept
   C. connect　　　　　　　　　　　D. bind

二、填空题

1. _____被用作本地环回地址，对应的主机名为_____。
2. Java 的_____类可以用于表示 IP 地址和端口号。
3. URL 通常由_____、_____、_____和_____ 4 个部分构成。

4. URL 对象的_____方法可以获得一个_____对象,该对象不仅可以从资源中读取数据,还可以向资源中写入数据。

5. TCP 通信中,客户端通信流程包括_____、_____、_____、_____和关闭套接字。

6. java.net 包中提供了_____类来实现数据报功能。

三、编程题

1. 设计一个图形化界面程序,在界面上显示本地主机的 IP 地址、主机名等网络信息。

2. 编写程序,远程访问 URL 地址如 www.sina.com.cn,并把该地址的数据读出保存到本地文件中。

3. 设计一个简单的聊天程序,结合界面编程,通过 TCP 和 UDP 两种方法实现。

参考文献

[1] 牛晓太,等. Java 程序设计教程[M]. 北京:清华大学出版社,2013.
[2] 孙一林,彭波. Java 程序设计案例教程[M]. 北京:机械工业出版社,2011.
[3] 沈大林,张伦,等. Java 程序设计案例教程[M]. 北京:中国铁道出版社,2011.
[4] 陈锐. Java 程序设计[M]. 北京:机械工业出版社,2011.
[5] 施霞萍,张欢欢,王瑾德,等. Java 程序设计教程[M]. 2 版. 北京:机械工业出版社,2010.
[6] 叶核亚. Java 程序设计实用教程[M]. 3 版. 北京:电子工业出版社,2010.
[7] 王一飞,花小朋,徐秀芳. Java 网络程序设计[M]. 北京:中国电力出版社,2010.
[8] 刘永华,于春花,等. 实用 Java 网络编程技术[M]. 北京:中国电力出版社,2009.
[9] 於东军,杨静宇,李千目,等. Java 程序设计与应用开发[M]. 2 版. 北京:清华大学出版社,2009.
[10] 朱福喜. Java 语言基础教程[M]. 北京:清华大学出版社,2008.
[11] 马世霞. Java 程序设计[M]. 北京:机械工业出版社,2008.
[12] 林巧民,等. Java 程序设计教程[M]. 北京:清华大学出版社,2008.
[13] 葛志春,刘志成,聂艳明,等. Java 面向对象编程[M]. 北京:机械工业出版社,2007.
[14] 辛运帏,饶一梅. Java 程序设计教程[M]. 北京:机械工业出版社,2007.
[15] 李尊朝,苏军. Java 语言程序设计[M]. 2 版. 北京:中国铁道出版社,2007.
[16] 吕凤翥,马皓. Java 语言程序设计[M]. 北京:清华大学出版社,2006.
[17] 李芝兴. 程序设计之网络编程[M]. 北京:清华大学出版社,2006.
[18] 刘艺,等. Java 程序设计大学教程[M]. 北京:机械工业出版社,2006.
[19] 刘慧宁,那盟,等. Java 程序设计[M]. 北京:机械工业出版社,2005.
[20] 朱喜福,赵敏,夏齐霄,等. Java 程序设计[M]. 北京:人民邮电出版社,2005.
[21] 朱战立,沈伟. Java 程序设计实用教程[M]. 北京:电子工业出版社,2005.
[22] 李发致. Java 面向对象程序设计教程[M]. 北京:清华大学出版社,2004.